主　编

吴　晨

副主编

沈利华　张雅群

撰稿人

吴　晨　沈利华　张雅群　郑岚岚
袁心亿　孙丽娟　朱　佩

A COMPARATIVE STUDY OF
THE INNOVATION POWER OF PATENT TECHNOLOGY
IN CHINESE AND FOREIGN FIRST-CLASS UNIVERSITIES

中外一流高校专利技术创新力比较分析研究

吴晨 沈利华 张雅群 郑岚岚 等◎著

·杭州·

图书在版编目(CIP)数据

中外一流高校专利技术创新力比较分析研究 / 吴晨等著． -- 杭州：浙江大学出版社，2024. 11. -- ISBN 978-7-308-25693-3

Ⅰ．G306

中国国家版本馆 CIP 数据核字第 2024RB7089 号

中外一流高校专利技术创新力比较分析研究

吴晨　沈利华　张雅群　郑岚岚　等著

责任编辑	陈佩钰
文字编辑	蔡一茗
责任校对	金　璐
封面设计	雷建军
出版发行	浙江大学出版社
	（杭州市天目山路 148 号　邮政编码 310007）
	（网址：http://www.zjupress.com）
排　　版	浙江大千时代文化传媒有限公司
印　　刷	杭州捷派印务有限公司
开　　本	710mm×1000mm　1/16
印　　张	21.25
字　　数	362 千
版 印 次	2024 年 11 月第 1 版　2024 年 11 月第 1 次印刷
书　　号	ISBN 978-7-308-25693-3
定　　价	88.00 元

版权所有　侵权必究　　印装差错　负责调换

浙江大学出版社市场运营中心联系方式：(0571)88925591；http://zjdxcbs.tmall.com

目 录

第一部分 绪 论

第一章 理 论 ·· 3
第一节 专利技术创新力 ·· 3
第二节 专利技术创新力评价的理论研究 ······································ 14

第二章 方法体系 ·· 49
第一节 分析对象和范围 ·· 49
第二节 分析方法 ··· 51
第三节 指标体系及指标的计算方法 ··· 52
第四节 数据来源 ··· 56

第二部分 专利技术总体创新力分析

第三章 专利技术创造能力分析 ··· 59
第一节 专利产出量 ·· 59
第二节 专利质量 ··· 65
第三节 技术全球化布局 ·· 73

第四章 专利技术运用能力分析 ··· 79
第一节 专利有效性 ·· 79

第二节　专利转移转化 …………………………………… 84
　　第三节　综合运用价值 …………………………………… 89

第五章　技术合作分析 ………………………………………… 93
　　第一节　申请人合作分析 ………………………………… 93
　　第二节　发明人合作分析 ………………………………… 96

第三部分　专利技术领域创新力分析

第六章　电气工程技术部 ……………………………………… 101
　　第一节　电机、设备、能源技术领域 …………………… 102
　　第二节　视听技术领域 …………………………………… 107
　　第三节　电信技术领域 …………………………………… 113
　　第四节　数字通信技术领域 ……………………………… 119
　　第五节　基本通信处理技术领域 ………………………… 125
　　第六节　计算机技术领域 ………………………………… 131
　　第七节　信息技术管理方法领域 ………………………… 137
　　第八节　半导体领域 ……………………………………… 143

第七章　仪器工程技术部 ……………………………………… 149
　　第一节　光学器件领域 …………………………………… 150
　　第二节　测量领域 ………………………………………… 155
　　第三节　生物材料分析领域 ……………………………… 161
　　第四节　控制领域 ………………………………………… 166
　　第五节　医疗技术领域 …………………………………… 171

第八章　化学技术部 …………………………………………… 178
　　第一节　有机精细化学技术领域 ………………………… 179
　　第二节　生物技术领域 …………………………………… 184
　　第三节　制药领域 ………………………………………… 190

第四节　高分子化学、聚合物领域 …………………………………… 196

　　第五节　食品化学领域 …………………………………………………… 201

　　第六节　基础材料化学领域 …………………………………………… 207

　　第七节　材料、冶金领域 ………………………………………………… 213

　　第八节　表面技术、涂层领域 ………………………………………… 219

　　第九节　微观结构和纳米技术领域 …………………………………… 225

　　第十节　化学工程领域 ………………………………………………… 231

　　第十一节　环境技术 …………………………………………………… 237

第九章　机械工程技术部 ………………………………………………… 243

　　第一节　处理领域 ……………………………………………………… 244

　　第二节　机械工具领域 ………………………………………………… 249

　　第三节　发动机、水泵、涡轮机领域 …………………………………… 255

　　第四节　纺织和造纸机械领域 ………………………………………… 261

　　第五节　其他专用机器领域 …………………………………………… 267

　　第六节　热处理和设备领域 …………………………………………… 273

　　第七节　机械元件领域 ………………………………………………… 279

　　第八节　运输系统领域 ………………………………………………… 285

第十章　其他领域 ………………………………………………………… 291

　　第一节　家具、游戏领域 ………………………………………………… 291

　　第二节　其他生活消费品领域 ………………………………………… 297

　　第三节　土木工程领域 ………………………………………………… 303

第四部分　总结与讨论

第十一章　专利技术总体创新力分析总结 ……………………………… 313

　　第一节　专利技术创造力分析总结 …………………………………… 313

　　第二节　专利技术运用能力分析总结 ………………………………… 314

　　第三节　技术合作分析总结 …………………………………………… 315

第十二章 专利技术的领域创新力分析总结 ……………………… 316

第一节 电气工程技术部 …………………………………… 317
第二节 仪器领域 …………………………………………… 318
第三节 化学技术部 ………………………………………… 319
第四节 机械工程技术部 …………………………………… 320
第五节 其他领域 …………………………………………… 321

参考文献 …………………………………………………………… 323

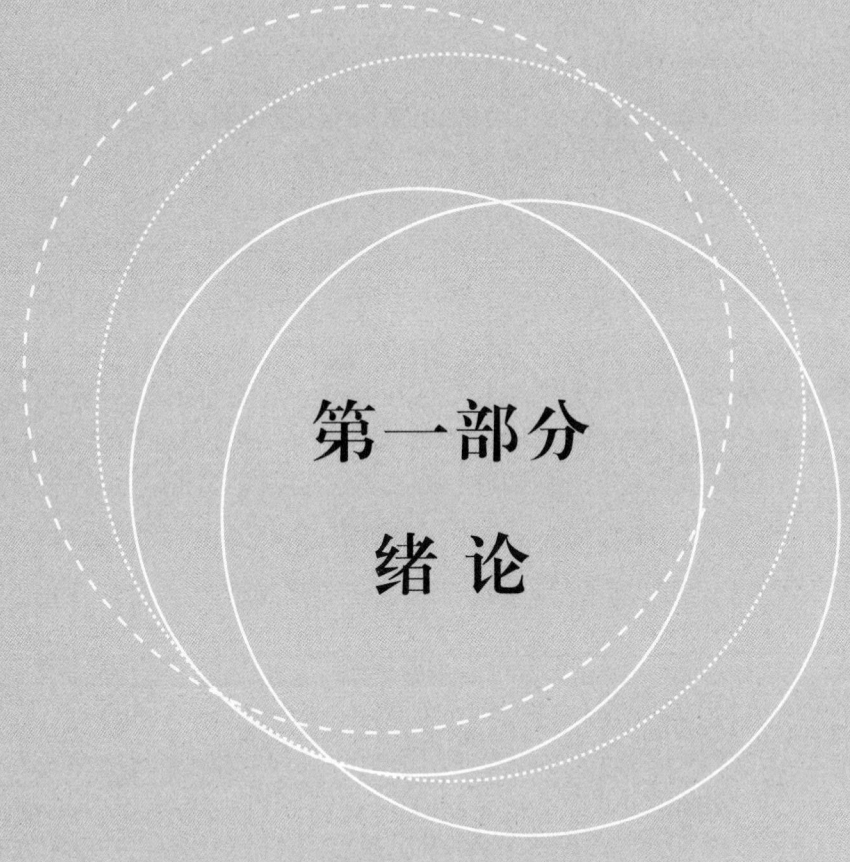

第一部分

绪 论

第一章 理 论

第一节 专利技术创新力

一、技术创新与技术创新力

(一)技术创新

"技术创新"和"管理创新""知识创新"一起统称"科技创新"。技术创新理论是由美籍奥地利经济学家熊彼特于1912年首次提出的。他认为经济发展的实质是在市场中不断引入以技术为基础的创新,技术创新是指新技术、新发明在生产中的首次应用,建立一种新的组合。后来大量学者对技术创新进行了理论研究。新古典学派的索洛于1951年在《资本化过程中的创新:对熊彼特理论的评论》中提到"技术创新两步论",即"新思想根源"和"以后阶段的实现发展"这两个步骤。新熊彼特学派的曼斯菲尔德认为,"一项发明,当它被首次应用时,可以称之为技术创新"。1974年,美国学者厄特巴克在《产业创新与技术扩散》中指出"不同于发明或技术样品,创新就是技术的实际采用或首次应用",并从是否产生经济效益的角度进一步强调了"技术发明"与"技术创新"的不同。此后,他经过重新梳理,又将技术创新的定义归为三类:第一类是与发明相似的创造性活动,强调创新的起源和新颖性;第二类是某种硬件的设计和生产,重视市场和生产过程中的实体形态和使用;第三类是某种事物的选择、使用和扩散,强调接近用户的重要性。国家创新体系学派的弗里曼在1973年发表的《工业创新中的成功与失败研究》中认为,"技术创新是一个技术的、工艺的和商业化的全过程,其导致新产品的市场实现和新技术工艺与装备的商业化应用"。1985年,缪塞尔经过文献调研,将技术创新重新定义为"以其构思新颖性和成功实现为特征的有意义的非连续性事件"。该定义突出强调技术创新的两个特征:非常规性,包括新颖性和非连续性;结果的成功性。[①]

国内学者也对技术创新的定义展开了研究。许庆瑞教授认为,技术创新泛指形成一种新思想并加以利用,生产出满足市场需求产品的整个过程。[②] 换言之,企业技术创新本质上包括技术创新成果的形成及其推广应用。清华大学傅家骥教授则把"始于研究开发而终于市场实现"的技术创新称为"狭义技术创新",把"始于发明创造而终于技术扩散"的技术创新称为"广义技术创新"。[③] 1999年《中共中央、国务院关于加强技术创新,发展高科技,实现产业化的决定》将技术创新定义为"企业应用创新的知识和新技术、新工艺,采用新的生产方式和经营管理模式,提高产品质量,开发生产新的产品,提供新的服务,占据市场并实现市场价值"的全过程。

虽然这些学者给出的概念各不相同,但它们都有一个共通点,就是技术创新不仅需要出现新思想、发明新技术,还必须包括产生经济应用,这两个步骤缺一不可。

(二)技术创新力

技术创新力一词最早是由国外学者提出的,但是目前为止,学界没有一个关于技术创新力的标准定义。国内外学者在熊彼特创新理论的基础上,根据自身的不同理解和研究需求,从不同角度对技术创新力进行了分析和界定。彭斯等首先从创新产出的角度将其定义为"组织成功地采用或实施新观念、新工艺或新产品的能力"[④]。安德加森等从组织行为学的角度认为企业的技术创新力包含四种能力:组织能力、适应能力、创新能力和技术与信息获取能力。[⑤] 弗里曼认为技术创新力是指企业将新产品、新过程、新系

[①] 周振林. 技术创新理论的发展[J]. 创新,2007(3):121-123.
[②] 许庆瑞. 研究、发展与技术创新管理[M]. 北京:高等教育出版社,2000:41-68.
[③] 傅家骥. 技术创新学[M]. 北京:清华大学出版社,1998:1-19.
[④] BURNS T E, STALKER G M. The management of innovation[M]. London:Tavistock Public,1961:12-14.
[⑤] ANDERGASSEN R, NARDINI F. Endogenous innovation waves and economic growth[J]. Structural Change and Economic Dynamics,2005(3):1-18.

统或新服务首次商业性转化的能力。[①] 而真正将定量因素引入技术创新力研究的是 OECD(经济合作与发展组织)先后几次出版和更新的《奥斯陆手册》(*Oslo Manual*)。该手册将企业技术创新简单地划分为产品创新和工艺创新,是国际权威机构第一次对技术创新力的数据收集和解释给出的详尽指南。

国内学者对技术创新力理论的研究起步较晚,最初较有代表性的学者们都沿用 OECD 的定义,将企业技术创新力分为产品创新和工艺创新能力。魏江等认为技术创新力是以企业工艺创新、产品创新能力为主的,以资金能力为支撑实现创新战略的系统整合能力。[②] 傅家骥等认为技术创新力是技术能力的一部分,是企业发展技术能力的核心。随着国内学者研究的深入,其定义也得到了不断的升华。[③] 胡恩华认为企业技术创新力是指企业从市场需求分析、构思、规划和决策开始,经过研发、工程化和商业化生产,到市场应用等多环节能力的综合。他将企业技术创新力解构为技术创新活动中各个环节所需的能力要素的总和。[④] 陈劲等从知识积累和转化的角度,将企业技术创新力看作企业知识积累、整合的结果,认为企业技术创新力就是将其内外部知识激活、整合、创造并实现价值的能力。[⑤] 白俊红等认为,技术创新力涉及从资源投入到研发、试制、生产和销售的全过程,是各个环节能力有效协同而表现出的一项综合能力。[⑥]

综合以上研究可以发现,不同国家、不同学科领域的学者对技术创新内涵的分析角度不同,对其概念的理解和构成要素的观点也有所不同,但共同点就是技术创新力是通过各要素有效协同实现的一种综合能力。[⑦] 总体来看,目前关于技术创新概念的理解主要涵盖三个方面:①强调技术创新的整个过程;②重视技术创新的应用性,尤其是首次商业化应用;③强调技术创新的效用,并突出其经济和社会价值。

[①] 弗里曼.工业创新经济学[M].华宏勋,华宏慈,等译.北京:北京大学出版社,2004.

[②] 魏江,许庆瑞.企业技术能力与技术创新能力之关系研究[J].科研管理,1996(1):22-26.

[③] 傅家骥,程源.面对知识经济的挑战,该抓什么?——再论技术创新[J].中国软科学,1998(7):36-39.

[④] 胡恩华.企业技术创新能力指标体系的构建及综合评价[J].科研管理,2001(4):79-84.

[⑤] 陈劲,宋建袁.解读研发:企业研发模式精要·实证分析[M].北京:机械工业出版社,2003:229-240.

[⑥] 白俊红,江可申,李婧,等.企业技术创新能力测度与评价的因子分析模型及其应用[J].中国软科学,2008(3):108-114.

[⑦] 陆薇薇.创业板公司的技术创新力评价研究[D].南京:南京大学,2019.

二、专利的基本概念

衡量技术创新力时,专利是非常重要的衡量指标。技术创新是专利产出的源泉动力,而专利产出是技术创新的重要呈现形式。《知识产权强国建设纲要(2021—2035年)》描绘了新时代知识产权强国建设的宏伟蓝图,标志着我国从知识产权大国向知识产权强国建设迈进。随着《国家创新驱动发展战略纲要》的深入实施,创新成为引领发展的第一动力,知识产权作为国家发展战略性资源和国际竞争力核心要素的作用更加凸显。

(一)专利的定义

"专利"从字面上来讲,是指专有的利益和权利。专利一词来源于拉丁语,原先的意思是公开的信件或公共文献,是中世纪的君主用来颁布某种特权的证明。[①] 专利一词有三种含义:一是指专利权,即国家授予的对某项发明创造的独占支配权;二是指专利技术,是受国家认可并在公开的基础上受法律保护的专有技术,比如"这台空调机有50项专利",实际上是说这台空调应用了50项获得专利权的技术;三是指专利局颁发的专利证书或专利文献,如"查专利",就是要检索或查阅专利文献等。

所谓专利权,是指一项发明创造,经申请人向代表国家的专利主管机关提出专利申请,经审查合格后,由主管机关向申请人授予的在规定时间内对该项发明创造享有的专有权。简而言之,专利权是发明创造的合法所有人依法对其发明创造所享有的独占权。[②]

(二)专利的主体

发明人是指对发明创造的实质性特点做出创造性贡献的人,应当是自然人,不能是单位或者集体。如果创造性贡献是由数人共同做出的,应当将所有人的名字都写上。在完成发明创造的过程中,只负责组织工作的人、为物质技术条件的利用提供方便的人或者从事其他辅助工作的人,不应当被认为是发明人。自然人是发明创造的主体,但不一定是专利权的主体。

申请人是指对专利权提出申请的自然人或法人(单位),一般情况下,专利获批准后,申请人成为专利权人。单位是指按照法定程序设立,有一定的

[①] 康桂英,明道福,吴晓兵.大数据时代信息资源检索与分析[M].北京:北京理工大学出版社,2019.

[②] 刘江海,王玉容,方浩,等.创新与专利[M].武汉:华中科技大学出版社,2020.

组织机构和独立的(或独立支配的)财产,具有民事权利能力和民事行为能力,并能以自己名义依法独立享有民事权利和承担民事义务的组织。单位应当具备下列条件:①依法成立;②有必要的财产或者经费;③有自己的名称、组织机构和场所;④能够独立承担民事责任。

专利权人是指实际对专利具有独占、使用、处置权的自然人或法人。专利权可以通过授予获得,也可通过转让、赠与或继承等获得。

(三)专利的客体

不同国家或地区规定的专利类型不同。德国、日本等国将专利分为发明、实用新型、外观设计三种;美国则分为发明、外观设计和植物三种。不同类型专利的适用范围和保护期限不同。《中华人民共和国专利法》第二条规定:"本法所称的发明创造是指发明、实用新型和外观设计。"因此,我国专利权的客体应该是发明、实用新型、外观设计三种专利。

发明专利是指对产品、方法或者其改进所提出的新的技术方案。其特点是:首先,发明是一项新的技术方案,是利用自然规律解决生产、科研、实验中各种问题的技术解决方案,一般由若干技术特征组成。其次,发明分为产品发明和方法发明两大类型。产品发明包括所有由人创造出来的物品,方法发明包括所有利用自然规律通过发明创造产生的方法。方法发明又可以分成制造方法和操作使用方法两种类型。另外,专利法保护的发明也可以是对现有产品或方法的改进。一般而言,发明专利是最具技术含量的一类专利,其技术价值和意义要高于其他类型的专利,申请周期和难度也更大。

实用新型是指对产品的形状、构造或者其结合所提出的适于实用的新的技术方案。实用新型与发明的不同之处在于:第一,实用新型只限于具有一定形状的产品,不能是一种方法,也不能是没有固定形状的产品;第二,对实用新型的创造性要求不太高,其实用性较强。

外观设计是指对产品的整体或者局部的形状、图案或者其结合以及色彩与形状、图案的结合所作出的富有美感并适于工业应用的新设计。它与发明或实用新型完全不同,外观设计保护的是新的设计,不是技术方案。

(四)专利权的特点

专利权是根据法定程序赋予专利权人的一种专有权利。它是无形财产权的一种,与有形财产权相比,具有以下主要特征。

1. 独占性——专利权由专利权人所有

所谓独占性,即主体限制,也称排他性、垄断性、专有性等,指的是若发明创造的内容相同,那么国家只会给其中一项授予专利权。被授予专利权的人称为专利权人,专利权人具有独占权利。在专利有效期和法律管辖区内,未经专利权人许可,任何单位或个人不得制造、使用或销售已获得专利权的发明创造。若要使用他人的专利,就必须与专利权人签订实施许可的纸质书面合同,并向专利权所有人支付一定的使用费。没有经过专利权人同意而擅自使用他人专利,就构成法律上的侵权行为。我国专利法第六十五条规定:"未经专利权人许可,实施其专利,即侵犯其专利权,引起纠纷的,由当事人协商解决;不愿协商或者协商不成的,专利权人或者利害关系人可以向人民法院起诉,也可以请求管理专利工作的部门处理。"

2. 地域性——专利权在批准的国家或地区内有效

所谓地域性,就是对专利权的空间限制。它是指若某项专利在某个国家或地区被授予专利权,那么该专利的专利权只在该国家或地区内才是有效的,在其他国家或地区是没有任何法律效力的。一项专利要想受到多个国家或地区的法律保护,就必须在这些国家和地区都提出专利申请并获得授权。也有一种例外情况,就是国家或地区之间有双边协定,或是都加入了国际公约,除此之外在一个国家或地区被授予的专利权是不被其他国家或地区承认的。因此凡是未在我国申请专利的发明创造,在我国范围内任何人使用该发明,无须得到专利权人的许可,当然也无须支付专利使用费。

3. 时间性——专利权具有一定的时间限制

时间性即时间限制,指专利具有一定的有效期限,专利在专利法规定的保护时间内是有效的,超过期限则无效。专利权的有效期一旦到期,专利权人所拥有的专利权就会自动失效,且无法再续期。随着有效期的结束,专利的发明创造成果就不再为个人拥有,而是成为社会公有的财富,任何人使用该专利来进行创新活动都将不再受到限制和约束。不同国家的专利法各不相同,对专利权的有效保护期限各有不同的规定,保护时间也各不相同。我国专利法第四十二条规定:"发明专利权的期限为二十年,实用新型专利权的期限为十年,外观设计专利权的期限为十五年,均自申请日起计算。"

三、专利文献的内容与特点

(一)专利文献的内容

1.技术信息

专利文献涉及广泛的科学技术领域,是提供技术内容的最佳信息源。技术信息包括在专利说明书、权利要求书、附图和摘要等专利文献中披露的与该发明创造技术内容有关的信息,以及通过专利文献所附的检索报告或相关文献间接提供的与发明创造相关的信息。

2.法律信息

专利的法律信息指在权利要求书、专利公报及专利登记簿等专利文献中记载的与权利保护范围和权利有效性有关的信息。其中,权利要求书主要用于说明发明创造的技术特征,清楚、简要地表述请求保护的范围,是专利的核心法律信息,也是对专利实施法律保护的依据。其他法律信息包括:与专利的审查、复审、异议和无效等审批确权程序有关的信息;与专利权的授予、转让、许可、继承、变更、放弃、终止和恢复等法律状态有关的信息;等等。

3.经济信息

在专利文献中存在着一些与国家、行业或企业经济活动密切相关的信息,这些信息反映出专利申请人或专利权人的经济利益趋向和市场占有欲。例如,有关专利的申请国别范围和国际专利组织专利申请的指定国范围的信息;专利许可、专利权转让或受让等与技术贸易有关的信息;与专利权质押、评估等经营活动有关的信息。这些信息都可以被看作经济信息。竞争对手可以通过对专利经济信息的监视,获悉对手的经济实力及研发能力,掌握对手的经营发展策略,以及可能的潜在市场等。

(二)专利文献的特点

1.出版迅速,内容新颖

新颖性是获得专利权的必备条件之一,由于绝大多数国家(包括我国在内)的专利申请都采取先申请原则,即相同内容的发明专利权只授予最先提出申请的发明人,同时具有早期公开、延迟审查制度,这就促使发明人尽快将自己的发明创造申请专利,因此专利文献成为报道新技术最快的情报源,能及时反映新的科技信息。据统计,专利文献一般要比其他文献提早 5—6 年反映某一技术。比如电视技术1923年由专利文献首先公开,1928年才见于其他刊物;飞机喷气技术1936年见于专利文献,直到1946年才见于其他刊物。

2. 内容广泛,信息全面

专利信息汇集了极其丰富的科技信息,从航天技术到人们生活用品的制造,几乎涉及人类生产、生活的全部技术领域,专利文献几乎记载了人类取得的每一个新科学技术成果,是最具权威性的世界技术的百科全书之一。[①] 据WIPO(世界知识产权组织)统计,世界上每年发明创造成果的90%—95%能在专利文献中查到,并且许多发明成果只通过专利文献公开,并未见于其他科技文献报道。美国专利商标局曾在20世纪70年代进行过一次调查,发现70%的内容未在非专利文献中发表过。可见,专利文献是诸多技术信息的重要来源,若不注重查阅专利文献,就可能失去获得这些核心信息的契机。

3. 描述详尽,实用性强

由于专利法规定专利说明书需要对申请的专利做足够清楚、完整、具体的描述,达到所属技术领域的普通专业人员能够理解和实施的程度,即"公开换保护",因此专利文献具有较强的实用性。自出现专利制度以来,出于竞争需要,人们对自己的发明往往都采取申请专利保护策略,哪怕是极小的一点改进都会申请专利。因此,专利文献系统地记录了从人类日常生活中的发明到划时代的发明的所有信息,专利文献的详尽程度是其他文献所无法比拟的。

4. 格式统一,形式规范

目前各国的专利说明书按照WIPO的有关规定,在其扉页上都应标注统一的国际标准代码,这样尽管语言有差异,仍可方便地进行国际交流。此外,有一百多个国家采用国际专利分类法,这就为查找多国同一技术方向的专利提供了很强的便利性。

四、专利技术创新力

虽然并不是所有的技术创新都会申请专利,并且运用专利研究科技创新存在局限性,但由于世界各国均对专利及专利制度十分重视,从某种意义

---

① 顾萍,夏旭. 医学信息获取与管理[M]. 广州:华南理工大学出版社,2012.

上说，专利是国家或地区创新资源的核心和最富经济价值的部分。专利集经济、技术和法律于一体，展现了创新活动、前沿技术和技术变化方向。目前大多数国家都实行了专利制度，专利制度按照专利法的内容对申请者提供的申请文件进行严格的审查，并最终授予专利权。同时，获得专利权的发明内容要对全社会公开，通过广而告之的方式保护发明内容不被侵犯，一方面将新技术、新方法、新工艺、新产品进行传播，并赋予发明者在有限时期内对发明内容的商业利用独占权，另一方面也促进了相似技术的创新发展，同时也可以通过技术转让、许可、质押等方式实现资源运营和盘活，为申请人带来一定的经济效益。

专利是技术信息、经济信息、法律信息的集合体，包含着解决某一具体问题的详细技术方案，详细记录了全世界不同地区的新技术、新方法、新产品、新工艺，动态体现出新科技的市场发展趋势，体现出发明主体的发明策略和行为，以及技术发展背景和发展程度，为多角度的创新研究提供了可能。专利文献内容丰富，一份公开出版的专利文献包含与相关技术有关的专利申请书、说明书、专利证书及在申请过程中获批的其他相关文件，从多个方面反映了发明创新活动的投入状况、产出状况、质量高低、国家或地区的技术创新能力、重点技术领域的创新水平等，通过对专利文献包含的大量信息进行挖掘和提炼，可以评估不同区域或技术领域的技术创新能力、识别技术热点、预测技术发展趋势、辅助技术创新政策制定，并通过对比找到差距，辅助决策。[①]

专利与技术创新力评价之间的关联性得到了众多学者的支持与肯定。国外学者认为专利与技术创新之间具有非常密切的关系，可以作为技术创新力评价的重要参考和正式指标。国内学者也通过多方法多角度肯定专利对评价技术创新力的指示器作用和核心指标地位，证明专利与科技进步之间具有极大的关联性。

五、企业专利技术创新力的研究现状

专利是企业技术创新力的一个重要且可量化的指标，因此基于专利数

---

① 衣春波，赵文华，邓璐芗，等.基于专利信息的技术创新策源评价指标体系构建与应用[J].情报杂志，2021，40(2)：55-62.

据的技术创新力研究正获得越来越广泛的应用。[1] 欧阳昭连等通过对全球医疗器械领域国际专利文献的定量分析,从专利角度了解全球医疗器械产业创新力,包括技术发展趋势、重点领域、领先国家/机构和技术输出重点市场。[2] 缪小明等以220件混合动力汽车领域高被引专利为研究对象,运用社会网络分析方法,从点度中心度、中间中心度、核心—边缘结构和凝聚子群等角度对构建的网络进行分析。结果表明美国和日本的一些企业在该领域的研发实力较强,企业网络中的小团体现象较严重,只有丰田等少数企业拥有较大竞争优势,各大企业的技术竞争点集中在动力系统、控制系统和蓄电池等方面。[3] 范丹提出将中关村科技园区企业的海外专利数据与国内专利数据一并纳入创新力衡量指标体系,主要指标包括创新质量(发明专利授权率、发明实用新型比)、创新产出和创新国际化。[4] 李昶璇等选出了科创板上市公司2015—2020年专利申请统计数据,得出科创板上市公司的创新能力具有发展基础较薄弱,但发展潜力大的特点。[5] 马毓昭以北京证券交易所首批81家上市企业作为研究样本,对科创企业当前的专利布局、运营的现状及原因进行了分析,提出基于系统思维的科创企业高价值专利挖掘布局的路径、运营的思路,并从创新主体、服务机构、金融机构、专利审批机构等多个维度分析了协同发展解决的创新路径,通过高价值专利的培育及运营实现企业无形资产的增值,为企业产品出海、全球竞争保驾护航,助力企业实现又好又快的创新发展。[6]

六、高校专利技术创新力的研究现状

近年来,高校专利技术创新力得到了越来越广泛的研究。李建婷等从

---

[1] 周寄中,蔡文东,黄宁燕. 提升企业技术竞争力的四项指标[J]. 科技管理研究,2005(10):30-34.

[2] 欧阳昭连,池慧,杨国忠. 医疗器械产业创新力专利因素分析[J]. 中国医疗器械信息,2010,16(2):49-53.

[3] 缪小明,张倩,汤松. 混合动力汽车领域企业竞争力研究——基于专利分析视角[J]. 软科学,2014(11):1-5.

[4] 范丹. 中关村科技园区企业创新力分析——基于国内外专利分析的视角[J]. 中国发明与专利,2018,15(7):29-33.

[5] 李昶璇,吴广印. 基于文献的中美科技型上市公司创新力对比研究[J]. 数字图书馆论坛,2022(3):66-72.

[6] 马毓昭. 从系统思维角度分析我国科创企业高价值专利培育及运营[J]. 中国发明与专利,2022,19(7):23-28.

专利申请的年度趋势分析、专利技术类别分析、热门领域文本聚类分析、专利发明人分析和高强度专利分析等方面,通过 Innography 专利分析系统对北京工业大学 1994—2013 年专利成果进行统计分析,深入地分析了该校的科技创新能力。[①] 秦霞则通过收集统计德温特专利数据库中华南理工大学 1994—2012 年的专利数据,从专利授权量、年度发明专利授权率、专利被引频次、专利家族大小、技术覆盖范围等对该校的技术竞争力进行评价,对比分析华南理工大学专利发展趋势及学校专利数量和质量在全国高校中的地位。[②] 亦有多位学者对中国部分高校,包括青岛地区、安徽省、广东省、吉林省、陕西省等地的部分高校,从专利产出、专利质量、专利法律状态、专利实施、专利合作、专利技术领域分布、专利价值度等不同维度进行科技创新力的评价分析。[③]

除此之外,不少学者基于专利技术创新力开展了更深层次的多维度分析。邱均平等基于不同国家发明专利占比对进入 ESI 学科排行的 1562 所大学和 1080 所科研机构进行学科竞争力评估,综合分析得出我国大学的各项指标与世界科研强国相比还有相当差距。[④] 顾志恒等从 PCT 申请数量上来分析高校在国际专利申请方面的能力,剖析高校国际专利申请的发展趋

[①] 李建婷,刘明丽,胡娟. 基于 Innography 的高校专利成果分析及科技创新能力研究——以北京工业大学为例[J]. 现代情报,2014,34(7):104-110.

[②] 秦霞. 华南理工大学技术竞争力评价——基于专利数据[J]. 农业图书情报学刊,2013,25(1):68-72.

[③] 丁海德,綦晓卿,周晓梅. 青岛高校科技创新能力分析——基于专利信息视角[J]. 科技管理研究,2012,32(21):103-107;应璇,孙济庆. 基于专利数据分析的高校技术创新能力研究[J]. 现代情报,2011,31(9):165-168;陈军,张韵君. 基于专利数据分析的广东高校科技创新能力研究[J]. 五邑大学学报(社会科学版),2016,18(1):58-63,94-95;李铁范,陶耘. 基于专利信息视角的高校科技创新能力分析——以安徽省为例[J]. 安徽行政学院学报,2014,5(1):99-105;高涛,范一鹏,何为,等. 从专利授权分析高校创新能力——以芜湖市为例[J]. 中小企业管理与科技(下旬刊),2018(3):112-115;张黎黎,顾晓禹. 基于专利分析的吉林省高校科技创新能力分析——以 2006 年—2016 年专利数量排名前十的高校为例[J]. 吉林广播电视大学学报,2017(10):29-31;邢战雷,马广奇,刘国俊,等. 专利分析视角下的高校科研创新能力:评价与提升[J]. 科技管理研究,2019,39(16):120-128;鲍志彦. 高校技术创新能力评价实证研究——基于专利信息的测度分析[J]. 农业图书情报学刊,2016(8):5-10;李文辉,王婷,黄艳,等. 基于专利计量的广东高水平大学技术创新能力评价研究[J]. 科技与经济,2017,30(4):31-35;王露,黄铭. 高校专利申请与科技创新能力的关联性分析[J]. 科技风,2018(6):201-202;胡成,李明星,朱晓钰,等. 专利视域下高校技术创新能力社会网络分析比较研究[J]. 软科学,2018,32(5):28-32.

[④] 邱均平,王菲菲,楼雯,等. 世界一流大学与科研机构竞争力评价(上)[J]. 中国高校科技,2012(7):76-78.

势,找出高校国际专利申请的瓶颈问题,并提出相关对策与建议。[1] 而谭龙等多位学者则从专利实施许可、转移转化和产学研方面出发,分析高校专利管理中存在的问题并提出改进建议。[2]

第二节 专利技术创新力评价的理论研究

一、专利技术创新力评价的对象和目的

创新力是技术和各种实践活动领域中不断提供具有经济价值、社会价值、生态价值的新思想、新理论、新方法和新发明的能力。创新力按主体分,通常有国家创新力、区域创新力、企业创新力等。评价指对一件事或一个人进行判断、分析后得出结论。顾名思义,专利评价就是收集与整理专利信息,并通过一系列指标,经过科学的分析方法,对专利水平进行分析判断并得出结论的过程。专利评价的对象可以是单个专利,也可以是某个群体的专利组合,如国家、企业、区域等。本书以高校作为创新力评价的主体,以专利信息为评价对象,分析国内外高校在专利产出及运用方面的能力。

专利评价的对象包括专利信息中的各种自然构成要素,如申请国家/地区、省份、技术来源(申请人地址)等地域要素,专利权人、申请人、发明人等人物要素,优先权日、申请日、授权日等时间要素,专利号、专利类型等"身份要素",以及技术领域、分类号等技术要素。除此之外,专利评价的对象还包括专利信息中的统计要素。统计要素通常是对一个专利的某一属性进行简单统计而得到的要素,如专利要求数、发明人数量、申请人数量、专利同族数、专利被引数量等。黄庆等根据专利数据的特征,将专利指标分为数量类指标、质量类指标和价值类指标三个方面来具体分析[3]。李振亚等将它称为

---

[1] 顾志恒,何先美. 中国高校国际专利申请现状分析及其对策[J]. 科技管理研究,2013,33(7):71-76.
[2] 谭龙,刘云,侯嫒嫒. 我国高校专利实施许可的实证分析及启示[J]. 研究与发展管理,2013,25(3):117-123.
[3] 黄庆,曹津燕,瞿卫军,等. 专利评价指标体系(一)——专利评价指标体系的设计和构建[J]. 知识产权,2004(5):25-28.

"专利三维评价指标体系"[①]。这是专利评价指标体系中具有代表性的指标分类方法。

专利评价的目的是准确评价专利综合水平,为制定和实施专利战略提供客观、科学的数据支持,以此来进一步提高专利水平。专利评价的手段是运用科学的评价方法和系统的数理方法进行综合分析,包括定量评价与定性评价。[②] 然而,专利评价具有目的性、时效性、不确定性和模糊性[③],专利评价的目的不同,专利评价的手段也不尽相同,国内外学者在不断的实践和探索中探索适宜于不同评价目的的评价方法,评价指标也由单一化逐渐向多元化转变,形成综合评价的模式。单一的评价指标只能表现专利某一方面的特性,具有局限性和片面性,但其呈现结果更加客观直接。而综合评价指标可以对专利的特性进行综合评价,更全面且更具适应性,但同时受模型准确度的影响比较大。因此,建立科学的专利评价指标体系及评估模型是专利评价的研究热点。

二、专利技术创新力评价体系

关于专利评价指标体系的研究,迄今为止没有国际上公认的通用标准,比较有影响力的指标体系包括 CHI 专利评价指标体系、LS 专利价值评估模型和国家知识产权局专利价值分析体系等。除此之外,日本知识产权管理评估指标、欧盟创新评价指标体系也应用广泛。下面简单介绍前三个指标体系。

(一)CHI 专利评价指标体系

CHI 专利评价指标体系由美国知识产权咨询公司 CHI 与美国国家科学基金会(NSF)联合开发,用于评价创新主体或区域的知识产权综合实力。CHI 专利评价指标包括专利数量、专利平均被引用数、当前影响指数、技术实力(专利数量×当前影响指数)、技术生命周期、科学关联性和科学强度(专利数量×科学关联性)七个指标。它结合了客观专利要素与市场调查数据,迄今已被许多国家借鉴和采用。

---

① 李振亚,孟凡生,曹霞. 专利三维评价指标体系研究[J]. 情报科学,2010,28(10):1569-1573.
② 沈莹. 我国高校专利水平评价指标体系研究[D]. 杭州:杭州电子科技大学,2008.
③ 孟钰莹. 基于粗糙集和云模型的专利价值综合评价[D]. 北京:首都经济贸易大学,2018.

(二)LS 专利价值评估模型

Lanjouw-Schankerman 专利价值评估模型(LS 模型)是耶鲁大学的 Lanjouw 教授与伦敦经济政治学院的 Schankerman 教授于 1999 年提出的。[①] 该模型收集了美国 1960—1991 年的 6111 项专利数据,选用引用次数、专利同族数、被引用次数和专利请求项数(即权利要求数)等指标,通过因子分析的方法,构建了综合专利价值指数。

(三)国家知识产权局专利价值分析体系

2011 年,国家知识产权局委托中国技术交易所开展《专利价值分析体系及操作手册研究》课题,经过专家的研究与设计,最终形成了相对完善的专利价值分析体系。[②] 该体系从专利自身属性的角度将专利评价指标分为法律价值度、技术价值度和经济价值度三个维度,并具体分解为 18 项支撑指标,如表 1-1 所示。

表 1-1 国家知识产权局专利价值分析体系

指标层	支撑指标
法律价值度	稳定性、可规避性、依赖性、专利侵权可判定性、有效期、多国申请、专利许可状况
技术价值度	先进性、行业发展趋势、适用范围、配套技术依存度、可替代性、成熟度
经济价值度	市场应用、市场规模、市场占有率、竞争对手、政策适应度

三、专利技术创新力评价指标

专利评价指标的选取通常遵循准确性、相关性、可比性和可行性原则,即指标概念界定清楚、范围明确,与专利具有显著相关关系,能够对不同时间和地域的专利进行统一对比和评价,相关数据容易获取和统计。本书对指标的选取也尽量做到战略性与科学性、重要性与全面性、可比性与操作性兼顾。本书以国内外高校作为专利评价的主体,所以在指标选取中更加侧重专利的技术创造能力、技术运用能力以及技术合作情况相关的指标,而专

---

① 胡元佳,卞鹰,王一涛. Lanjouw-Schankerman 专利价值评估模型在制药企业品种选择中的应用[J]. 中国医药工业杂志,2007,38(2):A20-A22.

② 国家知识产权局专利管理司,中国技术交易所. 专利价值分析指标体系操作手册[M]. 北京:知识产权出版社,2012.

利的经济价值度则相对不是我们关注的重点。本书的指标体系从专利技术创造能力、专利技术的运用能力、技术合作、专利技术领域四个层面入手,选取了15个专利基础指标,下面进行一一介绍。

(一)专利申请量

专利申请量是指在某一单位时间内,研究对象向专利申请受理机构提出的专利申请的数量。专利申请量可以反映一个单位的创新活力和创造积极性,也反映了专利申请的意识和对专利的关注程度。专利申请量可以是发明专利、实用新型专利、外观专利、植物专利等各种类型的专利申请总量,也可以是部分专利类型的申请量。在选取专利类型时要充分考虑每个国家专利制度的区别,如中国、日本、韩国有实用新型专利这个类型,而美国、印度和大部分欧盟国家没有实用新型专利,即使都有实用新型专利,其实施方式也不尽相同。

(二)专利授权量

发明专利授权不仅表明专利权人获得了其发明技术的排他性产权,也意味着其发明技术转变为受法律保护的无形资产和竞争优势。专利授权信息能反映专利权人在不同技术领域所持有的专利权状况,以及凭借专利权对不同技术领域的控制状况。

影响专利授权量的因素主要有以下几个方面。一是专利的申请量,申请基数大,授权量相应也会大。二是专利制度,中国专利的三大类型为发明专利、实用新型专利和外观设计专利,其中发明专利的授权需要经过实质性审查,审查最为严格,实用新型专利和外观设计专利只需经过形式审查和初步审查即可授权。在专利申请量接近的情况下,实用新型和外观专利占比越大,通常专利授权量也会越大。三是专利代理水平,通常来说在专利文本撰写质量极不达标的情况下,会降低专利授权量,这种情况一般发生在专利制度发展较为落后以及专利代理水平较落后的地区。最后但也是最重要的,技术的新颖性和创造性才是影响专利授权量的根本因素,对于发明专利来说,一项技术的新颖性和创造性越高,其被授权的概率就越大,授权量相应就会大。

(三)专利授权率

专利授权率,顾名思义,是指专利授权量占专利申请总量的占比,是衡量创新质量的重要指标之一。与专利授权量一样,专利授权率同样与专利制度、专利类型、专利代理水平和技术创新性息息相关。

在实际评价过程中,至少要考虑以下两个方面的问题:一是专利从申请到授权存在时间差。中国发明专利的审查周期通常在 1—3 年,实用新型专利则在 3—6 个月,这就导致不论是选择在某一时间范围内申请的专利,还是某一时间范围内公开的专利,其授权专利与申请专利之间均存在"时差"。被统计的获授权专利的数目,往往是几年前投入申请的专利。但近几个月公开的专利,还未知是否可获授权,却需要被计入申请总数。尽管实用新型专利审查时间短,但近几个月具体申请了多少却无法查询,因此难以对需要分析的专利进行精准统计。二是我国实用新型专利公开即授权,部分国家如美国不存在实用新型专利,而各国专利审查制度也不同,这就导致各国专利授权率之间存在天然的差别。因此在对专利授权率这个指标进行评价时,需要对上述因素进行综合考量。

(四)权利要求数

权利要求用于对技术做出具体的限定,以此来明确该专利需要保护的范围,是专利侵权判定的依据。权利要求的重要性显而易见。权利要求的数量是衡量专利质量和价值的一项重要指标,一般来说,权利要求的数量越多,保护的范围和强度就会越高。有学者提出用专利说明书中权利要求数量来计算专利价值,认为专利权要求项数越多代表技术创新能力越强。[①]

权利要求数对专利价值的影响体现在两个方面。一方面,从技术本身来看,一个专利的权利要求数越多,通常意味着该专利的技术完备程度越高,涵盖的技术方案越多、越详尽,技术贡献越大。另一方面,从专利文本来看,一个专利的权利要求数越多,通常意味着该专利的权利要求结构更加合理,层层布局,专利稳定性更好。因此,我们将高校的平均权利要求数作为专利质量的一个重要评价指标。

(五)专利被引次数

专利被引次数是指一件专利被后续专利文献、科学文献等引用的次数,引用情况可以反映专利的继承性和关联性。

一件专利被专利文献引用通常包括申请人引用和审查员引用两个方

---

① TONG X, FRAME J D. Measuring national technological performance with patent claims data [J]. Research Policy,1994(2):133-141.

面。一件专利被后续专利的申请人引用,意味着该专利是后续专利的参考专利,对后续专利技术有技术支持作用。一件专利被申请人引用越多,表明对后续专利的技术影响力越大。一件专利被后续专利审查过程中的审查员引用,意味着该专利是后续专利的对比文件,对后续专利的权利要求范围存在限制,也就是说后续专利申请过程中必须绕开该专利的保护范围。一件专利被审查员引用越多,越能体现该专利技术的基础性,其在技术领域内的影响力也越大。因此,我们通常把专利被引次数作为专利质量和影响力的一项重要指标,认为一件专利被其他专利多次引用,证明该专利技术在相关产业和领域中较为先进或较为基础,该专利的质量和技术重要程度高。

(六)同族专利数

同族专利是基于同一优先权文件,在不同国家或地区,以及地区间专利组织多次申请、多次公布或批准的内容相同或基本相同的一组专利文献。WIPO 的《工业产权信息与文献手册》将专利族分为六种:简单专利族、复杂专利族、扩展专利族、本国专利族、内部专利族和人工专利族,其中最常用的是前三种。在同一个专利族中,专利族成员以共同的一个或共同的几个专利申请为优先权,这样的专利族为简单专利族。在同一个专利族中,专利族成员至少以一个共同的专利申请为优先权,这样的专利族为复杂专利族。在同一个专利族中,每个专利族成员与该组中的至少一个其他专利族成员至少共同以一个专利申请为优先权,它们所构成的专利族为扩展专利族。

一个专利族所拥有的专利数量体现了专利权人的战略布局。一个专利族所拥有的专利数量越多意味着这项技术受到专利法律保护的国家或地区越多,一般认为该专利具有较高的市场价值。因此专利族的规模以及对应的国家和地区布局情况常被用来作为衡量专利价值的指标之一。

(七)PCT 申请量

PCT 是《专利合作条约》(Patent Cooperation Treaty)的英文缩写,是有关专利的国际条约。根据 PCT 的规定,专利申请人可以通过 PCT 途径向其主管受理局提交专利申请,由世界知识产权组织国际局进行国际公开,并由国际检索单位进行国际检索。经过国际检索、国际公开以及国际初步审查(如果要求的话)这一国际阶段之后,专利申请人可以办理进入不同国家的手续。通过 PCT,申请人只需向一个国家的专利申请机构申请,就可获得多个国家的专利保护,过程简洁、高效。PCT 申请是创新者获取国际专利的有效途径。因此,PCT 申请的数量在一定程度上体现了专利权人的国际战略布局,PCT 申请量越多意味着申请人对国际布局越重视,也意味着技术的影响范围越大,一般认为该专利具有较高的市场价值。

(八)专利拥有量

专利拥有量是指经国内外知识产权行政部门授权且仍然维持有效的专利件数,它比专利授权量更能准确地反映权利人的实际专利拥有量。导致专利失效的原因有很多,期满终止、未缴年费、专利无效、主动撤回、主动放弃、避重放弃等均可引起专利失效,其中,期满终止、未缴年费和专利无效是专利授权后失效的主要原因。显然,有效专利是更具价值的。首先,专利权人通常更加愿意对高价值的专利长期缴纳年费,维持专利权。其次,相比于期满终止的专利,还在保护期限内的专利相对更加先进,能够体现专利权人的持续创新能力,并且有效专利还保留有转让、许可、质押等经济价值和市场价值。最后,在专利保护期内,专利始终未被认定无效,也证明了该专利的技术价值。因此专利拥有量可在一定程度上衡量专利的重要性及其价值。

(九)授权专利维持率

授权专利维持率是指一个单位所维持的专利数(专利拥有量)占获得授权专利总数(专利授权量)的比例,也就是专利的维持状况,能够反映专利权人对专利技术的运用能力以及商业运营能力,在一定程度上能够体现一个单位的专利价值。

(十)专利许可量

2020 年 2 月,教育部、国家知识产权局、科技部联合印发《关于提升高等学校专利质量促进转化运用的若干意见》,将科技成果转化作为"双一流"高校建设成效评价和学科评估的重要指标。专利实施许可是科技成果转移转化的重要途径之一。专利实施许可也称专利许可,是指专利技术所有人或其授权人许可他人在一定期限、一定地区,以一定方式实施其所拥有的专利,并向他人收取使用费用。专利许可实现专利技术成果的转化、应用和推广,有利于科学技术进步和发展生产,从而促进社会经济的发展和进步。实施专利许可的专利通常都是具备较高商业潜力和市场价值的专利,因此,专利许可量能在一定程度上体现一所高校的专利的重要性及其价值。

(十一)专利转让量

专利转让是高校科技成果转移转化的另一个重要途径,可分为专利申请权转让和专利所有权转让。专利申请权转让是指专利申请权人将其拥有的专利申请权转让给他人的一种法律行为。专利所有权转让是指专利权人将其拥有的专利权转让给他人的一种法律行为。各个国家/地区在专利转让制度上也不尽相同,举例来说,在中国的专利制度中,职务发明在没有另外协议情况下,专利权人是单位,在专利创造中实际做出贡献的人署名为发明人。而在美国的专利制度中,通常申请人就是发明人本人,后续通过专利权转让将专利转让给所在单位。专利权转让是专利权人通过专利获取收益的重要途径。同样的,能够进行转让的专利通常都是具备较高商业潜力和市场价值的专利。因此,专利转让量能在一定程度上体现一所高校的专利的重要性及其价值。

(十二)ETSI 专利数量

欧洲电信标准化协会(European Telecommunications Standards Institute,简称 ETSI),是由欧共体委员会于 1988 年批准建立的一个非营利性的电信标准化组织。ETSI 的标准化领域主要是电信业,并涉及与其他组织合作的信息及广播技术领域。ETSI 作为一个被 CEN(欧洲标准化委员会)和 CEPT(欧洲邮电管理委员会)认可的电信标准协会,其制定的推荐性标准常被欧共体作为欧洲法规的技术基础采用并要求执行。ETSI 专利数量越多,越能体现一所高校的专利价值和水平。

(十三)中国专利奖数量

中国专利奖,由中国国家知识产权局和世界知识产权组织共同主办,是中国唯一的专门对授予专利权的发明创造给予奖励的政府部门奖,得到了 WIPO 的认可。中国专利奖重在强化知识产权创造、保护和运用,推动经济高质量发展,鼓励和表彰为技术(设计)创新及经济社会发展做出突出贡献的专利权人和发明人(设计人)。通常,一所高校获得中国专利奖的数量越多,表明其高价值专利的产出能力越强,专利价值度越高。

(十四)申请人数量

申请人数量是专利合作关系的重要体现形式之一,申请人数量代表着专利合作创新的广度,合作创新会扩大获取各种知识资源的机会,从而加速新知识的创造和传播合作,促进专利价值的提升。

(十五)发明人数量

通常一个人所具备的知识和能力是有限的,发明人数量越多,专利发明人群积累的知识也就越多,知识面越广,往往专利的技术水平越高,专利潜在的创新价值就越高。对发明人合作的分析能够直观地反映出技术团队构成以及主要技术合作领域,发明人数量越多,参与技术创新的人员知识技术交叉度越高,技术复杂程度也越高,而技术的复杂程度会间接影响专利价值。谢蒂诺等通过研究发现并证明了发明人数越多,专利价值就越高,两者呈正相关关系。[①]

四、专利技术分类

专利文献是世界各国家、地区的专利局及国际性的专利组织在专利受理和审批的过程中产生的官方文件及其出版物的总称。全球有90多个国家、地区以及国际性组织用约30种官方语言、文字出版专利文献,技术内容广泛、覆盖面广,因此专利文献卷帙浩繁,门类众多,必须通过科学的分类来进行管理。专利分类体系就是各种分类号的集合,它对相同或类似技术内容的文献给予同一个分类号,从而进行有序的管理。我们面对海量的专利文献数据时,除了使用关键词检索外,搭配专利分类号对专利文献进行检索,可以对检索结果进行更精准的锁定。

目前主流的专利分类体系主要有WIPO所使用的国际专利分类系统(International Patent Classification,IPC),美国专利商标局(USPTO)主要使用的美国专利分类系统(US Patent Classification,USPC),欧洲专利局(EPO)主要使用的基于IPC的欧洲专利分类系统(European Classification System,ECLA),日本专利局(JPO)主要使用的基于IPC的日本专利分类系统(File Index/File Forming Term,FI/F-term),以及由欧洲专利局和美国专利商标局共同启用的合作专利分类系统(Cooperative Patent Classification,CPC)。[②]

(一)国际专利分类系统(IPC)

IPC是根据1971年签订的《国际专利分类斯特拉斯堡协定》编制的,提

---

① SCHETTINO F, STERLACCHINI A, VENTURINI F. Inventive productivity and patent quality: evidence from Italian inventors[J]. Journal of Policy Modeling, 2013, 35(6):1043-1056.

② 刘艳廷,柴丽丽,刘会景,等. 现行专利分类系统概述及其应用场景[J]. 中国基础科学, 2019, 21(5): 58-62;朱新超,霍翠婷,刘会景. 合作专利分类系统(CPC)与传统专利分类系统的比较分析[J]. 数字图书馆论坛, 2013(9):38-44.

供了一种由独立于语言的符号构成的等级体系,按所属不同技术领域对专利进行分类,是国际通用的专利文献分类和检索工具,新版 IPC 于每年 1 月 1 日生效。[①]

IPC 是目前使用最广泛的分类体系,由 WIPO 管理。IPC 基于技术主题进行分类,代表了适合专利领域的知识体系,按照五级分类:部(section)、大类(class)、小类(subclass)、大组(group)、小组(subgroup)。其中,"部"作为专利分类体系的第一等级,用 A—H 的一个大写英文字母来表示,每一个部的名称概要地指出该部所包含的技术范围,其中,A 代表"人类生活需要",B 代表"作业;运输",C 代表"化学;冶金",D 代表"纺织;造纸",E 代表"固定建筑",F 代表"机械工程;照明;加热;武器;爆破",G 代表"物理",H 代表"电学"。"大类"是分类表的第二等级,按不同的技术主题范围将每一个部分成若干个大类,每一个大类由两个数字组成,比如 A01 代表"农业;林业;畜牧业;狩猎;诱捕;捕鱼"。"小类"是分类表的第三等级,每一个小类由一个大写字母组成,比如 A01D 代表"收获;割草"。每一个小类细分成许多组(大组和小组的统称),每个组的类号由小类类号加上用斜线"/"分开的两个数字组成,比如大组 A01D3/00 代表"用于长柄大镰刀、镰刀或类似物的无磨料刃磨装置",小组 A01D3/08 代表"零件,如长柄大镰刀铁砧、长柄大镰刀导向板"。

IPC 在世界范围内被广泛使用,几乎所有的专利文献都有 IPC 分类号,但由于新技术的不断涌现,每年新增数量巨大的专利文献,导致 IPC 出现更新速度较慢、单一分类号下文献量大的缺点,所以,在需求的目标文献所属地域不明确时,可以先采用 IPC 进行锁定。

(二)美国专利分类系统(USPC)

美国专利分类系统依据技术主题将所有的从属于该技术主题的美国专利文献及其技术文献编排整理,形成一定数量范围的文献集合。与 IPC 不同的是,美国专利分类系统按照技术主题功能进行分类。

美国专利分类系统最开始是根据应用技术行业和设备的用途划分技术主题的分类位置,将一定技术领域的全部相关设备分类到一个合适的位置。一些最早的大类就是基于这个原理,那些大类号一直沿用至今,例如养蜂业、屠宰业等。随着技术的发展和技术内容的增加,分类原则逐渐改为优先

---

① 朱雅琛,黄非. CPC 分类体系:开创专利分类体系新纪元[J]. 中国发明与专利,2013(2):39-43.

考虑"最接近的功能"。"最接近的功能"意味着将通过类似的自然法则,作用于类似的物质或物体,可以获得类似的效果的工艺方法、产品装置等集中在同一类目中。也就是说,这种分类原则不管被分类的对象的用法如何,只要能得到一个相似结果的装置或工艺过程,都被分在同一类中。例如,将热交换装置设置成一个分类位置,牛奶冷却器、啤酒冷却器等都在这个类目中。在这个热交换技术范围内,再根据热交换的其他技术特征进行进一步的细分类。

美国专利分类包括大类和小类,各大类描述不同的技术主题,以三位数字表示,小类用于进一步描述大类所包含技术主题的工艺过程、结构特征、功能特征,用一到三位数字表示。"大类/小类"的组合成为完整的分类号。比如大类 977 代表纳米技术这一主题,而小类 700—838 代表纳米结构,小类 840—901 代表制造、处理或检测纳米结构。由于美国专利分类系统为动态调整分类系统,即美国专利商标局会根据实际美国专利分类的修订情况,对已经公布的专利文献中的美国专利分类进行回溯。因此美国专利分类包括 Original 和 Current 两种,其中,Original 为专利申请和审查时专利文本扉页上所显示的分类号,而 Current 为经过回溯后的最新分类号。所以对于大多数较为成熟或者发展较为完整的技术,Current 与 Original 多相同,而对于新兴技术而言,Current 与 Original 区别明显。

在确定美国专利分类号时,可以利用美国专利分类表,但会存在两个问题,一是美国专利分类表在大类的设置上比较凌乱,其表现形式就是相近的技术领域在美国专利分类表上往往并不相邻;二是其完全依据功能分类,即在检索时不能从技术领域出发,因此直接利用美国专利分类表确定专利的分类号往往比较困难。为了帮助使用者尽快地查阅分类表,在分类表的相关位置准确地确定分类号,美国专利商标局编制了《专利分类表定义》《分类表索引》《分类表修正页》,用以辅助专利分类号的查找。2015 年,美国专利商标局停用了美国专利分类,采用联合专利分类。

(三)欧洲专利分类(ECLA)

1968 年以前,国际专利协会(简称 IIB)采用荷兰专利局的 IDT 分类体系。1968 年 9 月 1 日 IPC 第一版生效后,国际专利协会将其分类从 IDT 分类转入 IPC 系统下继续细分,建立了 ECLA 系统。

虽然 IPC 在全球建立了统一的分类标准,但各国在对文献的分类思想上却各不相同。尽管 WIPO 建立了 IPC 分类指南,但在如何应用方面却缺乏一致的标准,因此,同族专利在向其他国家申请时往往会被赋予不同的IPC分类号,这导致专利文献的检索困难,存在遗漏文献的风险。另外,随着专利申请文献量与日俱增,某些较活跃的技术领域 IPC 分类号下的文档文献量过多,不得不引入关键词进行检索,而许多欧洲专利局审查员来自母语为德语、法语的国家,英文关键词的选择对于母语并不是英语的审查员而言也存在很多困难,导致检索效率和检索质量不高。由此,欧洲专利局在IPC主体结构的基础上发展了符合自己的细分类——ECLA。

欧洲专利局十分重视分类工作,认为分类是一切工作的基础,ECLA 的建立过程也自始至终贯彻了分类是为检索服务的理念。分类最主要的目的是进行检索,提高检索效率。为了保证分类的质量,欧洲专利局建立了集分类表的制定、修改、分类、检索、审查、给出和/或纠错于审查员一体的分类制度[①],其核心是数据库与分类号之间始终对应,无论分类号怎样调整,都能够通过调整后的分类号找到其对应的文献。

ECLA 分类具有四个基本特点:细分性、准确性、全面性、动态性。ECLA 是在 IPC 分类基础上的细分,以保证各分类号下的文献量适中,从而通过分类号限定一个文献量合适的范围,提高检索效率。是否细分由欧洲专利局审查员决定。

以 IPC 分类号 C04B35/622(陶瓷成型纸制品、陶瓷组合物的形成工艺;准备制造陶瓷产品的无机化合物的加工粉末)为例,其下面仅有 C04B35/624(溶胶凝胶法)、C04B35/626(分别或作为配合料制备或处理粉末)、C04B35/64(焙烧或烧结工艺)、C04B35/653(包括熔化步骤的工艺)这四个细分条目,而 ECLA 还在此基础上增加了更细致的条目,比如 C04B35/622F4(获得性纤维),并在此分类条目下进一步增设了 C04B35/622F4F(氮化物纤维),在 C04B35/622F4F 的基础上增加了 C04B35/622F4F6(氮化硼纤维)、C04B35/622F4F18(氮化硅纤维)等细分条目。[②]

ECLA 分类号由欧洲专利局审查员给出,较由不同国家不同人员给出的 IPC 分类号更为准确。ECLA 针对专利文献的全部内容进行分类,反映的内容更全面。ECLA 分类表伴随技术的发展实时修改,平均 1—2 周修订

---

① 黄非,许敏. ECLA"六位一体"的分类制度浅析[J]. 中国发明与专利,2011(9):66-68.
② 刘艳廷,柴丽丽,刘会景,等. 现行专利分类系统概述及其应用场景[J]. 中国基础科学,2019,21(5):58-62.

一次,已分类的文献随着分类表的更新而进行更新。目前全球专利数据中仅有部分专利申请具有 ECLA 分类号。

(四) 日本专利分类(FI/F-term)

日本专利数据量庞大,每年的申请量超过 40 万件,涵盖所有的技术领域。日本专利情报中具有大量独特的前沿技术,技术创新需要有效地检索利用,而且,IPC 无法覆盖日本独特的前沿技术。1984 年,日本专利局基于日本特有的技术经验,对 IPC 分类做进一步的扩充,称为 FI(File Index)分类。此外,日本专利局亦采用另一种分类符号,称为 F-term(File Forming Term),它通过不同的技术观点,如目的、用途或者功能等,来给予专利文献 F-term 分类号,以提高专利检索的精确性与效率。

FI 分类号是日本专利局将 IPC 进行进一步细分和扩展所得到的,用于扩展 IPC 在某些技术领域的功能。[①] FI 分类号采用类似 IPC 分类号的层次递减等级结构,针对技术整体进行分割,将某一小组下的文献量限制在几百甚至几十篇之内,并涵盖所有技术领域和所有专利文献,保持一年两次更新。1996 年 7 月以来,日本的专利文献除记载国际专利分类号以外,还记载了以 FI 表示的日本国内分类号。FI 分类号由"IPC 分类号+IPC 细分类号+文件识别符"构成,其中"IPC 细分类号"由三位阿拉伯数字构成,从结构特征、使用场合等不同方面进行细分类;"文件识别符"由一位英文字母表示,为英文字母 A—Z 中除了"I""O"之外的任意一个字母。IPC 细分类号和文件识别符并不是 FI 所必须包括的部分。

F-term 分类系统是日本特许厅设立的一种专门用于计算机检索的分类系统[②]。IPC 侧重于对单一的技术主题进行分类,其技术分类比较粗糙,而 F-term 则是从技术主题的多个技术角度进行分类,例如用途、结构、材料、目的、制作方法、使用方法、装置、类型等,是一种多视点的分类方法。例如,关于"茶和咖啡"的分类,F-term 分类系统中首先将该技术主题细分为产品的"种类""目的""外形"等,对于其中的"外形"又细分为"固态""糊状",对于"固态"又细分为"粉末""颗粒""胶囊",由此可见 F-term 分类系统的详细程度。一个 F-term 分类号一般是由"5 位的主题代码+2 位观点号+2 位数

[①] 王斯胧. FT 分类号在图像领域专利检索中的应用[J]. 山东工业技术,2017,246(16):287.

[②] 李胤,冯刚,裴少平. 浅谈 F-term 分类系统及其在日本专利检索中的应用[J]. 科技情报开发与经济,2013,23(19):130-132.

字"构成,其中5位的主题代码表示技术领域,2位观点号标识科技发明的使用材料、结构、制作方法、目的、装置、使用方法、类型等内容,最后2位数字是对观点号表征的技术特征的进一步细分。例如,关于"茶和咖啡"的分类,对应的分类号含义以4B027FE01为例,4B027是主题代码"茶与咖啡",FE是观点号"外形",01对FE作进一步细分,为"固态"。

F-term专利分类系统最大的优势在于对同一主题的多个FI组成技术主题,从多个技术角度标引发明的特征,使得F-term针对同一篇专利文献中的同一技术内容尽可能地从不同角度给出其专利分类号;此外F-term分类系统不仅从整体考虑提取分类号,并且还从具体权利要求中的技术特征进一步提炼精度分类号,使得一篇专利文献可能有十几个甚至上百个F-term分类号。这样虽然有利于提高专利文献的查全率,但是也给数据加工带来了相当大的工作量。

(五)联合专利分类(CPC)

目前全球有多个专利文献分类体系,但单独使用其中一种进行检索都有其局限性。IPC分类体系虽在世界范围内广泛使用,但其具有更新速度慢、单一分类号下文献量大等缺陷,难以满足当前高效检索的需求,而其他专利分类体系虽然各具特色,但却存在相互不通用、分类规则复杂且文献覆盖不全等缺陷[1]。因此,各国专利局一直致力于寻求一个"全球性"的专利分类体系来满足各种专利检索的需求。2013年1月1日,美国专利商标局和欧洲专利局宣布正式启用CPC这一用于专利文件的全球分类系统。CPC建立在ECLA分类的构成基础上,保留了ECLA的全部内容和结构,沿用了ECLA的分类方法、分类原则和规则,其编排参照IPC分类标准,构成形式接近IPC分类表。CPC分类号每个月都会进行修订和更新,保证了分类的实效性。

CPC分类表包括主体部分(main trunk)和引得码(indexing code)。其中主体部分采用了与IPC相同的分层结构,包括部、大类、小类、大组、小组五个主要层级,CPC分类表分为九个部(A—H,Y),其中,A—H部分别对应于IPC的A—H部,Y部是CPC分类表中新增加的部分,主要用于容纳新技术和跨领域技术等。CPC的形式为:部由一个大写字母组成(A—H,

---

[1] 朱雅深,黄非. CPC分类体系:开创专利分类体系新纪元[J]. 中国发明与专利,2013(2):39-43.

Y),大类由两个数字组成(01—99),小类由一个大写字母组成,大组由 1—4 个数字组成,小组由 2—6 个数字组成,大组和小组之间有一个"/"将二者分隔。① 此外,小组还可以进一步细分为 1 点组、2 点组等。在分类表中,小组的层级通过分类号和类名之间的点数来表示,点数越大层级越低。

CPC 中引得码的命名规则与主体部分有所区别,主要体现在引得码的大组采用以"2"开始的四位十进制来表示,因此又称为"2000"系列。在 CPC 分类表中,类名紧跟在该类名对应的分类号之后。通常大组和小组之后的类名并不是对该组技术主题的完整解读,准确理解某个下位组的技术主题需要同时结合多层上位组的类名,直至其对应的小类。CPC 分类表中,有些类名用大括号"{ }"表示,说明这些类名是在 IPC 基础上新增加的内容。②

CPC 分类体系融合了欧洲专利分类和美国专利分类的实践经验,标准统一、更加细化、兼容性强、检索效率高,在两大局的推动下已经成为专利文献检索的有效途径。

(六) WIPO 技术分类表

"行业"和"技术"的概念说明了产品的不同方面,必须分别加以分析。专利以技术的法律保护为导向,因此专利的分类是以使用特定技术或产品为基础的。在许多情况下,专利分类与行业分类非常相似,但它们不完全相同。各种技术分类已被不同的机构使用多年。这些分类一般遵循特定专利分类的系统,或为国际专利分类,或为美国专利分类。然而,这些分类在许多方面被证明是不一致的。Fraunhofer ISI(弗劳恩霍夫协会)和科学与技术观测站(Observatoire des Sciences et des Technologies)与法国专利局(INPI)合作,在 IPC 的基础上开发了一个更系统的技术分类。第一个版本已经在 1992 年出版,包含 28 个技术类。从那时起,分类经过几次修订,已经逐渐扩展到一个包含 30 个类的版本。

旧版本的 ISI-OST-INPI 分类是在国际贸易集中于少数发达工业化国家的时期构想出来的。然而,随着新兴国家的重要性日益增强,国际比较必须包括更多的国家。因此,有必要对技术分类做出适应性的变化,在这个背景之下,德国卡尔斯鲁厄的弗劳恩霍夫系统与创新研究所于 2008 年向

---

① 白林林,祝忠明. 合作专利分类体系(CPC)与国际专利分类体系(IPC)的映射分析[J]. 知识管理论坛,2017,2(5):398-405.
② 廖佳佳,高菲,吕良. 联合专利分类体系研究[J]. 现代情报,2014,34(1):64-68.

WIPO提交了一份新的包含35个技术方向的技术分类框架。目的是制定一种技术分类以供国家比较。这种做法是有意义的,因为在当今世界,很大一部分经济活动是指研究和知识密集型的商品与服务,而在这些商品和服务中,技术是竞争力的主要因素。技术能力是从事特定产品领域和部门的基础。技术分析是描述和了解各国经济活动和业绩的第一步。

用于国家比较的技术分类应尽可能满足以下各种要求。

(1)分类应涵盖所有技术领域,即对所有IPC分类号进行分类。

(2)领域规模要平衡,从涉及专利申请的数量来看,应避免非常大的领域和非常小的领域。太大领域的问题在于,它们涵盖了太多的技术,而且太复杂。太小领域的缺点是,有关专利申请的数量太少,无法进行有意义的统计分析,特别是对小国而言。

(3)分类应该完全基于IPC的代码,因为许多数据源没有为更高级的分析提供有用的文本元素。但是,对数据库搜索没有详细了解的个人和机构应该也能够利用该分类。

(4)分类的程度应该是适当的。一方面,分类应允许粗略分为5组左右;另一方面,更详细的分类应该至少允许分为20个领域。为了更好地分析国家行业结构,需要这种更详细的分类。然而,分类的数量应该低于40个字段,因为太多的细节会使一般结构变得模糊。此外,应该可以在一个柱状图中用可读的字母表示一个国家的结果。

(5)字段的内容应该彼此完全不同。技术的重叠是不能完全避免的。特别是,IPC的第8版并没有明确区分专利文件的主要分类和次要分类。这意味着专利搜索中相关领域的重叠。但是,这种重叠不应该太广泛,否则合并字段要比人为分离字段更合适。

由于这些简单的要求,必须承认领域内的某种异质性是不可避免的。然而,在大多数情况下,核心区在数量上占优势,因此实际的异质性要比假设的小得多。因此,分类应该对应于现有技术的相关领域,但必要的较高水平的聚集将意味着它们有较大相关性。

五、专利技术创新力评价在国家科研评价体系中的应用

进入知识经济时代,科学研究在国家发展战略中日显重要,各国普遍加大了对科学研究事业发展的支持力度,国家科研评价得到了越来越多的重视。它通常由政府部门或者第三方机构主导,构建结构合理且符合国情的

科研评估体系，对大学的科研能力进行官方或者半官方的评价。而在衡量大学科技创新能力时，通常比较关注四个主要目标：科研产出量、科研质量、对其他研究者或者先进知识的影响，以及创造的技术能否给经济和社会带来利益上的实用性。

在国家科研评估体系中，本书选取了中国教育部学位中心学科评估指标体系、英国科研卓越框架指标体系、澳大利亚卓越科研评价指标体系、韩国世界一流大学建设项目评价指标体系进行分析比较。这四种科研评价体系各具特色，具有一定的关注度和影响力，其评估方式、应用目标、关注点各不相同。下面将详细介绍这四种科研评估体系以及专利技术创新力评估在其中的应用现状。

（一）中国教育部学位中心学科评估指标体系

教育部学位与研究生教育发展中心（简称学位中心）按照国务院学位委员会和教育部颁布的《学位授予和人才培养学科目录》，对拥有博士、硕士学位授予权的一级学科进行整体水平评估。学科评估的首要目的是服务于国家研究生教育发展的大局，展示中国研究生教育的发展成就，建立学科评价的中国标准。学科评估的另一个目的是服务高校，通过评估学科建设的成效和质量，使高校了解自身学科发展的不足与优势，提高人才培养的水平与能力。学科评估还有服务社会的目的——保障社会对高校研究生教育水平的知情权，尤其是为报考研究生者提供客观、精确的指南式服务。[①]

学位中心于 2002 年开始以第三方的角色开展非行政性、服务性评估。第五轮学科评估以习近平新时代中国特色社会主义思想为指导，深入贯彻中共中央、国务院《深化新时代教育评价改革总体方案》精神，落实立德树人根本任务，遵循教育规律，扭转不科学的评价导向，加快建立中国特色、世界水平的教育评价体系，提升我国学科建设水平和人才培养质量，推动实现高等教育内涵式发展。表 1-2 为中国教育部学位中心第五轮学科评估指标体系，专利技术创新力评价在该指标体系中体现在科学研究（艺术/设计实践）水平中的科研成果（与转化）模块，主要考量专利转化情况。

---

① 黄宝印，林梦泉，任超，等. 努力构建中国特色国际影响的学科评估体系[J]. 中国高等教育，2018(1):13-18.

表 1-2　中国教育部学位中心第五轮学科评估指标体系

一级指标	二级指标	三级指标
人才培养质量	思政教育	思想政治教育特色与成效
	培养过程	出版教材质量
		课程建设与教学质量
		科研育人成效
		学生国际交流情况
	在校生	在校生代表性成果
		学位论文质量
	毕业生	学生就业与职业发展质量
		用人单位评价（部分学科）
师资队伍与资源	师资队伍	师德师风建设成效
		师资队伍建设质量
	平台资源	支撑平台和重大仪器情况（部分学科）
科学研究（艺术/设计实践）水平	科研成果（与转化）	学术论文质量
		学术著作质量（部分学科）
		专利转化情况（部分学科）
		新品种研发与转化情况（部分学科）
		新药研发情况（部分学科）
	科研项目与获奖	科研项目情况
		科研获奖情况
	艺术实践成果	艺术实践成果（部分学科）
	艺术/设计实践项目与获奖	艺术/设计实践项目（部分学科）
		艺术/设计实践获奖（部分学科）
社会服务与学科声誉	社会服务	社会服务贡献
	学科声誉	国内声誉调查情况
		国际声誉调查情况（部分学科）

(二) 英国科研卓越框架指标体系

英国的大学科研竞争力在国际上一直遥遥领先,同时也是最早开展大学科研绩效评估和绩效拨款的国家。英国政府于1986年开展了针对大学的首轮科研绩效评估,即科研选择性评估,后来不断调整评估指标与方法,演变成较为成熟的科研水平评估(Research Assessment Evaluation,RAE)。20世纪90年代以来,随着经济全球化、高等教育大众化以及新经济的崛起,知识的拓展与其在经济社会中的应用连接更为紧密,基础研究、应用研究和产业转化之间融会贯通,跨学科的知识生产与创新更为显著。一是在新的知识生产范式下,对于科研质量的评价已经不能局限于知识增量本身,而是要更加注重科研的外部影响力与贡献度。英国先后实施了多轮RAE评估,在RAE的实施过程中,英国政府逐步意识到RAE存在成本高、耗时长和分科过细等问题。二是各大学逐渐摸清"游戏规则"并懂得如何"投其所好"取得高分,将评估指标作为目标,混淆手段与目的,忽视评估指标设计的初衷,严重损害了良性的学术生态。2014年,在RAE基础上经过全面调整和改革的科研卓越框架(Research Excellence Framework,REF)体系应运而生。REF延续了RAE体系的优点,但在评估指标体系、评估组织方式以及评估方法等方面均进行了优化调整。表1-3为英国科研卓越框架指标体系,专利技术创新力评价在该指标体系中体现在科研成果模块中,主要考量专利情况。[①]

表1-3 英国科研卓越框架指标体系

评估指标	评估内容	评估准则
科研成果(60%)	出版物(包括但不限于专著、图书的章节、发表的期刊论文、申请的专利),设计、展出、演出等	原创性、重要性和严谨性,部分项目考虑引用次数
科研影响(25%)	除学术以外,对于经济、社会、文化、公共政策或服务、健康、环境或生活质量等方面的影响、改变或利益	范围和重要性
科研环境(15%)	科研发展策略、资源(科研人员、配套经费和其他设备)、基础设施、科研管理规章制度等	活力及可持续性

---

① 英国大学REF排名. REF2021重要指标[EB/OL]. (2022-05-09)[2023-10-14]. https://www.ref.ac.uk/media/1848/ref2021_key_facts.pdf.

(三) 澳大利亚卓越科研评价指标体系

澳大利亚借鉴英国和新西兰等国家的经验并结合本土的实际,分阶段构建了以政府为主导的科研评价制度。20世纪80年代末,确立了基于科研量(Research Quantum)的绩效评价方式。1995年实施了涵盖科研投入和科研产出等指标的综合指数(Composite Index),这加剧了大学追求论文发表数量的问题。为了凸显科研成果的质量和影响力,澳大利亚在2004年建立了科研质量框架评价(Research Quality Framework,RQF),但该框架因政府变更等原因并未推行。2008年,澳大利亚政府推行卓越科研评价指标体系(Excellence in Research for Australia,ERA),对科研质量框架的评价方法进行了优化。2018年,卓越科研评价进一步引入了社会互动与影响力(Engagement and Impact,EI)评价,凸显了大学科研的应用价值。

卓越科研评价指标体系是典型的竞争型科研评价体系,评价指标由研究评价委员会根据国际最佳做法制定,制定过程遵守以下原则:①可量化。尽量做到客观测量科研成果,任何评价主体在任何时间,都能形成客观的、相同的评价结果。②国际公认。指标必须是国际公认的研究质量衡量标准。③与其他学科的可比性。卓越科研评价不会进行跨学科直接比较,但指标能进行跨学科研究水平的比较。④可以筛选出优秀成果。指标既能评价成果质量,也能识别集中度较高的优秀成果。⑤研究相关性。指标必须与学科的研究性质和特点相符。⑥可重复和可核查。采取透明和公开的评价方法,学校内部可复制这种方法进行自我评价。⑦可审核和可核对。评价对象必须为特定时间段的成果。⑧行为影响。指标应该推动科研往理想方向发展,避免产生隐形负面影响,要限制特殊利益集团或个人操纵评价结果。卓越科研评价指标见表1-4,专利技术创新力评价在该指标体系中体现在应用成果模块,主要考量专利及研究商业化收入。[①]

---

① 蒋林浩,沈玉翠,张优良,等.澳大利亚卓越科研评价(ERA)实践及启示[J].学位与研究生教育,2023(2):86-93.

表 1-4　澳大利亚卓越科研评价指标体系

一级指标	指标参数
引用分析	·相对影响因子（RCI） ·基于世界等级和澳大利亚高等教育机构（Higher Education Providers，HEP）平均值比较的论文分布比例 ·不同研究相对影响因子等级（Research Citation Index，RCI）的论文分布比例 ·符合条件的期刊论文索引情况 ·研究成果引用百分位阈值按 50 计算（这里指文章发表的成果）
同行评议	·全口径的科研成果产出统计，包括期刊文章、图书、图书章节和非传统研究成果 ·每个非传统研究成果（Non-Traditional Research Outputs，NTROs）都要提供一份研究陈述用于同行评议 ·机构选出 30% 的科研成果用于同行评议 ·研究成果引用百分位阈值按 50 计算（其中图书按 5 计算，其他产出按 1 计算）
总量活动	·研究成果总数 ·全职人员等值数（Full Time Equivalent，FTE）的个人学术档案 ·年平均研究产出 ·全职研究人员的雇佣时间计算
科研发表	·图书 ·图书章节 ·期刊论文 ·会议发表
研究收入	·按高等教育研究收入数据（Higher Education Research Data Collection，HERDC 1—4 类）分类统计的研究收入 ·研究收入来自所有的二级四位领域 ·捐赠的数量只统计 HERDC 的第一类收入 ·HERDC 的第三类收入分为三个二级类别（本国收入、国际 A 类收入和国际 B 类收入） ·全职人员等值数（FTE）被用来做某些指标的分母
应用成果	·专利 ·研究商业化收入 ·植物育种产权 ·国家认可的标准规则 ·成果应用数据只能是来自三个二级四位领域，其中研究商业化收入数据不做限制 ·成果应用数据可以是机构或者个人研究者的数据

(四)韩国世界一流大学建设项目评价指标体系

韩国是世界上高等教育发展比较快的国家,但也存在大学研究能力不高、竞争力不强等问题。在全球化时代,为了提高大学的竞争力进而提高国家的竞争力,李明博政府在上台后相继出台了一系列的教育改革举措。在众多的教育改革措施中,WCU 计划,即"世界级高水平大学建设计划"受到了社会各界的广泛关注。其目的在于通过聘用海外高层次的权威学者,集中发展一批有关国家的未来发展、具备广阔的发展前景并需要实现跨学科交叉融合的新技术和新专业,以此加快培育世界级高水平优秀大学,大力提高国内大学的教学质量及科学研究水平,增强韩国高等教育的国际影响力与竞争力。按照学科和专业,不同世界一流大学建设项目分为人文社会科学和自然理工科学两大领域。表 1-5 为韩国世界一流大学建设项目评价指标体系(类型 1 理工科),专利技术创新力评价在该指标体系中体现在大学条件及研究成果模块中,主要考量人均国内及国外专利数量(总专利件数/参与学者数)。[1]

表 1-5 韩国世界一流大学建设项目评价指标体系(类型 1 理工科)

一级指标	指标参数	权重/%
大学条件及研究成果(30%)	教育、研究基础设施条件(定量评价) ① 研究生人数对比最近 5 年间博士学位培养实绩 ② 教师人均学生数量(本科生人数+研究生人数) ③ 本科生人数对比研究生人数(特殊大学生除外)	5
	论文成果等研究成果(定性评价) ① 各学术领域前 10%的期刊上登载的每人论文数量(总论文数/参与教授数) ② SCI(E)、SSCI、A&HCI、SCOPUS 级期刊登载的人均论文被引用数量(被引用次数/参与学者数) ③ 作业的参与者 SCI(E)、SSCI、A&HCI、SCOPUS 级期刊编者运用的经验(在专业小组审查中以五个阶段的标准进行定性评价,并对研究实绩进行合算) ④ 人均国内及国外专利数量(总专利件数/参与学者数)	25

---

[1] 裴志穗.韩国世界一流大学建设项目(WCU)评价指标体系研究[D].长春:吉林大学,2018.

续　表

一级指标	指标参数	权重/%
项目(研究)计划书审查(30%)	大学相关部门支援计划的高效性	2
	新设专业/学科的可行性及运营计划的适合性	7
	专业/学科构成人力的适当性及优秀性(包括海外人才)	7
	教育课程构成及运营计划的适合性(课程分配及学生指导计划的适当性)	4
	共同研究计划书及教育计划书的优秀性	10
国际同行评价(30%)	以全日制教授招聘的国外学者及国内参与教授的代表论文及研究计划书审查	20
	教育过程构成及运营等教育计划书	10
综合审查(10%)	第一次、第二次审核结果及世界水平的成长可能性评价国家主导社会、经济发展的新型增长动力创造可能性,创新实用知识的可能性,新学术发展先导等考虑后评价	10

(五) 小结

将上述四个国家科研评价体系对专利技术创新力评价的相关指标进行归纳整理,如表1-6所示,总体看来,各个国家科研评价体系存在很多共同之处,但在评估方式和指标选择上各具特点,不外乎专利数量、技术转让收入这两个方面。

表1-6　国家科研评价体系中有关"专利技术创新力评价"的主要指标

国家科研评价体系	专利技术创新力评价模块	专利技术创新力评价指标
中国教育部学位中心学科评估	科学研究(与艺术/设计实践)水平	专利转化情况
英国科研卓越框架	科研成果	专利
澳大利亚卓越科研评价	应用成果	专利及研究商业化收入
韩国世界一流大学建设项目评价	大学条件及研究成果	人均国内及国外专利数量(总专利件数/参与学者数)

六、专利技术创新力评价在大学排行榜中的应用

大学排行榜是为了对大学的整体或部分实力进行评估,将教学、科研、成就、荣誉、影响力等作为评估指标,对这些指标量化并赋予一定的权重,然

后形成的排序。作为高等教育的评价形式,大学排名自诞生以来就备受关注,其应用对世界各国高等教育产生了重大影响。大学排名作为现代高等教育系统中一项必不可少的制度安排,对大学发展的方向和路径有着的重要影响。

本书选取了六个国际社会公认的较有影响力的世界大学排名机构,分别是上海交通大学的软科中国大学学术排名主榜(Academic Ranking of Word Universities,ARWU)、武书连中国大学评价、校友会中国大学排名、泰晤士高等教育世界大学排名(Time Higher Education,THE)、"中评榜"世界一流大学和一流学科评价,以及ABC中国大学排行榜。这六大世界大学排行评估各具特色,具有一定的关注度和影响力,其评估方式、应用目标、关注点各不相同,以下将详细介绍各个体系以及专利技术创新力评估在其中的应用现状。

(一)软科中国大学排名(主榜)指标体系

上海软科教育信息咨询有限公司(简称软科)是全球领先的高等教育评价机构。软科旗下拥有众多在国内外具有深远影响力和业内认可度的排行榜。2003年6月首次发布的"世界大学学术排名"是全球最具影响力和权威性的大学排名之一,多次被剑桥大学、斯坦福大学等世界顶尖名校官方报道;曼彻斯特大学、西澳大学等世界百强名校也将提升ARWU排名定为学校战略规划的明确目标。

软科每年定期发布的"中国大学排名"(原中国最好大学排名)、"中国最好学科排名""世界一流学科排名"等受到《人民日报》《光明日报》《中国教育报》等国内权威媒体的关注和报道,排名指标和方法的客观性和说服力得到了国内高等教育著名专家的公开高度认可。表1-7显示了软科中国大学排名(主榜)指标的主要体系,专利技术创新力评价在该指标体系中体现在服务社会模块中,主要考量科技服务、服务平台、专利成果以及技术转让收入。①

---

① 软科中国最好学科排名.2023软科中国大学排名方法[EB/OL].(2023-09-05)[2023-10-12]. https://www.shanghairanking.cn/methodology/bcur/2023.

表 1-7　软科中国大学排名(主榜)指标体系

一级指标	二级指标
办学层次	办学层次
学科水平	学科规模
	学科实力
	学科精度
办学资源	收入水平
	捐赠收入
师资规模与结构	师资规模
	师资结构
人才培养	立德树人典型
	思想政治教育
	新生质量
	培养条件
	培养改革
	在学成果
	培养结果
	杰出校友
科学研究	科研人力
	科研经费
	科研项目
	科研成果
	科研平台
服务社会	科技服务
	服务平台
	专利成果
	成果转化

续　表

一级指标	二级指标
高端人才	资深学术权威
	中年领军专家
	青年拔尖英才
	文科学术骨干
	国际知名学者
	高端人才
重大项目与成果	重大项目
	重大成果
国际竞争力	国际化程度
	国际影响力
	世界一流标志

（二）武书连中国大学评价指标体系

1993年6月30日,《中国大学评价——1991研究与发展》首发于《广东科技报》,武书连为第一作者。这是中国第一个包含人文社会科学领域在内的大学排名,此前的中国大学排名仅涉及自然科学领域。1997年7月至2010年4月,武书连连续14年将中国大学评价和排名以论文形式发表于《科学学与科学技术管理》杂志。2003年起,他与中国统计出版社合作,按年度出版《挑大学 选专业——高考志愿填报指南》。

武书连2023中国大学评价主要依据《中华人民共和国高等教育法》对高等教育任务的相关规定,在大学评价中设人才培养、科学研究两项一级指标,其中人才培养包括本科生培养和研究生培养两项二级指标,科学研究包括自然科学研究和社会科学研究两项二级指标。表1-8显示了武书连2023中国大学评价指标体系,专利技术创新力评价在该指标体系中体现在科学研究模块中,主要考量专利授权、专利转让及许可、国家知识产权局专利奖。①

---

① 武书连大学排名. 武书连2023中国大学评价［EB/OL］.（2023-10-05）［2023-10-12］. https://www.wurank.net/theoreticalSystem.html＃.

表 1-8　武书连 2023 中国大学评价指标体系

一级指标	二级指标	三级指标
人才培养	本科生培养	毕业生就业率
		新生录取分数线
		全校生师比
		本科毕业生数
		国内升学率
		出国留学率
		薪酬
		性价比
		"挑战杯"全国大学生竞赛
		中国国际"互联网＋"大学生创新创业大赛
		大学生数学竞赛
		大学生英语竞赛
		大学生计算机竞赛
		全国大学生田径锦标赛
		全国大学生艺术展演
		体质测试达标率
	研究生培养	学术型研究生科研成果
		专业型研究生科研成果
科学研究	自然科学研究	国内引文数据库论文及引用。最近 5 年在 SCD 源期刊发表的自然科学论文被引用次数、最近 5 年在 SCD 源期刊发表且有被非本校引用的自然科学论文数和最近 2 年在 SCD 源期刊发表且未被非本校引用的自然科学论文数。所有论文的出版物类型均为期刊,且不包含其中的增刊、特刊、专集等
		国外引文数据库论文及引用。最近 5 年在 SCDW 源期刊发表的自然科学论文被引用次数、最近 5 年在 SCDW 源期刊发表且有被非本校引用的自然科学论文数和最近 2 年在 SCDW 源期刊发表且未被非本校引用的自然科学论文数。所有论文的出版物类型均为期刊,且不包含其中的子辑、增刊、特刊
		著作。最近 5 年被 SCD 源期刊论文引用过的自然科学类著作,包括著、编、译、注
		艺术作品。最近 5 年创作的自然科学类艺术作品
		专利授权。最近 2 年的自然科学类发明专利授权

续表

一级指标	二级指标	三级指标
	自然科学研究	专利转让及许可。最近5年的自然科学专利转让及许可
		国家级科学与技术奖。最近10年数据
		各省科学技术奖。最近10年数据
		国家级教学成果奖（科学技术）。最近10年数据
		各省教学成果奖（科学技术）。最近10年数据
		教育部高等学校科学研究优秀成果奖（科学技术）。最近10年数据
		国家知识产权局专利奖。最近10年数据
		科研保密系数
科学研究	社会科学研究	社会科学研究国内引文数据库论文及引用。最近5年在SCD源期刊发表的社会科学论文被引用的次数、最近5年在SCD源期刊发表且有被非本校引用的社会科学论文数和最近2年在SCD源期刊发表且未被非本校引用的社会科学论文数。所有论文的出版物类型均为期刊，且不包含其中的增刊、特刊、专集等
		国外引文数据库论文及引用。最近5年在SCDW源期刊发表的社会科学论文被引用的次数、最近5年在SCDW源期刊发表且有被非本校引用的社会科学论文数和最近2年在SCDW源期刊发表且未被非本校引用的社会科学论文数。所有论文的出版物类型均为期刊，且不包含其中的子辑、增刊、特刊
		著作。最近5年被SCD源期刊论文被引用过的人文社科类著作，包括著、编、译、注
		艺术作品。最近5年的社会科学类艺术作品
		专利授权。最近2年的社会科学类发明专利授权数
		专利转让及许可。最近5年社会科学类专利转让及许可数
		教育部高等学校科学研究优秀成果奖（人文社会科学）。最近10年数据
		国家知识产权局专利奖。最近10年数据
		各省人文社科奖。最近10年数据
		国家级教学成果奖（人文社会科学）。最近10年数据
		各省教学成果奖（人文社会科学）。最近10年数据
		科研保密系数
	论文引用胜者	国外引文数据库论文被引用胜者排名
		国内引文数据库论文被引用胜者排名

(三)校友会中国大学排名评价体系

校友会中国大学排名首发于2003年,以"校友、质量、影响与贡献"为主题特色连续21年发布中国大学排名,已成为具有广泛社会影响力、公信力、参考价值和创新力的中国大学排名领先品牌。校友会中国大学排名评价指标涵盖了中国大学五大核心办学职能评价,体现了中国大学的社会影响力和国际影响力,适合不同地区、类型和层次的院校;评价从中国高校的人才培养、科学研究、社会服务和文化传承与创新等核心职能入手,以衡量中国高校科学与人才的贡献能力为评价目标,是目前国内系统全面、特色鲜明和有着广泛影响力的大学评价体系,确保了评价结果是对高校办学的历史成就和现时水平的综合选优排序。

在校友会2023中国大学排名评价体系,专利技术创新力评价主要体现在社会服务效益(主要考量以转让、许可、作价投资方式转让科技成果的合同金额,以技术转让、技术开发、技术咨询、技术服务方式转移转化科技成果合同金额)、技术转化基地(主要考量国家技术转移示范基地、高校专业化国家技术转移机构建设试点、国家知识产权示范高校、国际技术转移中心)和发明专利奖(主要考量中国专利奖、中国发明创业奖和成果奖)等模块中(表1-9)。①

表1-9 校友会2023中国大学排名评价体系

一级指标	二级指标
思政教育(8%)	先进学生典型
	先进模范教师
	思政教育项目
	思政教育奖励
	思政教育荣誉
	思政教育基地

---

① 艾瑞深网. 校友会2023中国大学排名评价指标体系[EB/OL]. (2023-09-05)[2023-10-12]. http://www.chinaxy.com/2022index/news/news.jsp? information_id=5132.

续表

一级指标	二级指标
杰出校友(10%)	杰出学界校友
	杰出政界校友
	杰出商界校友
	杰出文学艺术家校友
	杰出运动会校友
	杰出公益慈善人物校友
教学质量(12%)	教育成果
	一流教材
	一流课程
	教学工程项目
	教育基地资质
	创新创业教育
高层次人才(15%)(含中国高贡献学者)	立德树人典型类
	荣誉称号类
	教育教学类
	科研奖励类
	基金项目类
	社会服务、文化传承创新类
学科专业(5%)	学科优秀率
	优势学科
	优势专业
科研成果(22%)	国家级科研奖励
	部省级科研奖励
	发明专利奖
	标准奖
	图书著作奖
	高水平论文
	国际科研奖励

续 表

一级指标	二级指标
社会服务(5%)	社会服务效益
	社会服务典型
	社会服务基地
科研基地(5%)	科研平台
	技术转化基地
	期刊出版社
科研项目(5%)	基金项目
办学层次(5%)	国家定位
	办学经费
	办学荣誉资质
社会声誉(5%)	慈善捐赠
	生源竞争力
国际影响力(3%)	国际化办学
	国际声誉
	国际排名

(四)泰晤士高等教育世界大学排行榜评价指标体系

《泰晤士高等教育》(THE)的前身为《泰晤士报高等教育增刊》(THES),于1992年开始发布针对英国国内大学的排行榜。2004年,《泰晤士报高等教育增刊》成为独立的刊物,更名为《泰晤士高等教育》,并与国际高等教育资讯机构(QS)联合推出了"THE-QS世界大学排名",数据供应商为Elsevier公司,采用Scopus数据库。2010年,THE和QS分开,各自发布世界大学排名,THE开始与Thomson公司合作,重新设计指标体系,独立发布THE世界大学排名。同年,《泰晤士高等教育》使用由Thomson收集和分析的数据资料,同时委托民意调查公司Ipsos MORI调查大学声誉。2015年9月,THE结束了与Thomson的合作,转而采用Elsevier/Scopus论文库中有关学术期刊发表的数据。目前,THE排名包括世界大学排名、金砖国家与新兴经济体排名、世界大学声誉排名、建校50年以下100所大学排名、亚洲大学排名和世界大学学科排名。THE注重考察高校的基本功能,即教学、科研、知识转化和国际化程度综合水平。表 1-10 显示了 THE 世界大学排行榜评价指标体系,专利技术创新力评价在该指标体系中体现在产业收入(技术转让)中,主要考量师均从企业获得的研究收入。[①]

表 1-10　THE 世界大学排行榜评价指标体系

一级指标	权重/%	二级指标	权重/%
教学(学习环境)	30	声誉调查	15
		师生比例	4.5
		博士与学士的比例	2.25
		师均博士学位授予数	6
		机构收入	2.25
研究(数量、收入和声誉)	30	科研声誉	18
		研究经费	6
		师均学术论文量	6
引用(研究影响力)	30	学科标准化论文影响力	30
国际视野	7.5	国际学生比例	2.5
		国际员工比例	2.5
		国际合作	2.5
产业收入	2.5	师均从企业获得研究收入	2.5

(五)"中评榜"世界一流大学和一流学科评价指标体系

2019 年 5 月,《金平果排行榜》(简称"中评榜")第十一次发布世界一流大学和一流学科评价报告,《世界一流大学和一流学科评价研究报告(2018—2019)》由武汉大学中国科学评价研究中心、杭州电子科技大学中国科教评价研究院与中国科教评价网共同研发和编著,这是"中评榜"的四大评价报告之一。

"中评榜"世界一流大学和一流学科评价采用了目前最权威的、高水平的数据来源工具——ESI,数据准确可靠,并且以新颖的评价理念设置了科学合理的评价体系,提供了国内目前最详尽的世界大学评价报告,不仅针对

---

① 泰晤士高等教育. THE 2023 年世界大学排名方法[EB/OL].(2022-10-05)[2023-10-09]. https://www.timeshighereducation.com/world-university-rankings/world-university-rankings-2023-methodology.

国家/地区、高等学校,而且评价学科专业。

从2016年开始以世界一流大学和一流学科为对象进行评价,评价指标打破了以往只注重科研评价的惯例,转向对大学的综合评价,其评价一级指标由师资力量、教学水平、科研能力、声誉影响力四个部分构成。具体指标体系如表1-11所示。专利技术创新力评价在该指标体系中体现在科研能力中,主要考量发明专利数。[①]

表1-11 "中评榜"2016—2019年世界一流大学和一流学科评价指标体系

一级指标	二级指标	三级指标
师资力量	专职教师数	专业从事教学工作的人数
	高被引科学家数	各学科领域高被引研究者人数
教学水平	杰出校友数	获得诺贝尔奖或菲尔兹奖校友数
	进入ESI排行学科数	进入ESI前1%的学科数量
	发表论文数	近11年被SCI和SSCI收录论文数
科研能力	篇均被引次数	平均每篇论文的被引频次
	国际合作论文数	含一位或多位国际合作作者的论文数
	发明专利数	知识转化/发明专利数
声誉影响力	网络影响力	学术知识与资料在网络上公开出版的程度
	高被引论文数	高被引论文数(前1%)

(六) ABC中国大学排行榜

ABC中国大学排名是基于最新中国大学评级(China University Ratings),由ABC咨询机构编制,中国大学排行榜官网(CNUR)发布。中国大学评级从顶尖水平高校到初具一定本科办学经验的高校,划分为四档十八级,是全类别高校综合实力模糊排名的研究成果。该排名基于评级,分段分类评价,针对多维度不同量纲综合排名,避免综合排名沦为某类别大学排名,相比传统排名的不同物理量纲累加法具有明显的优越性。

该评价延续采用本科生教育和研究生教育指标相融合、总量和质量统

---

① 金平果科教评价网. "中评榜"2016—2019世界一流大学和一流学科评价指标体系[EB/OL]. (2019-06-13)[2023-10-09]. http://www.nseac.com/html/216/681921.html.

筹考虑的核心思想,具体指标体系如表 1-12 所示。专利技术创新力评价在该指标体系中体现在学术科研中,主要考量专利及成果转化。[①]

表 1-12　2022 年 ABC 中国大学排行榜

一级指标	二级指标	比重/%
办学层级	建设层次(双一流等) 研本比率 入学难度 经费及生均经费	28
人才培养	就业质量 免推率 杰出学生、校友 升学率	22
学术科研	高水平学科及精度 科研成果奖励 博士点、硕士点 各类科研项目 科研平台(实验室、中心等) 顶尖论文、专利、成果转化	26
教学质量	高层次人才及比例 一流、特色专业及比例 一流课程 优秀教学团队、教学成果奖等 思政教育 专任教师人数及比例 不良师德师风(-1%)	24

(七) 小结

将上述六个大学排行榜对专利技术创新力评价的相关指标进行归纳整

---

① 江苏理工学院发展规划处. 2022 年 ABC 中国大学排行榜发布 [EB/OL]. (2022-05-27)[2023-10-09]. https://fzgh.jsut.edu.cn/2022/0530/c4407a145840/page.htm.

理，如表 1-13 所示，不难发现，不同机构考量评价模块和指标虽然不同，但不外乎专利数量、技术转让收入、国家知识产权局专利奖、技术转化基地等方面。其中软科中国大学排名（主榜）、武书连中国大学评价、校友会中国大学排名采用多个维度考量专利技术创新力。

表 1-13 大学排行榜中有关专利技术创新力评价的主要指标

排名机构	专利技术创新力评价模块	专利技术创新力评价指标
软科中国大学排名（主榜）	服务社会	科技服务、服务平台、专利成果、成果转化
武书连中国大学评价	科学研究	专利授权、专利转让及许可、国家知识产权局专利奖
校友会中国大学排名	社会服务效益	以转让、许可、作价投资方式转让科技成果的合同金额，以技术转让、技术开发、技术咨询、技术服务方式转移转化科技成果合同金额
	技术转化基地	国家技术转移示范基地、高校专业化国家技术转移机构建设试点、国家知识产权示范高校、国际技术转移中心
	发明专利奖	中国专利奖、中国发明创业奖和成果奖
泰晤士高等教育世界大学排行榜	产业收入（技术转让）	师均从企业获得研究收入
"中评榜"世界一流大学和一流学科评价	科研能力	发明专利数
ABC 中国大学排行榜	学术科研	专利及成果转化

第二章　方法体系

第一节　分析对象和范围

高校是知识产权高地,是知识产权的创造、管理、实施和保护的重要主体。高校拥有的知识产权是其重要的无形资产,是高校及其科研人员创新能力和科研水平的重要标志之一,在未来"双一流"高校的建设、发展乃至各类评估评价中,知识产权将占据十分重要的地位。高校知识产权事业的发展对于国家科技进步、经济社会发展具有重要的推动作用。

提升国家科技能力与实力,不能仅依赖某一所大学的强大,它需要一批一流高校和学科的建设与发展。国务院于2015年印发《统筹推进世界一流大学和一流学科建设总体方案》,目标是推动一批高水平大学和学科进入世界一流行列或前列,对于提升我国教育发展水平,实现从高等教育大国到高等教育强国的历史性跨越具有重要的战略意义。

"双一流"高校建设过程中,我们必须清楚世界一流大学的水平,了解国内高校与世界一流大学的差距所在。目前关于国内高校与国外高校专利技术创新力的比较研究主要以国内外某几所高校为分析对象,或者从单个角度进行分析,对于个体高校的发展或国内高校单方面的提升具有一定的借鉴意义,但鲜有国内一流高校与世界一流高校专利技术创新力整体对比的研究。因此,本书以国内42所"双一流"建设高校和一批国外专利技术创新力较强的一流高校为分析对象,从整体和个体的角度对近十年的专利技术创新力进行全面的对比分析,拟通过国内外一流高校的整体对比,找出国内一流高校在专利技术创新力上的共性问题,为国家政策制定、"双一流"建设战略顺利实施提供数据支撑;从高校个体角度对比分析,探析各高校的亮点与短板,有助于高校针对自身特点精准制定发展目标。

以教育部、财政部、国家发展改革委联合公布的《世界一流大学和一流学科建设高校及建设学科名单》(教研函〔2017〕2号)中的"双一流"建设高校作为国内一流大学研究对象:北京大学、中国人民大学、清华大学、北京航空航天大学、北京理工大学、中国农业大学、北京师范大学、中央民族大学、南开大学、天津大学、大连理工大学、吉林大学、哈尔滨工业大学、复旦大学、同济大学、上海交通大学、华东师范大学、南京大学、东南大学、浙江大学、中国科学技术大学、厦门大学、山东大学、中国海洋大学、武汉大学、华中科技大学、中南大学、中山大学、华南理工大学、四川大学、重庆大学、电子科技大学、西安交通大学、西北工业大学、兰州大学、国防科技大学、东北大学、郑州大学、湖南大学、云南大学、西北农林科技大学、新疆大学。本书还选取了其中的中国九校联盟(简称C9大学)作为一个分析整体进行研究,中国九校联盟是首批入围教育部"985"的九所大学,分别为清华大学(THU)、北京大学(PKU)、上海交通大学(SJTU)、复旦大学(FDU)、浙江大学(ZJU)、南京大学(NJU)、中国科学技术大学(USTC)、哈尔滨工业大学(HIT)和西安交通大学(XJTU)。这九所大学于2009年签订了《一流大学人才培养合作与交流协议书》,遵循"优势互补、资源共享"的原则,目标是创建世界一流大学。

依据2019、2020年国际高等教育研究机构QS世界大学排名(QS World University Rankings)、泰晤士高等教育世界大学排名、软科世界大学学术排名,以及《美国新闻与世界报道》世界大学排名(US News Best Global Universities)四大排行榜,选取同时进入四大排行榜前100位的大学,按照专利申请量排序,选取排名靠前的20所高校作为国外一流大学分析对象,分别为Massachusetts Institute of Technology(麻省理工学院)、Stanford University(斯坦福大学)、The Johns Hopkins University(约翰斯·霍普金斯大学)、Harvard University(哈佛大学)、California Institute of Technology(加州理工学院)、University of Michigan(密歇根大学)、University of Pennsylvania(宾夕法尼亚大学)、Columbia University(哥伦比亚大学)、Cornell University(康奈尔大学)、University of Tokyo(东京大学)、University of Oxford(牛津大学)、University of Washington(华盛顿大学)、Duke University(杜克大学)、Yale University(耶鲁大学)、New York University(纽约大学)、University of British Columbia(不列颠哥伦比亚大学)、The University of Chicago(美国芝加哥大学)、Princeton University(普林斯顿大学)、National University of Singapore(新加坡国立大学)、

University of Queensland(昆士兰大学)。高校选取过程中,发现 University of California(加州大学)包含多个校区,规模与其他高校不具有可比性,另外 Northwestern University(美国西北大学)的一些数据无法与中国的西北大学区分,因此对这两所高校做了舍弃。最终选取的 20 所国外高校分别来自亚洲、北美洲、欧洲、大洋洲,基本涵盖了世界上高等教育较发达的各个地区,这些高校也是世界各区域一流大学的典型代表。

第二节 分析方法

采用信息计量学方法对比分析国内高校与世界一流大学的距离,对"双一流"建设具有提供参考和决策支持的重要作用。本书以 42 所国内高校和 20 所国外高校专利的相关基础数据为蓝本,采用定量比较的方法,从专利技术创造能力、专利技术运用能力、技术合作分析三个方面进行了专利技术创新力比较分析,以 WIPO 的 35 个技术领域为分析方向,通过专利申请量、授权量以及授权专利维持率等指标的对比,获得国内外一流高校的专利技术领域分布和发展情况。本书的目的不是建立一个大学排名,而是希望以世界一流高校专利技术创新力为突破口,探究我国"双一流"建设高校与世界一流高校在专利创新力上的特色与差距,以期为我国高校专利质量提升,更好地建设世界一流大学提供思路和参考。因此书中并没有如大学评价那样,对指标体系设立权重或设计复杂的计分方法,也不会对评价结果进行排序,仅从专利技术创新力基础特征的角度出发,在对基础数据进行比较分析的基础上,得到世界一流大学专利创新力的总体特征和发展趋势,并对我国的大学进行相应的比较,从而明特色、找差距、寻出路。

本书中的分析以定量数据比较为基础,因此数据的采集和使用注重数据来源的可靠性、可获取性和可比较性,尽量基于同源数据进行比较,以减少比较误差。书中采用的数据大部分取自第三方统计结果,同时为保证结果的客观公正性,仅对可以量化的指标进行获取和分析,对一些主观指标进行了舍弃,另对一些地域性指标,例如获得中国专利奖的数量,仅做了国内高校的比较,同时由于国外高校对专利许可量和专利转让量两个指标的定义与国内高校不同,不能做比较,因此也仅做了国内高校的对比。

第三节　指标体系及指标的计算方法

专利评价指标的选取通常遵循准确性、相关性、可比性和可行性原则，即指标概念界定清楚、范围明确，与专利具有显著相关关系，能够对不同时间和地域的专利进行统一对比和评价，相关数据容易获取和统计。本书对比指标的选取也尽量做到战略性与科学性、重要性与全面性、可比性与操作性兼顾。本书的指标体系及相应数据的采集范围详见表 2-1、表 2-2。

表 2-1　专利技术的总体创新力分析指标及数据源

一级指标	二级指标	三级指标	数据采集范围
专利技术创造能力分析	专利产出量	专利申请量	
		专利授权量	
	专利质量	专利授权率	(1) 42 所国内高校
		平均权利要求数	(2) 20 所国外高校
		平均被引次数	
	技术全球化布局	平均同族专利数	
		PCT 申请量	
专利技术运用能力分析	专利的有效性	专利拥有量	
		授权专利维持率	
	转移转化	专利许可量	42 所国内高校
		专利转让量	42 所国内高校
	综合运用价值	专利进入国家与国际技术标准数量	(1) 42 所国内高校 (2) 20 所国外高校
		获奖专利量	42 所国内高校
技术合作分析	申请人合作分析	平均申请人数	(1) 42 所国内高校
	发明人合作分析	平均发明人数	(2) 20 所国外高校

表 2-2　专利技术的领域创新力分析指标及数据源

一级指标	二级指标	三级指标	数据采集范围
电气工程技术部	电机、设备、能源技术领域 视听技术领域 电信技术领域 数字通信技术领域 基本通信处理技术领域 计算机技术领域 信息技术管理方法领域 半导体领域	(1)专利申请量 (2)专利授权量 (3)专利拥有量 (4)专利授权率 (5)授权专利维持率	(1)42所国内高校 (2)20所国外高校
仪器工程技术部	光学器件领域 测量领域 生物材料分析领域 控制领域 医疗技术领域	(1)专利申请量 (2)专利授权量 (3)专利拥有量 (4)专利授权率 (5)授权专利维持率	(1)42所国内高校 (2)20所国外高校
化学技术部	有机精细化学领域 生物技术领域 制药领域 高分子化学、聚合物领域 食品化学领域 基础材料化学领域 材料、冶金领域 表面技术、涂层领域 微观结构和纳米技术领域 化学工程领域 环境技术领域	(1)专利申请量 (2)专利授权量 (3)专利拥有量 (4)专利授权率 (5)授权专利维持率	(1)42所国内高校 (2)20所国外高校
机械工程技术部	处理领域 机械工具领域 发动机、水泵、涡轮机领域	(1)专利申请量 (2)专利授权量 (3)专利拥有量	(1)42所国内高校 (2)20所国外高校

续　表

一级指标	二级指标	三级指标	数据采集范围
机械工程技术部	纺织和造纸机械领域 其他专用机器领域 热处理和设备技术领域 机械元件技术领域 运输系统技术领域	(4)专利授权率 (5)授权专利维持率	
其他领域	家具、游戏领域 其他生活消费品领域 土木工程领域	(1)专利申请量 (2)专利授权量 (3)专利拥有量 (4)专利授权率 (5)授权专利维持率	(1)42所国内高校 (2)20所国外高校

（一）专利产出量

(1)专利申请量:专利申请量可以反映一个单位的创新活力和创造积极性。国内高校的专利申请量包括发明专利申请量和实用新型专利申请量,国外高校的仅指发明专利申请量。

(2)专利授权量:发明专利授权不仅表明专利权人获得了其发明技术的排他性产权,也意味着其发明技术转变为受法律保护的无形资产和竞争优势。专利授权信息能反映专利权人在不同技术领域所持有的专利权状况,以及凭借专利权对不同技术领域的控制状况。

（二）专利质量

(1)专利授权率:创新质量是衡量创新能力的最重要的方面,专利授权率被作为创新质量的衡量指标之一。本书中的专利授权率计算公式为:专利授权率＝授权专利数量/专利申请数量。

(2)平均权利要求数:权利要求的数量是衡量专利质量和价值的一项重要指标,一般来说,数量越多,保护的范围和强度就会越高。本书平均权利要求数计算公式为:平均权利要求数＝权利要求总数/专利申请数量。

(3)平均被引次数:被引次数是衡量专利质量和影响力的一项重要指标。一件专利多次被其他专利所引用,表明该专利技术在相关产业和领域中较为先进或较为基础,可以认为该专利的质量和专利技术的重要程度也较高。本书平均被引次数计算公式为:平均被引次数＝被引次数总和/专利申请数量。

(三)技术全球化布局

(1)平均同族专利数:专利族数量体现了专利权人的战略布局,专利族所拥有的专利数量越大意味着这项技术对权利人的重要性也越大,因此专利的价值度通常也相对较高。专利族的规模以及对应的国家和地区布局情况常被用来作为衡量专利价值的指标之一。本书平均同族专利数计算公式为:平均同族专利数＝简单同族数总和/专利申请数量。

(2)PCT申请量:PCT申请允许发明人同时在158个国家(PCT缔约国)申请专利,专利申请人在国外通常选择更有价值的发明进行保护,PCT申请是国家和国际申请的综合表现。

(四)专利的有效性

(1)专利拥有量:专利拥有量是指经国内外知识产权行政部门授权且有效的专利件数,它比专利授权量更能准确地反映权利人的实际专利拥有量。

(2)授权专利维持率:授权专利维持率是指一个单位所维持的专利数占获得授权专利总数的比例,也就是专利的有效状况。本书授权专利维持率计算公式为:授权专利维持率＝授权且有效的专利数量/专利授权数量。

(五)转移转化

(1)专利许可量:专利许可是指专利技术所有人或其授权人许可他人在一定期限、一定地区,以一定方式实施其所拥有的专利,并向他人收取使用费用。专利许可实现专利技术成果的转化、应用和推广,有利于科学技术进步和发展生产,从而促进社会经济的发展和进步。

(2)专利转让量:专利转让可分为专利申请权转让和专利所有权转让。专利申请权转让是指专利申请权人将其拥有的专利申请权转让给他人的一种法律行为。专利所有权转让是指专利权人将其拥有的专利权转让给他人的一种法律行为。本书的专利转让量是指专利所有权转让的专利数量。

(六)综合运用价值

(1)ETSI专利数量:获得ETSI专利的数量。

(2)中国专利奖数量:获得中国专利奖的数量。

(七)平均申请人数

申请人数量是专利合作关系的重要体现形式之一。本书中的平均申请人数量计算公式为:平均申请人数＝申请人总数/专利申请数量。

(八)平均发明人数

对发明人合作的分析能够直观地反映出技术团队构成以及主要技术合作领域。本书中的平均发明人数量计算公式为:平均发明人数＝发明人总数/专利申请数量。

第四节 数据来源

为保证数据的准确性,本书根据不同专利数据分析平台对于国内外专利数据的收录和分析特点,利用 Incopat 数据分析平台获取 42 所国内高校 2010—2019 年这十年的发明专利和实用新型专利数据,利用 Innography 数据分析平台获取 20 所国外高校对应的专利数据,利用 Excel 进行数据处理和作图。

数据采集范围:2010 年 1 月 1 日—2019 年 12 月 31 日(申请日)。

数据采集时间:2020 年 10 月。

第二部分
专利技术总体创新力分析

第三章 专利技术创造能力分析

第一节 专利产出量

一、申请量

专利申请量是指专利机构受理技术发明申请专利的数量,是发明专利申请量、实用新型专利申请量和外观设计专利申请量之和,反映技术发展活动是否活跃,以及发明人是否有谋求专利保护的积极性。高校的专利申请数量越多,表明该高校的创新能力越强,该高校越有活力。由于每个国家的专利申请政策不一样,有的国家没有实用新型制度,故本书中的专利申请量为发明专利申请量和实用新型专利申请量之和。本书获取的62所高校专利申请量详情如表3-1所示。

表 3-1　62 所高校专利申请量

序号	高校名称	申请量/件	序号	高校名称	申请量/件
1	浙江大学	35797	8	上海交通大学	19735
2	清华大学	33565	9	电子科技大学	17053
3	华南理工大学	28729	10	西安交通大学	16482
4	东南大学	24955	11	华中科技大学	16470
5	天津大学	24449	12	北京航空航天大学	15463
6	哈尔滨工业大学	22758	13	山东大学	14969
7	吉林大学	20904	14	中南大学	14429

续 表

序号	高校名称	申请量/件	序号	高校名称	申请量/件
15	大连理工大学	13580	39	密歇根大学	4357
16	重庆大学	12756	40	宾夕法尼亚大学	4243
17	同济大学	12529	41	中国海洋大学	4004
18	武汉大学	12171	42	华东师范大学	3862
19	四川大学	11975	43	加州理工学院	3824
20	北京理工大学	11398	44	南开大学	3769
21	西北工业大学	10881	45	牛津大学	3618
22	东北大学	10115	46	哥伦比亚大学	3481
23	北京大学	9535	47	兰州大学	3122
24	中山大学	9242	48	康奈尔大学	3104
25	麻省理工学院	8474	49	华盛顿大学	2618
26	复旦大学	7572	50	北京师范大学	2538
27	南京大学	7515	51	杜克大学	2450
28	中国农业大学	7469	52	新加坡国立大学	2265
29	厦门大学	7285	53	耶鲁大学	1979
30	郑州大学	7152	54	云南大学	1806
31	斯坦福大学	6199	55	纽约大学	1629
32	哈佛大学	6151	56	芝加哥大学	1603
33	西北农林科技大学	5974	57	新疆大学	1424
34	中国科学技术大学	5646	58	不列颠哥伦比亚大学	1329
35	湖南大学	5612	59	昆士兰大学	1035
36	约翰斯·霍普金斯大学	5020	60	普林斯顿大学	988
37	国防科技大学	4999	61	中国人民大学	375
38	东京大学	4402	62	中央民族大学	245

　　近十年国内高校的专利申请量相比国外高校优势明显(图3-1)。42所国内"双一流"高校中,排前三的为浙江大学、清华大学和华南理工大学。浙江大学和清华大学的申请量均在30000件以上,分别为35797件和33565件,分别占国内42所高校申请总量的7.2%和6.7%。国外20所高校中排

第一的为麻省理工学院,申请量为8474件,是国内排名首位的浙江大学的23.7%,在62所国内外高校中排第25位。国外高校中排名第二和第三的分别为斯坦福大学和哈佛大学,这两所高校的专利申请量较接近,均为6100多件。20所国外高校的平均申请量为3438件,远低于国内42所高校的平均申请量。

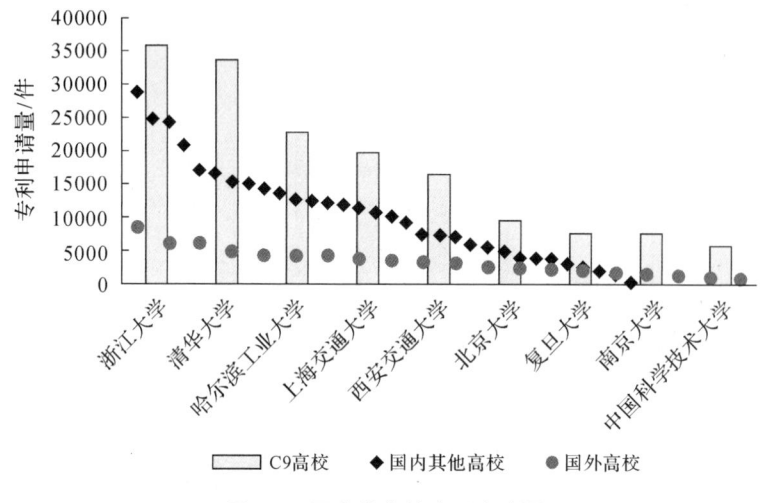

图 3-1　国内外高校专利申请量

C9高校中,专利申请量排名前两位的浙江大学和清华大学的专利申请量远高于其余七所高校,排名第三的为哈尔滨工业大学,专利申请量在20000件以上,排名第四的上海交通大学的申请量与哈尔滨工业大学接近,专利申请量近20000件,专利申请量在10000件以上的还有西安交通大学,为16482件。排名末位的为中国科学技术大学,申请量只有5646件,是浙江大学的15.8%。在专利申请总量上,C9高校的专利申请总量占据42所国内高校申请总量的31.7%;在专利平均申请量上,C9高校的平均申请量为17622件,是42所国内高校平均申请量(11912件)的1.5倍。

专利申请量排名前十的高校如图3-2所示。排名前十的高校全部来自国内,其中C9高校占据五个席位,分别为浙江大学、清华大学、哈尔滨工业大学、上海交通大学和西安交通大学,排名分别为第一、第二、第六、第八和第十位。在专利申请量上,十所高校专利申请量之和占62所高校专利申请总量的42.9%,排名第十位的西安交通大学专利申请量也达到了16482件,约为国外排名首位的麻省理工学院的专利申请量的2倍。在专利平均申请量上,排名前十位高校的平均申请量为24443件,是42所国内高校平均申请量(11912件)的2倍多,是20所国外高校的平均申请量(3438件)的7倍多。可见,国内高校的专利申请量优势明显,且高度集中。

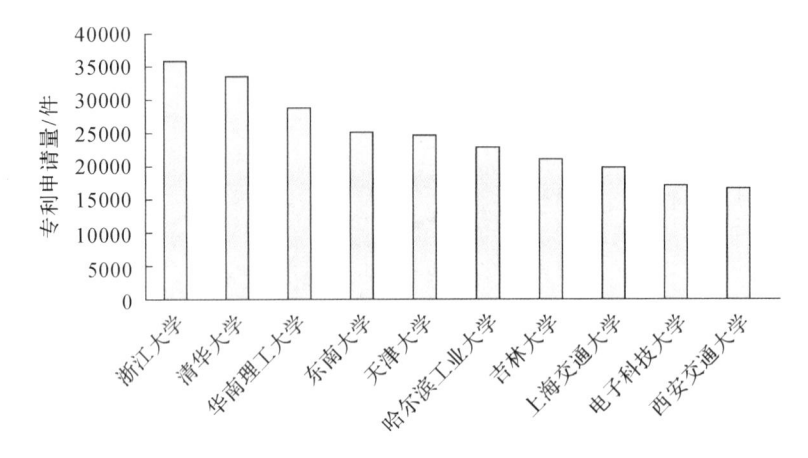

图 3-2　国内外专利申请量排名前十高校

二、授权量

如表3-2、图3-3所示,在专利授权量上,近十年国内高校的授权量相比国外高校优势明显。国内高校中排名第一的为浙江大学,共有授权专利22698件,仅次于浙江大学的为清华大学,其授权量与浙江大学接近,在20000件以上,浙江大学和清华大学的授权量分别占国内42所高校授权总量的8.0%和7.2%。国外20所高校中排名第一的为麻省理工学院,授权量为2880件,只有浙江大学的12.7%,在62所高校中排第33位。国外高校中排名第一和第二的分别为麻省理工学院和斯坦福大学,这两所高校的专利授权量均在2000件以上,分别为2880件和2240件,是国外高校的平均授权量(1093件)的2倍多。62所高校中授权量最少的为中央民族大学,只有113件,为国外末位高校昆士兰大学的45.2%。

表 3-2　62 所高校专利授权量

序号	高校名称	授权量/件	序号	高校名称	授权量/件
1	浙江大学	22698	27	中山大学	3846
2	清华大学	20405	28	南京大学	3589
3	华南理工大学	15810	29	湖南大学	3299
4	东南大学	13433	30	中国科学技术大学	3269
5	吉林大学	13194	31	复旦大学	3095
6	哈尔滨工业大学	12605	32	西北农林科技大学	2966
7	上海交通大学	10720	33	麻省理工学院	2880
8	华中科技大学	10633	34	国防科技大学	2698
9	西安交通大学	10597	35	斯坦福大学	2240
10	天津大学	10445	36	中国海洋大学	2169
11	北京航空航天大学	9845	37	兰州大学	1869
12	山东大学	9787	38	华东师范大学	1734
13	电子科技大学	9157	39	南开大学	1596
14	中南大学	8649	40	加州理工学院	1570
15	武汉大学	7943	41	哈佛大学	1567
16	重庆大学	7357	42	东京大学	1534
17	大连理工大学	7244	43	密歇根大学	1521
18	同济大学	6814	44	约翰斯·霍普金斯大学	1520
19	四川大学	6617	45	北京师范大学	1450
20	北京理工大学	6450	46	宾夕法尼亚大学	1263
21	西北工业大学	5859	47	康奈尔大学	1051
22	东北大学	5627	48	哥伦比亚大学	1030
23	北京大学	5108	49	华盛顿大学	924
24	郑州大学	4872	50	云南大学	758
25	中国农业大学	4439	51	牛津大学	739
26	厦门大学	4410	52	芝加哥大学	713

续 表

序号	高校名称	授权量/件	序号	高校名称	授权量/件
53	新疆大学	700	58	不列颠哥伦比亚大学	396
54	杜克大学	696	59	普林斯顿大学	356
55	纽约大学	621	60	昆士兰大学	250
56	耶鲁大学	544	61	中国人民大学	182
57	新加坡国立大学	435	62	中央民族大学	113

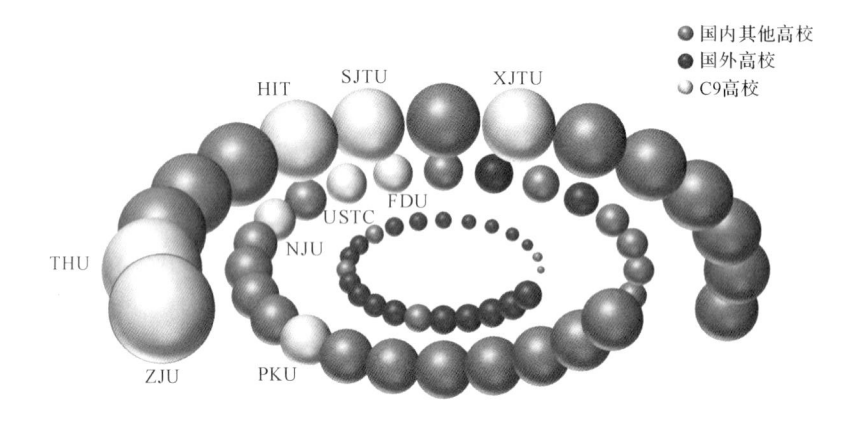

图 3-3 国内外高校专利授权量

C9 高校中,排名前两位的浙江大学和清华大学的专利授权量远高于其余七所高校,排名第三的为哈尔滨工业大学,专利授权量为 12000 多件,排名第四和第五的分别为上海交通大学和西安交通大学,专利授权量接近,均为 10000 余件。C9 高校中排名末位的为复旦大学,授权量只有 3095 件,是浙江大学的 13.6%。

专利授权量排名前十的高校如图 3-4 所示。排名前十的高校全部来自国内,其中 C9 高校占据五个席位,为浙江大学、清华大学、哈尔滨工业大学、上海交通大学和西安交通大学,排名分别为第一、第二、第六、第七和第九位。在专利授权量上,十所高校专利授权量之和占 62 所高校专利授权量总和的 45.9%,排名第十的天津大学的授权量也在 10000 件以上,为 10445 件,是国外排名首位的麻省理工学院的专利授权量的 3 倍多。在专利平均授权量上,排名前十高校的平均授权量为 14054 件,是 42 所国内高校平均授权量(6763 件)的 2 倍多,是 20 所国外高校的平均授权量(1093 件)的 12

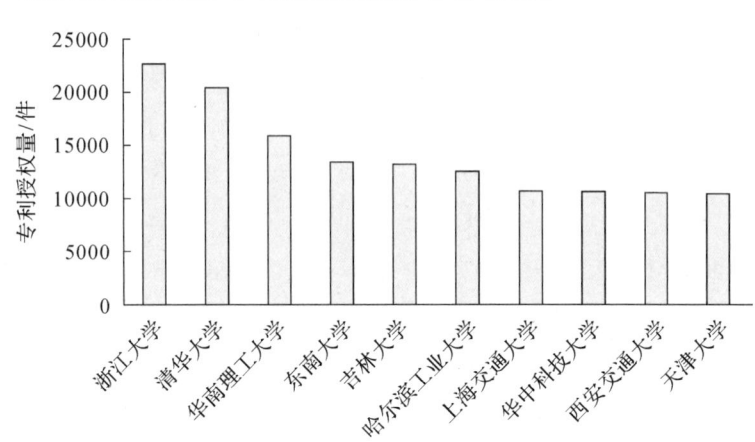

倍多。可见，国内高校的专利授权量优势非常明显。

图 3-4　专利授权量前十高校

第二节　专利质量

一、授权率

为尽可能减少专利"时差"的影响，本书选取申请日在 2010—2019 年的专利（获取数据时间为 2020 年 10 月），分别取 62 所高校专利授权数量与专利申请的数量，两者相除后，获得百分比，以此来计算专利授权率。本书获取的 62 所高校专利授权率详情如表 3-3 所示。

表 3-3　62 所高校专利授权率

序号	高校名称	专利授权率/%	序号	高校名称	专利授权率/%
1	郑州大学	68.1	6	北京航空航天大学	63.7
2	山东大学	65.4	7	浙江大学	63.4
3	武汉大学	65.3	8	吉林大学	63.1
4	华中科技大学	64.6	9	清华大学	60.8
5	西安交通大学	64.3	10	厦门大学	60.5

续 表

序号	高校名称	专利授权率/%	序号	高校名称	专利授权率/%
11	中南大学	59.9	37	华东师范大学	44.9
12	兰州大学	59.9	38	芝加哥大学	44.5
13	中国农业大学	59.4	39	天津大学	42.7
14	湖南大学	58.8	40	南开大学	42.3
15	中国科学技术大学	57.9	41	云南大学	42.0
16	重庆大学	57.7	47	中山大学	41.6
17	北京师范大学	57.1	43	加州理工学院	41.1
18	北京理工大学	56.6	44	复旦大学	40.9
19	东北大学	55.6	45	纽约大学	38.1
20	哈尔滨工业大学	55.4	46	斯坦福大学	36.1
21	四川大学	55.3	47	普林斯顿大学	36.0
22	华南理工大学	55.0	48	华盛顿大学	35.3
23	同济大学	54.4	49	密歇根大学	34.9
24	上海交通大学	54.3	50	东京大学	34.8
25	中国海洋大学	54.2	51	麻省理工学院	34.0
26	国防科技大学	54.0	52	康奈尔大学	33.9
27	东南大学	53.8	53	约翰斯·霍普金斯大学	30.3
28	西北工业大学	53.8	54	宾夕法尼亚大学	29.8
29	电子科技大学	53.7	55	不列颠哥伦比亚大学	29.8
30	北京大学	53.6	56	哥伦比亚大学	29.6
31	大连理工大学	53.3	57	杜克大学	28.4
32	西北农林科技大学	49.6	58	耶鲁大学	27.5
33	新疆大学	49.2	59	哈佛大学	25.5
34	中国人民大学	48.5	60	昆士兰大学	24.2
35	南京大学	47.8	61	牛津大学	20.4
36	中央民族大学	46.1	62	新加坡国立大学	19.2

近十年国内高校的专利授权率普遍高于国外高校(图3-5)。42所国内双一流高校中,授权率最高的是郑州大学,达到68.1%,授权率最低的为复旦大学,40.9%,排在62所高校中的第44位,国内高校中,超过60%的高校有十所。国外高校中,排名前三的分别为芝加哥大学、加州理工学院和纽约大学。芝加哥大学的授权率最高,为44.5%,排在62所高校中的第38位。排名末位的是新加坡国立大学,授权率仅为19.2%。国内高校与国外高校的专利授权率差别显著,如上所述,这与每个国家的专利政策有一定的关系,有些国家没有实用新型专利制度。

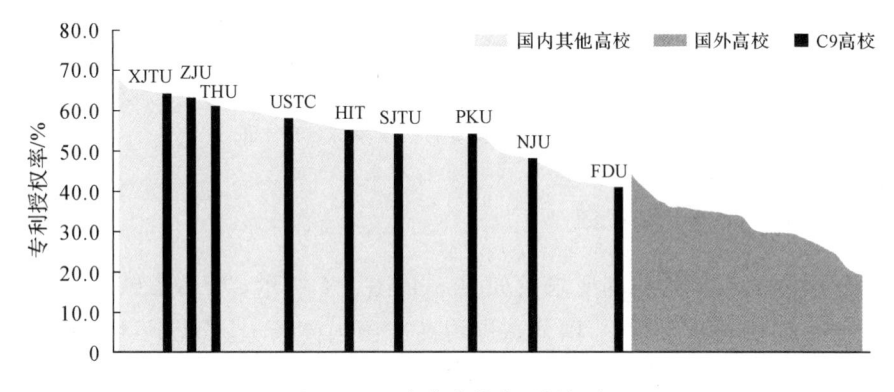

图3-5 国内外高校专利授权率

C9高校的授权率在国内相对于其余高校没有明显优势,从排名第五的西安交通大学(64.3%)到排名末位的复旦大学(40.9%),均匀间隔分布。相对来说,西安交通大学、浙江大学和清华大学排名均进入前十,授权率都在60%以上,授权率相对其他高校有一定的优势,排名首位的西安交通大学授权率是排名末位复旦大学的1.57倍。

近十年国内外高校专利授权率排名前十的高校(图3-6)均来自国内,排名前十高校的授权率均在60%以上,差距不大。与62所高校授权率的均值47.5%相比,有明显优势。其中郑州大学排名第一位,与排名第二的山东大学相比有近3%的优势。与排名第十位的厦门大学相比有将近10%的优势。C9高校中有三所进入前十,为西安交通大学、浙江大学和清华大学,分别排名第五、第七和第九位。

68　中外一流高校专利技术创新力比较分析研究

```
郑州大学        68.1
山东大学        65.4
武汉大学        65.3
华中科技大学    64.6
西安交通大学    64.3
北京航空航天大学 63.7
浙江大学        63.4
吉林大学        63.1
清华大学        60.8
厦门大学        60.5
```
--- 62所高校均值

专利授权率/%

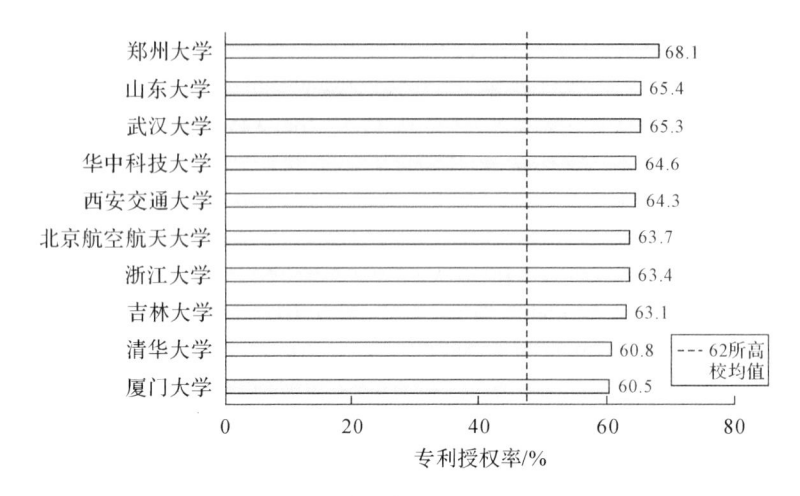

图 3-6　国内外高校专利授权率排名前十位

二、平均权利要求数

国内外高校平均权利要求数如表 3-4、图 3-7 所示，近十年 62 所国内外高校的平均权利要求数中，国外高校均高于国内高校，且优势巨大。国外高校中，平均权利要求数最高的是哈佛大学，有 46.78 项，其余高校的平均权利要求数也基本保持在 25—30 项。国内高校中，除北京大学和清华大学略高，分别为 9.56 项和 8.76 项外，其余高校的平均权利要求数基本在 4—8 项。C9 高校中，除北京大学和清华大学外，其余高校的平均权利要求数在全国高校中并不突出。

表 3-4　62 所高校专利平均权利要求数

序号	高校名称	平均权利要求数/项	序号	高校名称	平均权利要求数/项
1	哈佛大学	46.78	8	杜克大学	27.40
2	不列颠哥伦比亚大学	36.68	9	哥伦比亚大学	27.00
3	昆士兰大学	30.78	10	普林斯顿大学	26.78
4	麻省理工学院	30.34	11	芝加哥大学	26.40
5	华盛顿大学	29.80	12	康奈尔大学	26.34
6	耶鲁大学	28.57	13	纽约大学	26.00
7	牛津大学	28.10	14	斯坦福大学	25.42

续 表

序号	高校名称	平均权利要求数/项	序号	高校名称	平均权利要求数/项
15	约翰斯·霍普金斯大学	25.29	39	国防科技大学	6.32
16	宾夕法尼亚大学	25.25	40	湖南大学	6.23
17	加州理工学院	25.24	41	哈尔滨工业大学	6.17
18	密歇根大学	25.12	42	西北工业大学	6.13
19	新加坡国立大学	20.38	43	南京大学	6.13
20	东京大学	11.44	44	西安交通大学	6.08
21	北京大学	9.56	45	华东师范大学	6.00
22	清华大学	8.76	46	兰州大学	5.88
23	中国人民大学	7.94	47	北京理工大学	5.84
24	中国科学技术大学	7.64	48	郑州大学	5.80
25	中国农业大学	7.53	49	东北大学	5.72
26	上海交通大学	7.26	50	浙江大学	5.56
27	中央民族大学	7.12	51	南开大学	5.56
28	中山大学	6.88	52	云南大学	5.48
29	厦门大学	6.88	53	重庆大学	5.38
30	山东大学	6.86	54	新疆大学	5.30
31	中南大学	6.86	55	北京航空航天大学	5.28
32	华中科技大学	6.76	56	武汉大学	5.23
33	同济大学	6.66	57	东南大学	5.21
34	复旦大学	6.57	58	吉林大学	5.21
35	北京师范大学	6.55	59	电子科技大学	4.85
36	四川大学	6.54	60	天津大学	4.78
37	中国海洋大学	6.49	61	西北农林科技大学	4.60
38	华南理工大学	6.35	62	大连理工大学	4.32

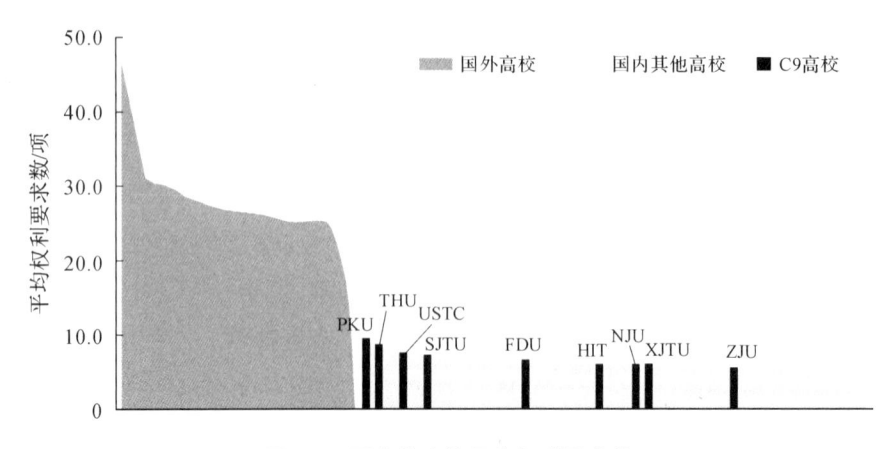

图 3-7 国内外高校平均权利要求数

近十年 62 所国内外高校的平均权利要求数前十的高校均来自国外(图 3-8),其中排名第一的哈佛大学平均权利要求数为 46.8,远高于排名第二的不列颠哥伦比亚大学(36.7 项),是排名第十的普林斯顿大学的 1.75 倍。而同时,不列颠哥伦比亚大学的平均权利要求数也远高于排名第三的昆士兰大学(30.8 项),具有明显优势。排名第三至十的大学平均权利要求数差距相对没有那么明显。

高校	平均权利要求数/项
哈佛大学	46.8
不列颠哥伦比亚大学	36.7
昆士兰大学	30.8
麻省理工学院	30.3
华盛顿大学	29.8
耶鲁大学	28.6
牛津大学	28.1
杜克大学	27.4
哥伦比亚大学	27.0
普林斯顿大学	26.8

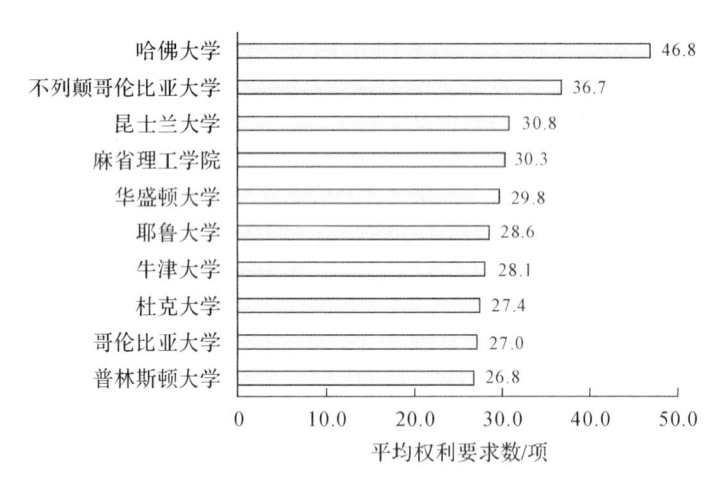

图 3-8 国内外高校平均权利要求数排名前十位

三、平均被引次数

国内外高校平均被引次数如表 3-5、图 3-9 所示,由图可知,国外高校专利的平均被引次数普遍高于国内高校。国外高校中平均被引次数排名前五的是麻省理工学院、哥伦比亚大学、哈佛大学、加州理工大学和宾夕法尼亚大学,平均被引次数均在三次以上。麻省理工学院和哥伦比亚大学表现尤为突出,平均被引次数均超过四次。国内高校中,西北工业大学的平均被引次数最高,为2.09次,其余高校都在0.60—1.80次,与国外高校有明显的差距。

C9高校中,平均被引次数最高的是复旦大学,1.41次,南京大学、上海交通大学的平均被引次数也在一次以上,其余高校均在一次以下,在国内高校中大致位于中段位置,相较于其他国内高校没有明显的优势。

表3-5 62所高校专利平均被引次数

序号	高校名称	平均被引次数/次	序号	高校名称	平均被引次数/次
1	麻省理工学院	5.08	20	东京大学	1.49
2	哥伦比亚大学	4.07	21	复旦大学	1.41
3	哈佛大学	3.93	22	国防科技大学	1.30
4	加州理工学院	3.61	23	牛津大学	1.22
5	宾夕法尼亚大学	3.33	24	同济大学	1.16
6	纽约大学	2.89	25	东南大学	1.15
7	普林斯顿大学	2.88	26	南开大学	1.13
8	华盛顿大学	2.78	27	中山大学	1.12
9	斯坦福大学	2.76	28	南京大学	1.10
10	芝加哥大学	2.49	29	上海交通大学	1.09
11	新加坡国立大学	2.24	30	天津大学	1.06
12	西北工业大学	2.09	31	湖南大学	1.06
13	约翰斯·霍普金斯大学	2.00	32	北京理工大学	1.00
14	杜克大学	1.99	33	华东师范大学	1.00
15	不列颠哥伦比亚大学	1.97	34	重庆大学	0.99
16	华南理工大学	1.8	35	北京大学	0.99
17	康奈尔大学	1.76	36	浙江大学	0.97
18	耶鲁大学	1.68	37	电子科技大学	0.96
19	密歇根大学	1.59	38	哈尔滨工业大学	0.95

续　表

序号	高校名称	平均被引次数/次	序号	高校名称	平均被引次数/次
39	北京师范大学	0.95	51	厦门大学	0.83
40	昆士兰大学	0.93	52	中国农业大学	0.82
41	新疆大学	0.90	53	中国海洋大学	0.82
42	中央民族大学	0.89	54	中国科学技术大学	0.75
43	山东大学	0.87	55	西安交通大学	0.74
44	大连理工大学	0.87	56	四川大学	0.74
45	武汉大学	0.87	57	中南大学	0.72
46	清华大学	0.85	58	郑州大学	0.70
47	吉林大学	0.85	59	东北大学	0.68
48	北京航空航天大学	0.85	60	兰州大学	0.65
49	华中科技大学	0.84	61	云南大学	0.65
50	西北农林科技大学	0.84	62	中国人民大学	0.62

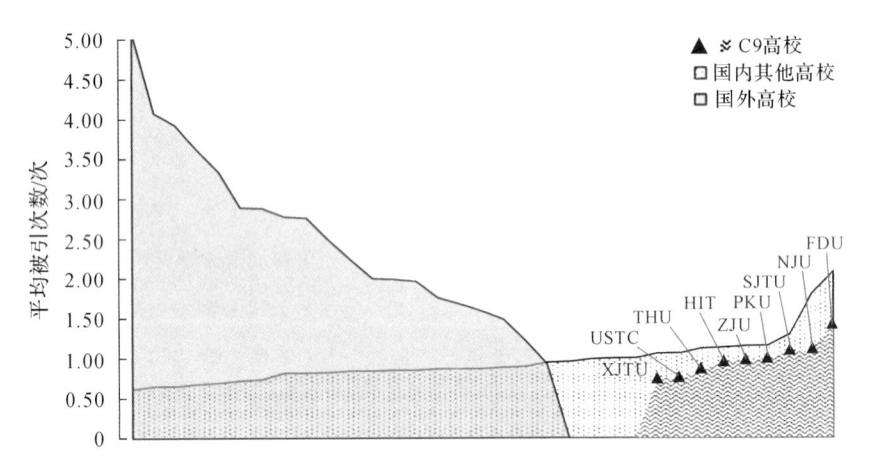

图 3-9　国内外高校平均被引次数

由图 3-10 可知，近十年，62 所国内外高校平均被引次数前十全部来自国外，排名第一的麻省理工学院，平均被引次数高达 5.08 次，是唯一一所平均被引次数高于五次的高校，相对其余高校来说，优势明显。紧随其后的是哥伦比亚大学和哈佛大学，平均被引次数分别为 4.07 和 3.93。

高校	平均被引次数/次
麻省理工学院	5.08
哥伦比亚大学	4.07
哈佛大学	3.93
加州理工学院	3.61
宾夕法尼亚大学	3.33
纽约大学	2.89
普林斯顿大学	2.88
华盛顿大学	2.78
斯坦福大学	2.76
芝加哥大学	2.49

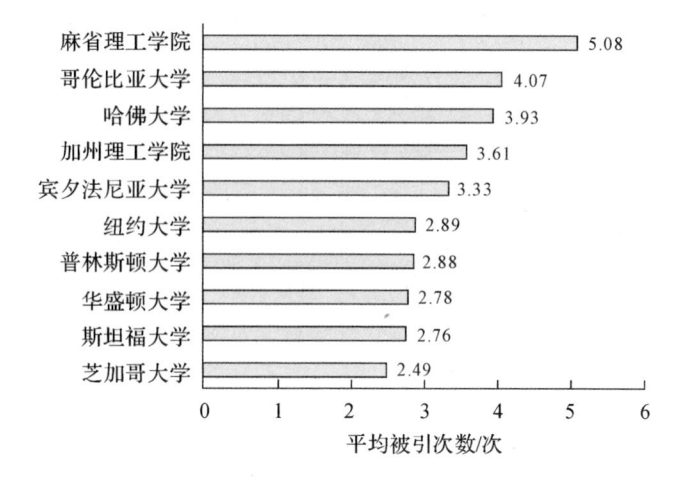

图 3-10 国内外高校平均被引次数排名前十位

第三节 技术全球化布局

一、平均简单同族数

国外高校平均简单同族数相较于国内高校有一定的优势（表 3-6、图 3-11），20 所国外高校平均简单同族数的均值为 1.89 个，而 42 所国内高校的平均简单同族数的均值为 1.56 个。国外高校中，除了牛津大学和新加坡国立大学外，其余高校的平均简单同族数都在 1.70 个以上，最高的是普林斯顿大学，平均简单同族数为 2.50 个；另外，麻省理工学院、不列颠哥伦比亚大学、华盛顿大学和杜克大学也都在 2.0 个以上。国内高校两极分化较为严重，平均简单同族数在 2.0 个以上的有清华大学、北京大学和厦门大学，分别为 2.52 个、2.30 个和 2.03 个，分别排在 62 所高校的第一位、第四位和第八位。其余高校与这三所高校差距较大，分布在 1.19—1.71 个。

C9 高校的平均简单同族数都在 1.58 个以上，在 42 所国内高校中位列上游。排在前两位的清华大学和北京大学，优势明显，与国外高校比肩。其余高校与国内其他高校相比具有一定优势，但与国外高校相比则有一定差距。

表 3-6　62 所高校专利授权率

序号	高校名称	平均同族专利量/个	序号	高校名称	平均同族专利量/个
1	清华大学	2.52	28	国防科技大学	1.64
2	普林斯顿大学	2.50	29	华南理工大学	1.63
3	麻省理工学院	2.33	30	大连理工大学	1.63
4	北京大学	2.30	31	复旦大学	1.63
5	不列颠哥伦比亚大学	2.10	32	西安交通大学	1.61
6	华盛顿大学	2.08	33	东北大学	1.59
7	杜克大学	2.07	34	哈尔滨工业大学	1.58
8	厦门大学	2.03	35	电子科技大学	1.56
9	耶鲁大学	1.93	36	北京师范大学	1.56
10	宾夕法尼亚大学	1.91	37	北京理工大学	1.55
11	康奈尔大学	1.88	38	牛津大学	1.55
12	芝加哥大学	1.88	39	中南大学	1.54
13	昆士兰大学	1.88	40	同济大学	1.54
14	纽约大学	1.85	41	四川大学	1.53
15	约翰斯·霍普金斯大学	1.83	42	东南大学	1.52
16	密歇根大学	1.82	43	山东大学	1.52
17	斯坦福大学	1.81	44	中山大学	1.52
18	加州理工学院	1.81	45	中国农业大学	1.52
19	哥伦比亚大学	1.76	46	南开大学	1.52
20	哈佛大学	1.74	47	中国人民大学	1.50
21	东京大学	1.73	48	中国海洋大学	1.48
22	华中科技大学	1.71	49	湖南大学	1.47
23	南京大学	1.71	50	重庆大学	1.46
24	上海交通大学	1.69	51	华东师范大学	1.44
25	北京航空航天大学	1.66	52	武汉大学	1.43
26	中国科学技术大学	1.66	53	新加坡国立大学	1.42
27	浙江大学	1.64	54	天津大学	1.38

续 表

序号	高校名称	平均同族专利量/个	序号	高校名称	平均同族专利量/个
55	吉林大学	1.37	59	兰州大学	1.30
56	西北工业大学	1.35	60	郑州大学	1.26
57	云南大学	1.35	61	新疆大学	1.20
58	中央民族大学	1.31	62	西北农林科技大学	1.19

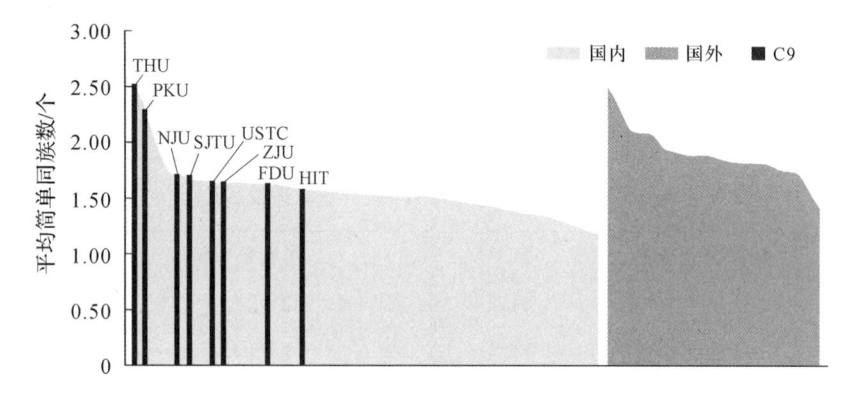

图 3-11　国内外高校平均简单同族数

国内外高校平均简单同族数前十名如图 3-12 所示，近十年，62 所国内外高校平均简单同族数排名前十中，国内高校和国外高校分别占据三个席位和七个席位。排名首位的是清华大学（2.52），普林斯顿大学以 2.50 紧随

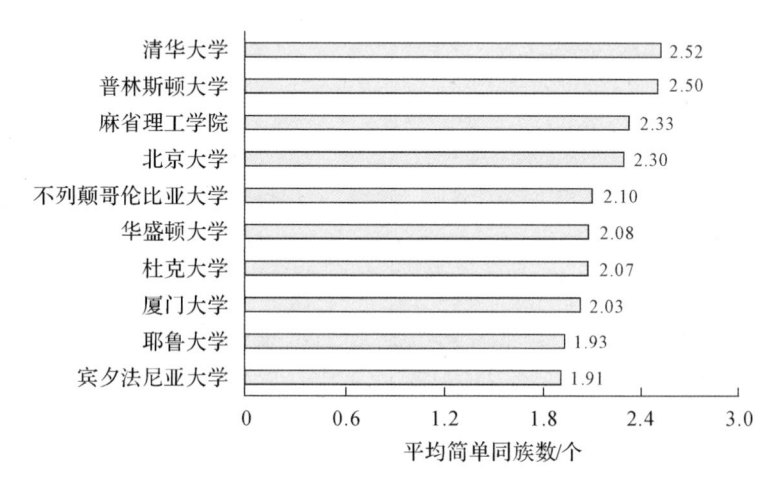

高校	平均简单同族数
清华大学	2.52
普林斯顿大学	2.50
麻省理工学院	2.33
北京大学	2.30
不列颠哥伦比亚大学	2.10
华盛顿大学	2.08
杜克大学	2.07
厦门大学	2.03
耶鲁大学	1.93
宾夕法尼亚大学	1.91

图 3-12　国内外高校平均简单同族数排名前十位

其后,两者领先于其他高校而居前。此后依次为麻省理工学院(2.33)、北京大学(2.30)和不列颠哥伦比亚大学(2.10),体现了这些高校对于国际专利布局的重视。

二、PCT 申请量

通过专利合作条约(PCT),申请人只需向一个国家的专利申请机构申请,就可获得多个国家的专利保护,过程简洁、高效。PCT 申请是创新者获取国际专利的有效途径。本书获取的 62 所高校 PCT 申请量详情如表 3-7 所示。

表 3-7　62 所高校 PCT 申请量

序号	高校名称	PCT 申请量/件	序号	高校名称	PCT 申请量/件
1	麻省理工学院	2187	17	华盛顿大学	524
2	清华大学	1452	18	浙江大学	485
3	哈佛大学	1426	19	耶鲁大学	432
4	约翰斯·霍普金斯大学	1239	20	大连理工大学	431
5	斯坦福大学	1062	21	东南大学	410
6	东京大学	987	22	上海交通大学	328
7	哥伦比亚大学	938	23	华中科技大学	287
8	密歇根大学	896	24	天津大学	286
9	牛津大学	777	25	昆士兰大学	250
10	康奈尔大学	768	26	芝加哥大学	246
11	加州理工学院	756	27	东北大学	239
12	宾夕法尼亚大学	738	28	不列颠哥伦比亚大学	236
13	华南理工大学	705	29	中山大学	208
14	北京大学	674	30	南京大学	203
15	杜克大学	582	31	西安交通大学	2187
16	新加坡国立大学	581	32	复旦大学	194

续　表

序号	高校名称	PCT申请量/件	序号	高校名称	PCT申请量/件
33	普林斯顿大学	181	48	北京师范大学	39
34	四川大学	155	49	重庆大学	38
35	哈尔滨工业大学	152	50	华东师范大学	35
36	厦门大学	146	51	山东大学	21
37	同济大学	133	52	兰州大学	19
38	中南大学	100	53	纽约大学	18
39	中国科学技术大学	95	54	国防科技大学	17
40	电子科技大学	86	55	湖南大学	16
41	北京理工大学	86	56	郑州大学	15
42	南开大学	81	57	云南大学	15
43	中国农业大学	79	58	西北工业大学	12
44	北京航空航天大学	78	59	中国人民大学	7
45	吉林大学	59	60	西北农林科技大学	5
46	武汉大学	53	61	中央民族大学	0
47	中国海洋大学	49	62	新疆大学	0

如图3-13所示,在PCT申请量上,国外高校较国内高校突出。国内高校中排名前三的分别为清华大学、华南理工大学和浙江大学,清华大学的PCT申请量为1452件,是华南理工大学(705件)的2.1倍,约是浙江大学的(485件)的3倍。国外20所高校中排第一的为麻省理工学院,PCT申请量为2187件,是国内排名首位的清华大学的1.5倍,排名第二和第三的分别为约翰斯·霍普金斯大学和斯坦福大学,PCT申请量均在1300件左右。20所国外高校的平均PCT申请量为741件,远高于国内高校的平均申请量(183件),可见国外高校较注重专利的全球布局。

C9高校中,排名首位的清华大学的PCT申请量远高于其余八所高校,排名第二的为北京大学,申请量(674件)仅为清华大学的46.4%。排名第三和第四的分别为浙江大学(485件)和上海交通大学(328件),其次为南京大学、西安交通大学和复旦大学,PCT申请量均在200件左右。C9高校中排名末位的为中国科学技术大学,申请量只有95件。在PCT申请总量上,C9高

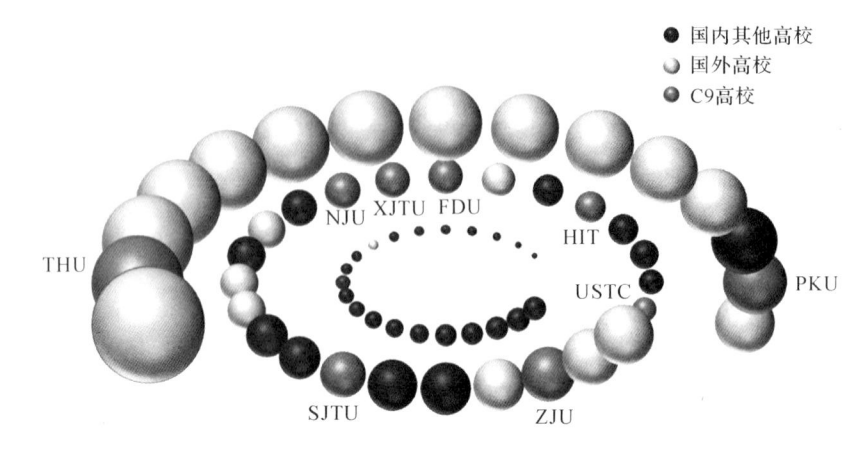

图 3-13　国内外高校 PCT 申请量

校的 PCT 申请总量占据 42 所国内高校 PCT 申请总量的 49.2%；在平均 PCT 申请量上，C9 高校为 420 件，是 42 所国内高校平均申请量（183 件）的 2 倍多。

PCT 申请量排名前十的高校如图 3-14 所示。排名前十的高校中除了清华大学外，其余全部为国外高校，排名首位的麻省理工学院的 PCT 申请量远高于其余九所高校，是排名第二的清华大学的 1.5 倍。在 PCT 申请总量上，十所高校的申请量之和占 62 所高校 PCT 申请总量的 52.1%。在平均 PCT 申请量上，排名前十位高校的平均申请量为 1173 件，是 42 所国内高校平均申请量（183 件）的六倍之多，是 20 所国外高校的平均申请量（741 件）的 1.6 倍。

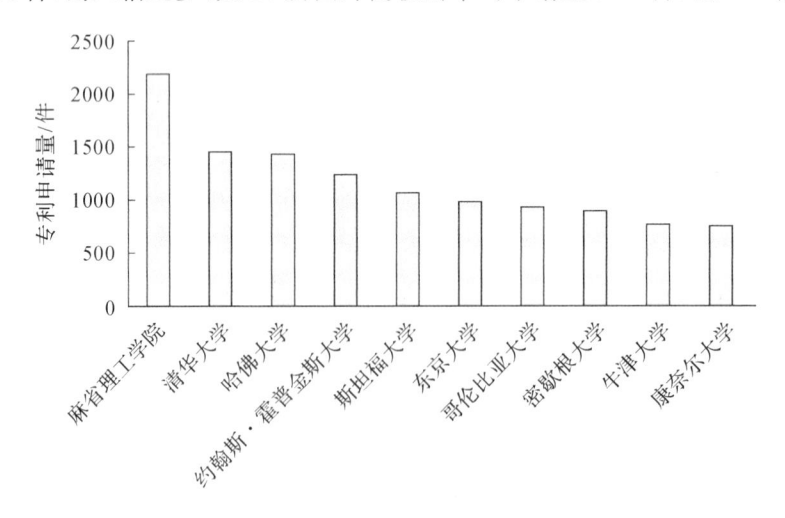

图 3-14　PCT 申请量排名前十高校

第四章 专利技术运用能力分析

第一节 专利有效性

专利拥有量和授权专利维持率这两个维度可以很好地评价专利的有效性。图 4-1 显示的是国内外高校专利拥有量及授权专利维持率。

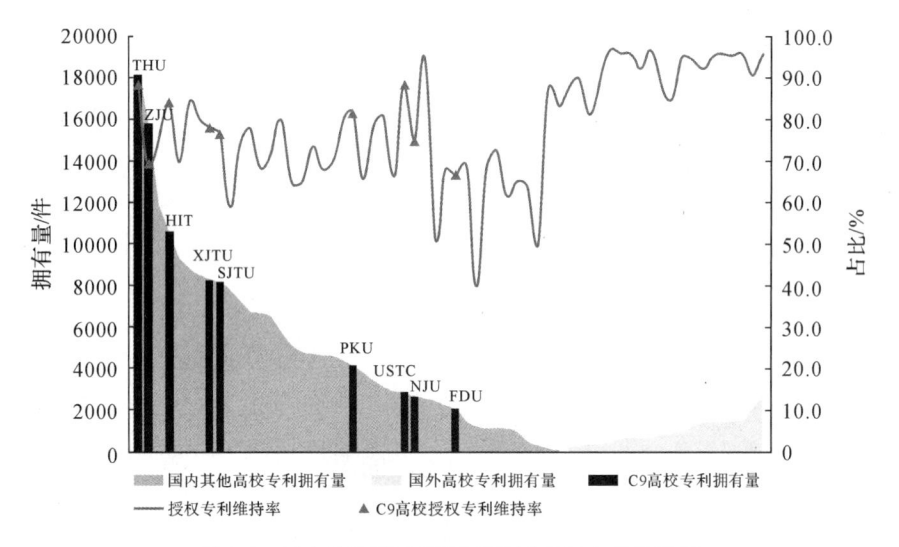

图 4-1 国内外高校专利拥有量及授权专利维持率

一、专利拥有量

本书获取的 62 所高校专利拥有量详情如表 4-1 所示。国内高校中,专利拥有量最多的是清华大学,为 18036 件。专利拥有量在 10000 件以上的,除清华大学外,还有浙江大学、华南理工大学和哈尔滨工业大学。国外高校中,专利拥有量排首位的是麻省理工学院,为 2754 件,另外,斯坦福大学的专利拥有量也有 2027 件。其余国外高校的专利拥有量都在 2000 件以下。可见,国内高校在专利拥有量上优势明显,当然这和国内大学庞大的专利申请量息息相关。

表 4-1 62 所高校专利拥有量

序号	高校名称	拥有量/件	序号	高校名称	拥有量/件
1	清华大学	18036	23	西北工业大学	3845
2	浙江大学	15748	24	厦门大学	3449
3	华南理工大学	11759	25	中山大学	3097
4	哈尔滨工业大学	10573	26	中国农业大学	2943
5	东南大学	9339	27	中国科学技术大学	2882
6	天津大学	8772	28	麻省理工学院	2754
7	华中科技大学	8513	29	南京大学	2676
8	西安交通大学	8262	30	国防科技大学	2554
9	上海交通大学	8210	31	郑州大学	2501
10	吉林大学	7774	32	湖南大学	2239
11	北京航空航天大学	7273	33	复旦大学	2063
12	中南大学	6744	34	斯坦福大学	2027
13	山东大学	6693	35	加州理工学院	1500
14	电子科技大学	6577	36	中国海洋大学	1498
15	大连理工大学	5771	37	哈佛大学	1492
16	武汉大学	5118	38	约翰斯·霍普金斯大学	1454
17	重庆大学	4792	39	密歇根大学	1448
18	北京理工大学	4735	40	东京大学	1410
19	同济大学	4627	41	宾夕法尼亚大学	1190
20	四川大学	4626	42	西北农林科技大学	1180
21	东北大学	4426	43	华东师范大学	1167
22	北京大学	4167	44	南开大学	1155

续　表

序号	高校名称	拥有量/件	序号	高校名称	拥有量/件
45	兰州大学	1150	54	耶鲁大学	526
46	康奈尔大学	995	55	云南大学	480
47	北京师范大学	946	56	不列颠哥伦比亚大学	355
48	哥伦比亚大学	874	57	新加坡国立大学	353
49	华盛顿大学	815	58	新疆大学	351
50	芝加哥大学	688	59	普林斯顿大学	319
51	牛津大学	681	60	昆士兰大学	219
52	杜克大学	666	61	中国人民大学	159
53	纽约大学	595	62	中央民族大学	94

C9高校中，清华大学、浙江大学和哈尔滨工业大学的专利拥有量处于第一梯队，数量大于10000件；西安交通大学和上海交通大学的专利拥有量处于第二梯队，数量为8000余件；北京大学、中国科学技术大学、南京大学和复旦大学的专利拥有量处于第三梯队，数量为2000—5000件。清华大学、浙江大学、哈尔滨工业大学、西安交通大学和上海交通大学这五所大学的工科实力强劲，专利拥有量明显多于其他四所C9高校。

专利拥有量排名前十的高校如图4-2所示。排名前十的高校全部来自

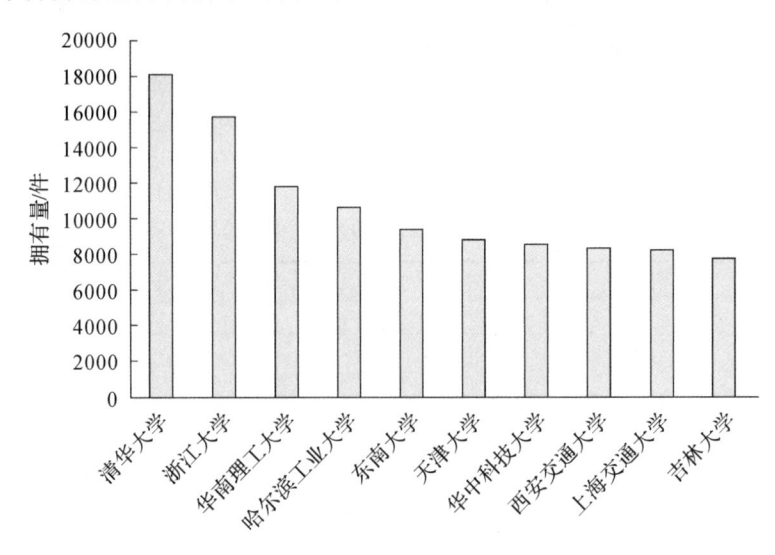

图4-2　专利拥有量排名前十高校

国内,十所高校专利拥有量之和占 62 所高校专利拥有总量的 46.7%。其中 C9 高校占据五个席位,分别为清华大学、浙江大学、哈尔滨工业大学、西安交通大学和上海交通大学,排名分别为第一位、第二位、第四位、第八位和第九位。清华大学、浙江大学、华南理工大学和哈尔滨工业大学的专利拥有量处于第一梯队,数量大于 10000 件;东南大学、天津大学、华中科技大学、西安交通大学、上海交通大学和吉林大学的专利拥有量处于第二梯队,数量为 7000—10000 件,第二梯队高校之间专利拥有量相差不大。

二、授权专利维持率

本文获取的 62 所高校授权专利维持率详情如表 4-2 所示。国内高校中,最高的是国防科技大学,授权专利维持率为 94.7%,但其专利拥有量仅为 2554 件。专利拥有量最多的清华大学的授权专利维持率为 88.4%,在国内高校中排名第二。42 所国内高校中仅 23.8% 的高校授权专利维持率达到 80% 以上。国外高校中,授权专利维持率排第一的是耶鲁大学,为 96.69%。国外高校中 70% 的授权专利维持率达到 90% 以上,授权专利维持率最低的新加坡国立大学也达到了 81.15%。不难发现,国内高校的授权专利维持率明显低于国外高校的授权专利维持率。

C9 高校中,清华大学、中国科学技术大学、哈尔滨工业大学和北京大学的授权专利维持率处于第一梯队,授权专利维持率为 80%—90%;西安交通大学、上海交通大学和南京大学的专利拥有量处于第二梯队,授权专利维持率为 70%—80%;浙江大学和复旦大学的授权专利维持率处于第三梯队,授权专利维持率为 60%—70%。

表 4-2 62 所高校授权专利维持率

序号	高校名称	授权专利维持率/%	序号	高校名称	授权专利维持率/%
1	耶鲁大学	96.69	7	加州理工学院	95.54
2	芝加哥大学	96.49	8	哈佛大学	95.21
3	纽约大学	95.81	9	密歇根大学	95.20
4	杜克大学	95.69	10	康奈尔大学	94.67
5	约翰斯·霍普金斯大学	95.66	11	国防科技大学	94.66
6	麻省理工学院	95.63	12	宾夕法尼亚大学	94.22

续　表

序号	高校名称	授权专利维持率/%	序号	高校名称	授权专利维持率/%
13	牛津大学	92.15	38	华南理工大学	74.38
14	东京大学	91.92	39	北京航空航天大学	73.88
15	斯坦福大学	90.49	40	北京理工大学	73.41
16	不列颠哥伦比亚大学	89.65	41	南开大学	72.37
17	普林斯顿大学	89.61	42	电子科技大学	71.82
18	清华大学	88.39	43	四川大学	69.91
19	华盛顿大学	88.20	44	东南大学	69.52
20	中国科学技术大学	88.16	45	浙江大学	69.38
21	普林斯顿大学	87.60	46	中国海洋大学	69.06
22	中国人民大学	87.36	47	山东大学	68.39
23	哥伦比亚大学	84.85	48	同济大学	67.90
24	天津大学	83.98	49	湖南大学	67.87
25	哈尔滨工业大学	83.88	50	华东师范大学	67.30
26	中央民族大学	83.19	51	复旦大学	66.66
27	北京大学	81.58	52	中国农业大学	66.30
28	新加坡国立大学	81.15	53	西北工业大学	65.63
29	中山大学	80.53	54	北京师范大学	65.24
30	华中科技大学	80.06	55	重庆大学	65.14
31	大连理工大学	79.67	56	武汉大学	64.43
32	东北大学	78.66	57	云南大学	63.32
33	厦门大学	78.21	58	兰州大学	61.53
34	中南大学	77.97	59	吉林大学	58.92
35	西安交通大学	77.97	60	郑州大学	51.33
36	上海交通大学	76.59	61	新疆大学	50.14
37	南京大学	74.56	62	西北农林科技大学	39.78

授权专利维持率排名前十的高校如图 4-3 所示。排名前十的高校全部来自国外。耶鲁大学和芝加哥大学处于第一梯队,授权专利维持率大于 96%;纽

约大学、杜克大学、约翰斯·霍普金斯大学、麻省理工学院、加州理工学院、哈佛大学和密歇根大学处于第二梯队,授权专利维持率为 95%—96%;康奈尔大学处于第三梯队,授权专利维持率略小于 95%。国内高校的专利拥有量普遍高于国外高校,但是国外高校的授权专利维持率普遍高于国内高校。究其原因,在于国内高校的专利通常不会流通到市场进入转化环节、推广应用到实际生产中,这部分专利当然不会被长期维持,只能在完成其原始使命后被放弃。

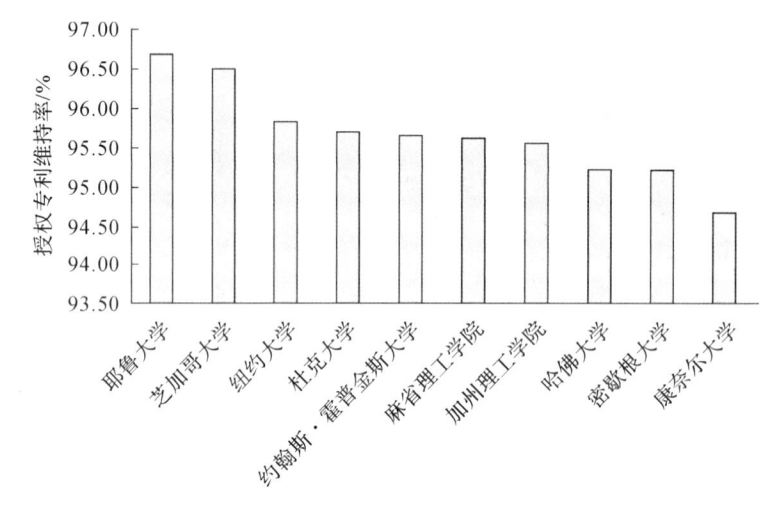

图 4-3 授权专利维持率排名前十高校

第二节 专利转移转化

发生转让和许可实施的专利通常具备较高的商业潜力和市场前景,专利转让、许可实施是高校实现技术转移转化的重要途径。由于国外高校的转让和许可数据统计口径与国内不同,本书未进行国外高校的专利许可和专利转让数据分析。

一、专利许可量

专利许可是专利权人将其所拥有的专利技术许可他人实施,但不发生专利权人变化的一种法律行为。本书获取的 42 所国内高校专利许可量详情如表 4-3 所示。

表 4-3　42 所国内高校专利许可量

序号	高校名称	许可量/件	序号	高校名称	许可量/件
1	浙江大学	214	22	四川大学	16
2	东南大学	115	23	南京大学	15
3	上海交通大学	80	24	吉林大学	15
4	华南理工大学	75	25	武汉大学	15
5	山东大学	73	26	中山大学	15
6	东北大学	69	27	大连理工大学	13
7	西安交通大学	68	28	电子科技大学	12
8	北京大学	63	29	国防科技大学	11
9	清华大学	51	30	郑州大学	11
10	天津大学	49	31	南开大学	9
11	北京航空航天大学	41	32	北京理工大学	9
12	哈尔滨工业大学	38	33	中国科学技术大学	5
13	重庆大学	34	34	北京师范大学	4
14	中南大学	29	35	兰州大学	3
15	华中科技大学	24	36	新疆大学	3
16	复旦大学	21	37	华东师范大学	2
17	中国农业大学	20	38	中国人民大学	2
18	西北工业大学	19	39	西北农林科技大学	2
19	同济大学	18	40	中国海洋大学	1
20	厦门大学	18	41	中央民族大学	0
21	湖南大学	17	42	云南大学	0

如图 4-4、图 4-5 所示，在专利的许可量上，国内 42 所"双一流"建设高校中排名第一的为浙江大学，许可量为 214 件，约为排名第二的东南大学的 2 倍。在专利许可总量上，十所高校的许可量之和占 42 所国内高校专利许可总量的 66.0%；在平均许可量上，排名前十高校的平均许可量为 86 件，约为 42 所国内高校平均许可量（31 件）的 3 倍，可见专利许可量的集中度较高。国内排名前十的高校中，C9 高校占了 50%，除了浙江大学外还有上海交通大学、西安交通大学、北京大学和清华大学。

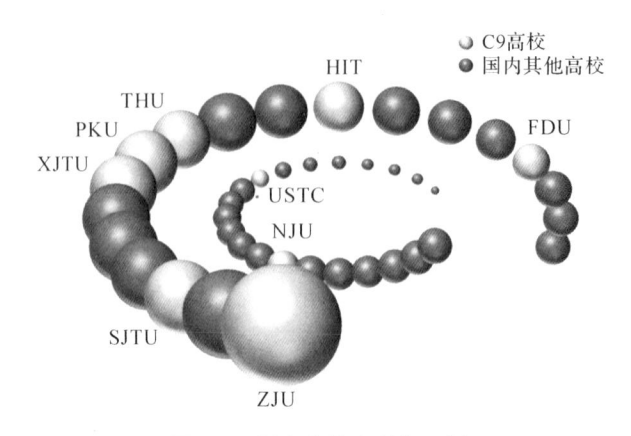

图 4-4 国内高校专利许可量

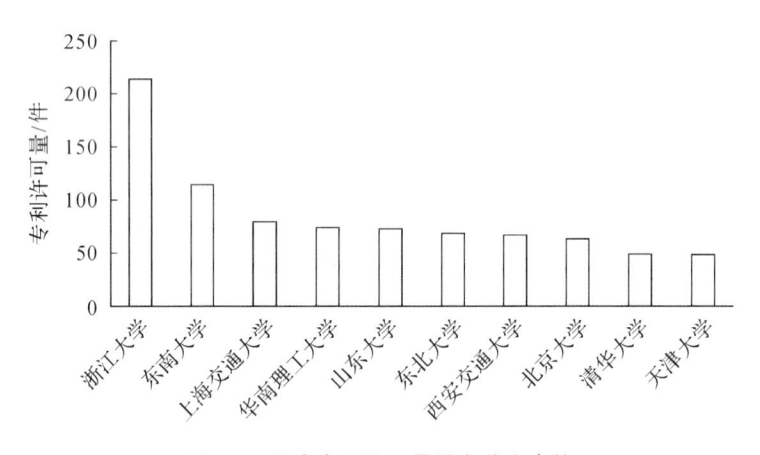

图 4-5 国内专利许可量排名前十高校

C9 高校中，排名首位的是浙江大学，专利许可量远高于其他 8 所高校，排名第二的为上海交通大学，许可量(80 件)仅为浙江大学的 37.4%。排名第三和第四的分别为西安交通大学和北京大学，许可量均在 60 件以上，其后为清华大学，许可量为刚过 50 件。C9 高校中排名末位的为中国科学技术大学，许可量为个位数，只有 5 件。在专利许可总量上，C9 高校的许可量占据 42 所国内高校许可总量的 42.7%；在平均许可量上，C9 高校为 62 件，是 42 所国内高校平均申请量(31 件)的 2 倍。

二、专利转让量

专利转让是专利申请权人和专利权人把专利申请权和专利权让给他人

的一种法律行为。本书获取的 42 所国内高校专利转让量详情如表 4-4 所示。国内高校中,专利转让量最大的清华大学以 3129 件遥遥领先于其他高校。上海交通大学、哈尔滨工业大学、华南理工大学和浙江大学的转让量均大于 800 件。其余高校专利转化量均小于 800 件。国内高校应进一步深化校企合作研究,研发有重大价值或重大竞争力的产品成功切入市场,促进专利技术成果化。

C9 高校中,清华大学的专利转让量处于第一梯队,上海交通大学、哈尔滨工业大学、浙江大学、北京大学和西安交通大学处于第二梯队,专利转让量为 600—1100 件;南京大学和复旦大学处于第三梯队,专利转让量为 200—400 件;中国科学技术大学的专利转让量仅为 91 件。在专利转让量这个维度上,除了清华大学、浙江大学、哈尔滨工业大学、西安交通大学和上海交通大学这些拥有不少授权有效专利的学校外,北京大学实力也不俗。

表 4-4 42 所高校专利转让量

序号	高校名称	转让量/件	序号	高校名称	转让量/件
1	清华大学	3129	15	南京大学	399
2	上海交通大学	1052	16	大连理工大学	385
3	哈尔滨工业大学	972	17	中南大学	378
4	华南理工大学	879	18	西北工业大学	378
5	浙江大学	811	19	天津大学	342
6	北京大学	715	20	山东大学	329
7	东南大学	679	21	同济大学	312
8	重庆大学	639	22	四川大学	296
9	西安交通大学	633	23	厦门大学	274
10	华中科技大学	549	24	复旦大学	271
11	电子科技大学	475	25	中山大学	248
12	北京航空航天大学	467	26	北京理工大学	211
13	吉林大学	441	27	东北大学	184
14	武汉大学	437	28	湖南大学	177

续　表

序号	高校名称	转让量/件	序号	高校名称	转让量/件
29	郑州大学	170	36	北京师范大学	38
30	中国农业大学	137	37	国防科技大学	59
31	华东师范大学	105	38	西北农林科技大学	43
32	兰州大学	95	39	新疆大学	22
33	中国科学技术大学	91	40	云南大学	18
34	南开大学	79	41	中国人民大学	15
35	中国海洋大学	78	42	中央民族大学	3

专利转让量排名前十的高校如图 4-6、图 4-7 所示。十所高校专利转让量之和占 42 所高校转让量总量的 59.2%。其中 C9 高校占据六个席位，分别是清华大学、上海交通大学、哈尔滨工业大学、浙江大学、北京大学和西安交通大学，排名分别为第一、第二、第三、第五位、第六位和第九位。排名第四的非 C9 高校华南理工大学值得注意，该校深入开展体制机制改革、路径探索和模式创新，通过打造"五院一园"科技成果转化示范区，建设"校企联合实验室"等，对区域经济社会发展的参与度和贡献率显著提高，并积极推进粤港澳地区科技成果转化落地。

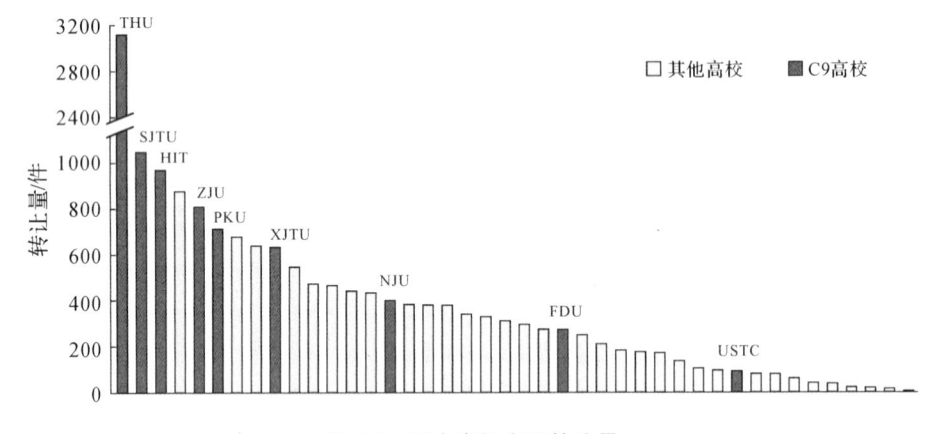

图 4-6　国内高校专利转让量

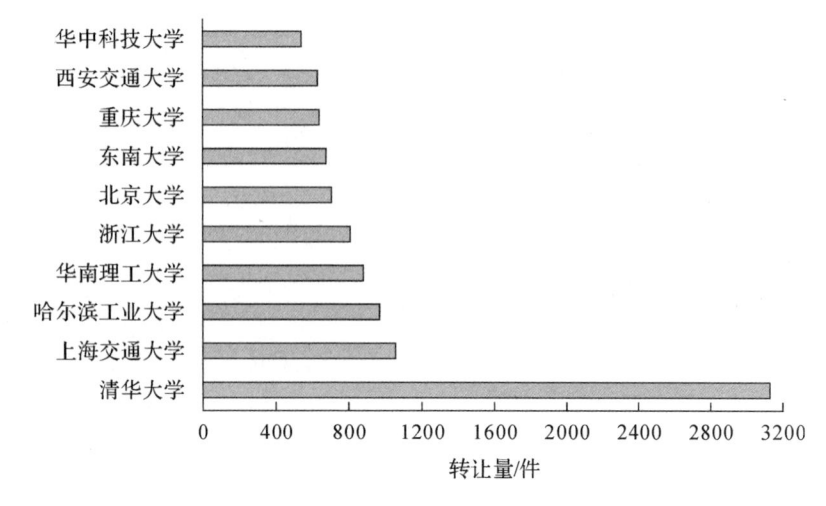

图 4-7 专利转让量排名前十的国内高校

第三节　综合运用价值

一、专利进入国家与国际技术标准数量

高校进入国家与国际技术标准的专利数量如表 4-5 所示,国内高校中,有 5 所高校有 ETSI 标准专利,清华大学最多,有 13 件,其次是东南大学(3 件),另外,哈尔滨工业大学、中国农业大学和西北工业大学各 1 件。国外有 3 所高校有 ETSI 标准专利,哈佛大学最多,为 13 件,其次为密歇根大学和华盛顿大学,各 1 件。

表 4-5　国内外高校专利进入国家与国际技术标准数量

学校名称	ETSI 标准专利/件
清华大学	13
东南大学	3
哈尔滨工业大学	1
中国农业大学	1
西北工业大学	1

续　表

学校名称	ETSI标准专利/件
哈佛大学	13
密歇根大学	1
华盛顿大学	1

二、获奖专利量(国内)

国内42所"双一流"建设高校的中国专利奖获奖情况如表4-6、图4-8所示。

表 4-6　国内高校中国专利奖获奖情况

序号	高校名称	平均申请人数/人	序号	高校名称	平均申请人数/人
1	清华大学	21	19	重庆大学	3
2	华南理工大学	15	20	湖南大学	3
3	浙江大学	13	21	中国海洋大学	2
4	哈尔滨工业大学	13	22	北京师范大学	2
5	天津大学	10	23	东北大学	2
6	上海交通大学	8	24	郑州大学	2
7	西安交通大学	7	25	复旦大学	1
8	华中科技大学	7	26	中国科学技术大学	1
9	中国农业大学	7	27	武汉大学	1
10	大连理工大学	5	28	中山大学	1
11	山东大学	5	29	南开大学	1
12	南京大学	4	30	北京理工大学	1
13	北京大学	4	31	兰州大学	1
14	东南大学	4	32	国防科技大学	1
15	厦门大学	4	33	吉林大学	0
16	中南大学	4	34	华东师范大学	0
17	四川大学	4	35	电子科技大学	0
18	同济大学	3	36	中央民族大学	0

续　表

序号	高校名称	平均申请人数/人	序号	高校名称	平均申请人数/人
37	中国人民大学	0	40	云南大学	0
38	北京航空航天大学	0	41	西北农林科技大学	0
39	西北工业大学	0	42	新疆大学	0

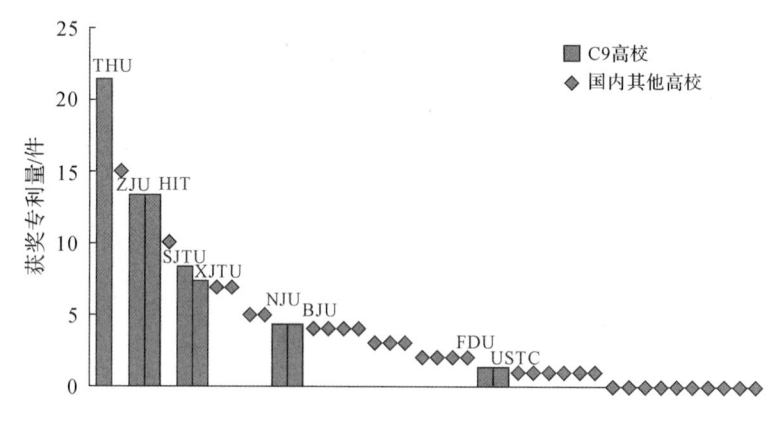

图 4-8　国内高校获奖专利量

国内高校获得中国专利奖的专利数量可分为三个梯队，第一梯队是 10 件以上的高校，包含清华大学、华南理工大学、浙江大学等 5 所高校；第二梯队是 5—10 件的高校，包含上海交通大学、西安交通大学、华中科技大学、中国农业大学等 6 所高校；第三梯队是 0—5 件的高校，其中 0 件的高校有 10 所，占国内 42 所高校的 23.8%，可见获得中国专利奖对国内部分一流重点高校而言相对困难。

C9 高校中，处于第一梯队的有 3 所，为清华大学、浙江大学以及哈尔滨工业大学；处于第二梯队的有 2 所，为上海交通大学、西安交通大学；处于第三梯队的有 4 所，为南京大学、北京大学、复旦大学以及中国科学技术大学。总体而言，除了复旦大学和中国科学技术大学外，C9 高校获奖专利数在国内高校中排名相对靠前。

中国专利奖获奖数量排名前十的高校如图 4-9 所示。十所高校的获奖数量均在 5 件及以上，清华大学一枝独秀，以 21 件获奖专利远超排名第二的华南理工大学（15 件），浙江大学和哈尔滨工业大学并列第三，各有 13 件，天津大学以十件获奖量排名第五位，其余高校均在十件以下。十所高校获得专利奖的总数占国内 42 所高校获奖总数的 69.4%,可见中国专利奖主要集中在少数高校,不具有很强的普及性。

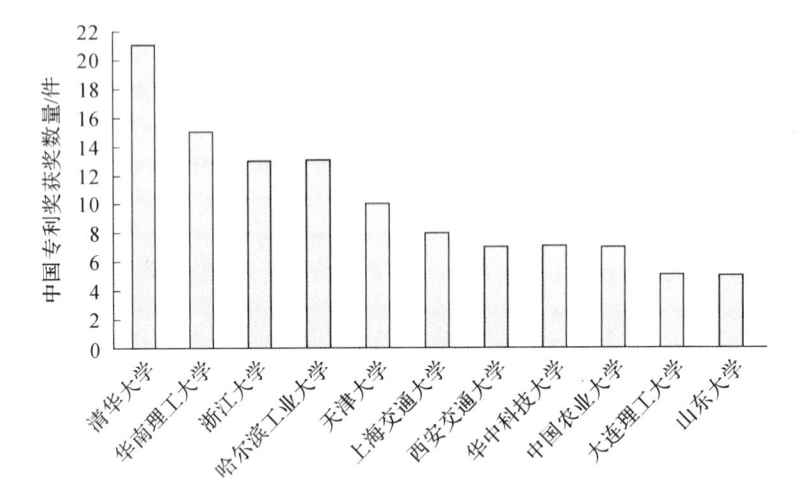

图 4-9　中国专利奖获奖数量排名前十高校

第五章 技术合作分析

第一节 申请人合作分析

申请人数量是专利合作关系的重要体现形式之一,申请人数量代表着专利合作创新的广度,合作创新会扩大获取各种知识资源的机会,从而加速新知识的创造和传播合作,促进专利价值的提升。本书获取的62所高校专利申请人数量详情如表5-1所示。

表5-1 62所高校专利平均申请人数量

序号	高校名称	平均申请人数/人	序号	高校名称	平均申请人数/人
1	东京大学	1.51	12	重庆大学	1.23
2	清华大学	1.46	13	中央民族大学	1.23
3	北京大学	1.42	14	纽约大学	1.23
4	新加坡国立大学	1.30	15	武汉大学	1.22
5	中山大学	1.27	16	南京大学	1.21
6	上海交通大学	1.25	17	华东师范大学	1.21
7	西安交通大学	1.24	18	东南大学	1.19
8	华南理工大学	1.24	19	郑州大学	1.18
9	西北工业大学	1.24	20	麻省理工学院	1.18
10	中国海洋大学	1.23	21	耶鲁大学	1.18
11	华中科技大学	1.23	22	中南大学	1.17

续 表

序号	高校名称	平均申请人数/人	序号	高校名称	平均申请人数/人
23	南开大学	1.17	43	昆士兰大学	1.12
24	哈佛大学	1.17	44	密歇根大学	1.12
25	宾夕法尼亚大学	1.17	45	北京航空航天大学	1.11
26	复旦大学	1.16	46	约翰斯·霍普金斯大学	1.11
27	山东大学	1.16	47	普林斯顿大学	1.11
28	厦门大学	1.15	48	中国科学技术大学	1.10
29	北京师范大学	1.15	49	中国人民大学	1.10
30	新疆大学	1.15	50	斯坦福大学	1.10
31	华盛顿大学	1.15	51	哥伦比亚大学	1.10
32	杜克大学	1.15	52	哈尔滨工业大学	1.09
33	浙江大学	1.14	53	天津大学	1.09
34	大连理工大学	1.14	54	不列颠哥伦比亚大学	1.09
35	北京理工大学	1.14	55	电子科技大学	1.08
36	湖南大学	1.14	56	中国农业大学	1.08
37	同济大学	1.13	57	兰州大学	1.08
38	加州理工学院	1.13	58	牛津大学	1.06
39	四川大学	1.12	59	国防科技大学	1.05
40	东北大学	1.12	60	西北农林科技大学	1.05
41	云南大学	1.12	61	美国芝加哥大学	1.05
42	康奈尔大学	1.12	62	吉林大学	1.04

国内外高校专利平均申请人数量如图 5-1 所示,图中将 62 所国内外高校分为三个群体,分别为 C9 高校、国内其他高校以及国外高校,从图中可以看出,C9 高校整体的平均申请人数量高于国外高校以及国内其他高校,且清华大学与北京大学的平均申请人数量分别为 1.46、1.42,远高于其他 C9 高校。国内其他高校的平均申请人数呈阶梯状依次递减,坡势平缓,平均申请人数最多的是中山大学,为 1.27 人,其余高校分布在 1.04—1.24 人。国外高校中,东京大学的平均申请人数最多,为 1.51 人,其次是新加坡国立大学和纽约大学,分别为 1.30 人和 1.23 人,其余高校的平均申请人数主要集中在 1.05—1.18 人。

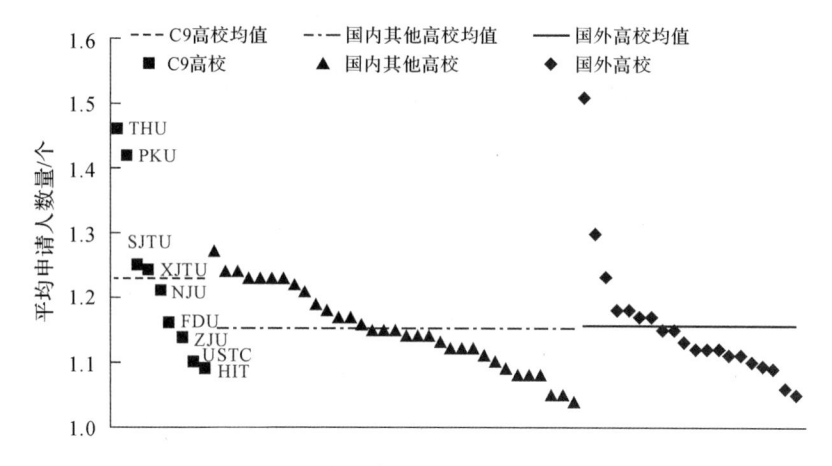

图 5-1　国内外高校专利平均申请人数量

专利平均申请人数量排名前十的高校如图 5-2 所示。排名前十的高校中,三所来自国外,分别为东京大学(第一)、新加坡国立大学(第四)、纽约大学(第十)。其余高校均来自国内,其中 C9 高校占据四个席位,分别为清华大学、北京大学、上海交通大学和西安交通大学,排名分别为第二、第三、第六和第七位。排名前十高校的平均申请人数量上,除前三所高校超过 1.4 人外,其余均分布在 1.23—1.30 人,且差距较小。

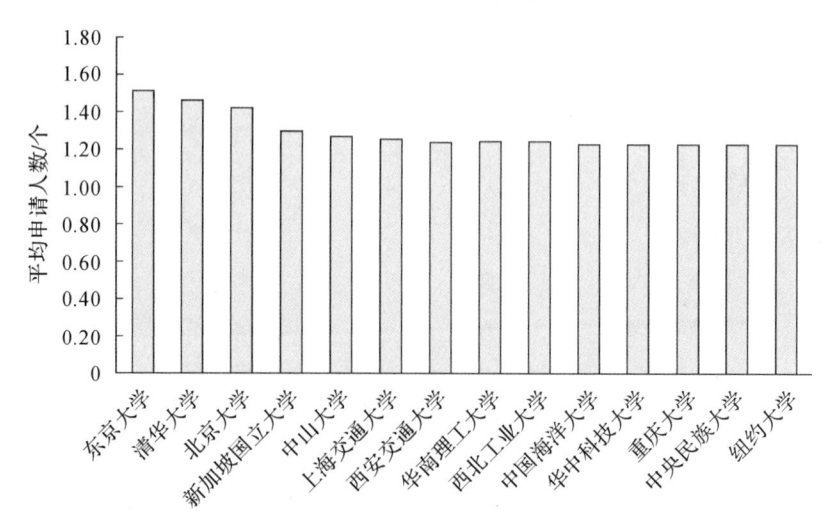

图 5-2　专利平均申请人数量排名前十高校

第二节 发明人合作分析

本书采用平均发明人数量来表征发明人的合作关系。62所高校专利发明人合作详情如表5-2所示。

表5-2 62所高校专利平均发明人数量

序号	高校名称	平均发明人数/人	序号	高校名称	平均发明人数/人
1	国防科技大学	6.90	22	西北农林科技大学	4.78
2	吉林大学	6.13	23	北京理工大学	4.75
3	重庆大学	5.82	24	武汉大学	4.73
4	郑州大学	5.53	25	上海交通大学	4.69
5	中国农业大学	5.44	26	浙江大学	4.59
6	中南大学	5.43	27	华东师范大学	4.55
7	东北大学	5.38	28	北京大学	4.49
8	华中科技大学	5.33	29	新疆大学	4.41
9	湖南大学	5.33	30	天津大学	4.39
10	电子科技大学	5.23	31	兰州大学	4.38
11	西北工业大学	5.21	32	厦门大学	4.36
12	西安交通大学	5.18	33	北京航空航天大学	4.32
13	山东大学	5.18	34	同济大学	4.25
14	大连理工大学	4.89	35	东南大学	4.24
15	中国海洋大学	4.88	36	中国科学技术大学	4.22
16	南京大学	4.87	37	中央民族大学	4.19
17	哈尔滨工业大学	4.86	38	东京大学	4.13
18	南开大学	4.86	39	北京师范大学	4.11
19	清华大学	4.84	40	中山大学	4.08
20	云南大学	4.79	41	复旦大学	4.07
21	四川大学	4.78	42	麻省理工学院	3.91

续　表

序号	高校名称	平均发明人数/人	序号	高校名称	平均发明人数/人
43	华南理工大学	3.90	53	芝加哥大学	3.38
44	华盛顿大学	3.82	54	不列颠哥伦比亚大学	3.35
45	哈佛大学	3.82	55	耶鲁大学	3.24
46	约翰斯·霍普金斯大学	3.71	56	哥伦比亚大学	3.20
47	密歇根大学	3.66	57	宾夕法尼亚大学	3.18
48	中国人民大学	3.63	58	普林斯顿大学	3.16
49	斯坦福大学	3.55	59	康奈尔大学	3.09
50	新加坡国立大学	3.55	60	昆士兰大学	3.06
51	杜克大学	3.53	61	牛津大学	2.93
52	加州理工学院	3.50	62	纽约大学	2.83

如图 5-3 所示，国外高校的专利平均发明人数量普遍低于国内高校，国内高校的专利平均发明人数量基本都在 4 人以上，而国外高校的平均发明人数量基本在 4 人以下。国内高校中，专利平均发明人数量最多的是国防科技大学，为 6.9 人；C9 高校中专利平均发明人数量最多的是西安交通大学，为 5.2 人；国外高校中，专利平均发明人数量最多的是东京大学，为 4.1 人，其余高校均在 2.8—3.9 人。发明人是对发明创造的实质性特点做出了创造性贡献的人，通过上述分析，国内专利通常是较多的发明人共同完成一项发明创造，国外专利则比较多的是个人或几人完成一项发明创造。

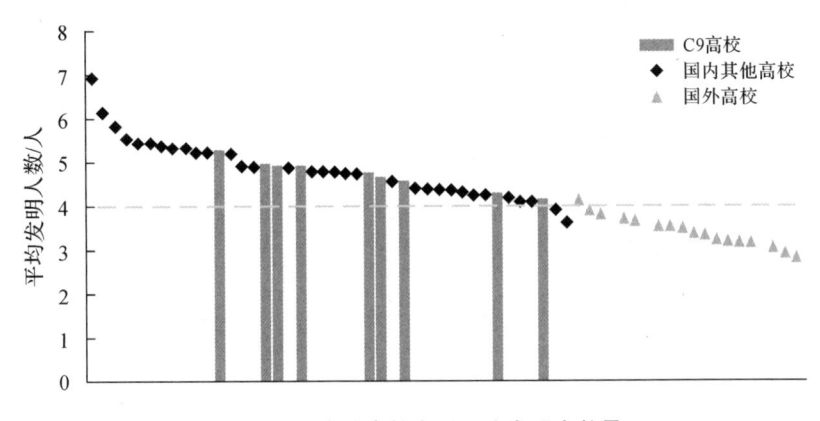

图 5-3　国内外高校专利平均发明人数量

专利平均发明人数量排名前十的高校如图 5-4 所示。排名前十的高校全部来自国内,且没有一所为 C9 高校。排名前十高校的专利平均发明人数除前两所高校超过 6 人外,其余均分布在 5.23—6.13 人,且差距较小。

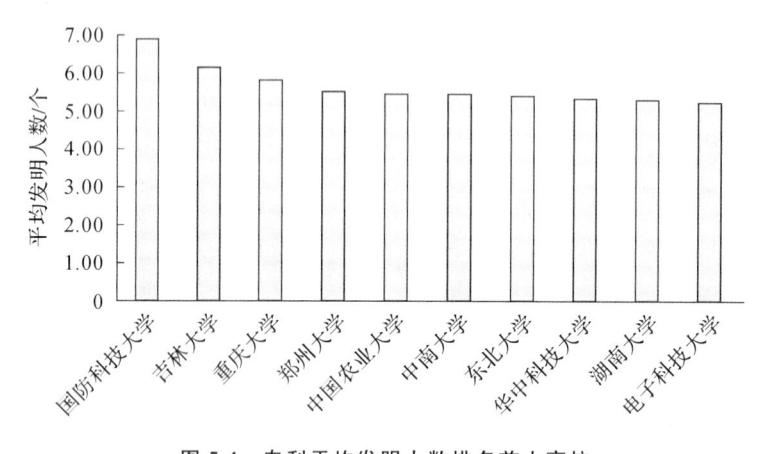

图 5-4 专利平均发明人数排名前十高校

第三部分

专利技术领域创新力分析

第六章 电气工程技术部

电气工程技术部中包含八个子领域,分别是:电机、设备、能源技术,视听技术,电信技术,数字通信技术,基本通信处理技术,计算机技术,信息技术管理方法,以及半导体。八个子领域的专利申请与授权情况如图 6-1 所示,其中计算机技术领域的专利申请量最大,基本通信处理技术的申请量最小。在专利授权率上,计算机技术与信息技术管理方法最低,分别为 43.9%与 24.1%,其余领域分布在 50%—60%;在授权专利维持率上,计算机技术与信息技术管理方法的授权率最高,分别为 83.8%与 90.8%,其余领域分布在 73%—80%。究其原因,计算机技术与信息技术管理方法两个领域的技术处在新兴发展期,很大一部分处于专利申请阶段,还未获得授权,因此授权率较低;部分专利处于刚授权阶段,因此维持率相对较高。

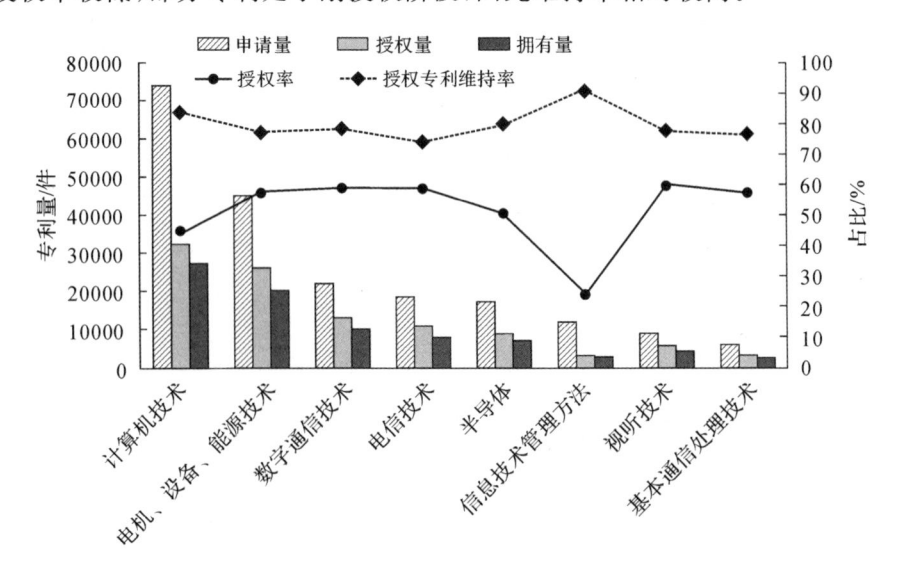

图 6-1 电气工程技术部专利申请与授权情况

第一节 电机、设备、能源技术领域

电机、设备、能源技术领域主要包括电气工程的非电子部分,如电力的产生、转换和分配,但也包括电阻器、磁铁、电容器、灯具或电缆等基本电气元件。本领域对应的 IPC 分类号范围为:F21H+;F21K+;F21L+;F21S+;F21V+;F21W+;F21Y+;H01B+;H01C+;H01F+;H01G+;H01H+;H01J+;H01K+;H01M+;H01R+;H01T+;H02B+;H02G+;H02H+;H02J+;H02K+;H02M+;H02N+;H02P+;H02S+;H05B+;H05C+;H05F+;H99Z+。

基于领域内的专利申请量进行排序,62 所国内外高校在电机、设备、能源技术领域的专利技术创新力参数,如表 6-1 所示。

表 6-1　62 所国内外高校在电机、设备、能源技术领域的专利技术创新力参数

序号	高校名称	申请量/件	授权量/件	拥有量/件	授权率/%	授权专利维持率/%
1	清华大学	4304	2636	2410	61.20	91.40
2	华南理工大学	3292	2026	1449	61.50	71.50
3	浙江大学	2903	1990	1336	68.50	67.10
4	东南大学	2764	1633	1140	59.10	69.80
5	哈尔滨工业大学	2322	1267	1095	54.60	86.40
6	华中科技大学	2055	1325	1088	64.50	82.10
7	天津大学	2014	852	750	42.30	88.00
8	上海交通大学	1950	1135	863	58.20	76.00
9	西安交通大学	1899	1195	952	62.90	79.70
10	中南大学	1669	901	770	54.00	85.50
11	电子科技大学	1516	915	605	60.40	66.10
12	山东大学	1338	960	687	71.70	71.60
13	武汉大学	1279	868	546	67.90	62.90
14	重庆大学	1227	768	569	62.60	74.10

续　表

序号	高校名称	申请量/件	授权量/件	拥有量/件	授权率/%	授权专利维持率/%
15	吉林大学	857	499	295	58.20	59.10
16	北京理工大学	797	413	325	51.80	78.70
17	湖南大学	790	475	389	60.10	81.90
18	大连理工大学	787	402	331	51.10	82.30
19	麻省理工学院	774	328	314	42.40	95.70
20	同济大学	736	417	306	56.70	73.40
21	东北大学	702	377	272	53.70	72.10
22	四川大学	698	418	309	59.90	73.90
23	复旦大学	643	293	194	45.60	66.20
24	北京航空航天大学	601	371	287	61.70	77.40
25	西北工业大学	575	321	227	55.80	70.70
26	厦门大学	510	281	215	55.10	76.50
27	东京大学	439	164	157	37.40	95.70
28	郑州大学	416	301	147	72.40	48.80
29	中山大学	414	226	182	54.60	80.50
30	中国科学技术大学	414	224	193	54.10	86.20
31	加州理工学院	405	157	152	38.80	96.80
32	北京大学	390	230	194	59.00	84.30
33	密歇根大学	322	109	105	33.90	96.30
34	斯坦福大学	304	97	86	31.90	88.70
35	芝加哥大学	292	188	185	64.40	98.40
36	南京大学	290	128	95	44.10	74.20
37	南开大学	228	97	74	42.50	76.30
38	康奈尔大学	223	66	66	29.60	100.00
39	中国农业大学	206	128	84	62.10	65.60
40	牛津大学	194	74	72	38.10	97.30
41	新加坡国立大学	167	51	38	30.50	74.50

续 表

序号	高校名称	申请量/件	授权量/件	拥有量/件	授权率/%	授权专利维持率/%
42	中国海洋大学	149	90	45	60.40	50.00
43	国防科技大学	140	95	88	67.90	92.60
44	哈佛大学	138	36	33	26.10	91.70
45	华东师范大学	137	72	44	52.60	61.10
46	北京师范大学	118	49	36	41.50	73.50
47	新疆大学	118	52	33	44.10	63.50
48	西北农林科技大学	115	68	28	59.10	41.20
49	华盛顿大学	94	32	30	34.00	93.80
50	兰州大学	82	47	31	57.30	66.00
51	普林斯顿大学	82	42	35	51.20	83.30
52	不列颠哥伦比亚大学	79	36	34	45.60	94.40
53	哥伦比亚大学	63	16	14	25.40	87.50
54	约翰斯·霍普金斯大学	60	29	29	48.30	100.00
55	云南大学	45	20	13	44.40	65.00
56	杜克大学	39	10	9	25.60	90.00
57	宾夕法尼亚大学	37	14	13	37.80	92.90
58	中国人民大学	27	14	14	51.90	100.00
59	纽约大学	25	13	12	52.00	92.30
60	耶鲁大学	21	13	13	61.90	100.00
61	昆士兰大学	10	0	0	/	/
62	中央民族大学	3	1	1	33.30	100.00

一、专利的申请、授权与维持分析

图 6-2 从专利申请量、授权量和授权率三个角度综合比较国内外 62 所高校在电机、设备、能源技术领域的情况。在专利申请量方面，国内高校的平均申请量为 445 件，国外高校的平均申请量为 188 件，国内高校整体实力相比于国外高校优势明显，其中清华大学专利申请量位居榜首，为 4304 件，是国外排名首位高校（麻省理工学院）的 5.6 倍，且国内 42 所"双一流"建设高校中的 18 所高校在该领域的申请量高于麻省理工学院。C9 高校中除中国科学技术大学外，其余理工科见长的高校，在该领域的申请量均超 1800 件。

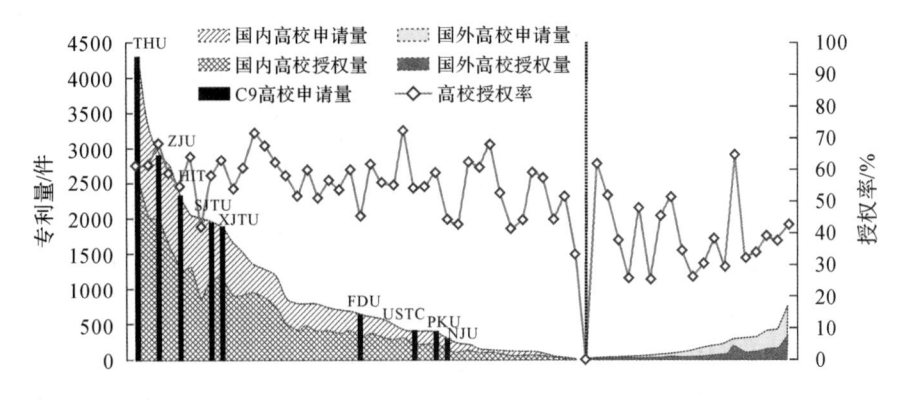

图 6-2　电机、设备、能源技术领域专利申请量、授权量和授权率

在专利授权量方面，由于国内高校申请基数较大，且国内高校在该领域的授权率普遍较国外高校更高，因此优势更加凸显。清华大学的授权量为 2636 件，是麻省理工学院(328 件)的 8 倍以上，国内 42 所"双一流"建设高校中的 22 所高校在该领域的授权量高于麻省理工学院。

在专利授权率方面，C9 高校在该领域的平均授权率为 56.6%，国内 42 所"双一流"建设高校的平均授权率为 56.2%，国外 20 所高校的平均授权率为 37.8%。国内高校中郑州大学的授权率居首位，达到 72.4%，是国外授权率最高的芝加哥大学(64.4%)的 1.1 倍。

如图 6-3 所示，在电机、设备、能源技术领域的专利拥有量方面，清华大学是 62 所国内外高校中唯一一所专利拥有量超过 2000 件的高校，约为国外排名首位高校麻省理工学院(314 件)的 8 倍。国内 42 所"双一流"建设高校中有 17 所高校在该领域的拥有量高于麻省理工学院，除清华大学外，专利拥有量超过 1000 件的高校还有五所，其中两所为 C9 高校，分别为浙江大学与哈尔滨工业大学。

在专利维持方面，国外高校授权专利维持率较国内高校普遍偏高，20 所国外高校中，除新加坡国立大学的维持率为 74.5%，其余高校的维持率均超过 80%，授权专利维持率均值为 93.1%。国内 42 所高校授权专利维持率均值为 74.1%，80% 以上的高校仅有 13 所，其中郑州大学、西北农林科技大学、中国海洋大学三所高校，授权专利维持率不到 50%。值得一提的是，清华大学在申请量位居榜首的基础上，授权专利的维持率超过 91.4%，是 C9 高校中唯一一所维持率超过 90% 的高校，可见，清华大学在该领域具有很强的技术创新力并且非常重视领域内技术的知识产权保护。

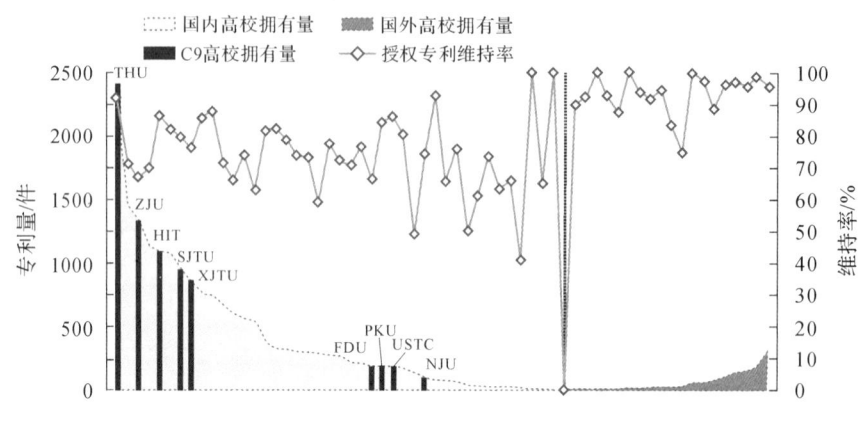

图 6-3 电机、设备、能源技术领域专利拥有量和维持率

二、专利申请量排名前十高校分析

电机、设备、能源技术领域专利申请量排名前十的高校如图 6-4 所示。领域内排名前十的高校全部来自国内，其中 C9 高校占据 5 个席位。在专利申请量上，十所高校专利申请量之和占 62 所高校专利申请总量的 55.6%，排名第十位的中南大学的专利申请量也达到了 1669 件，可见该领域研究技术创新集中度较高，且国内高校技术优势明显。在专利授权率上，浙江大学的授权率最高，为 68.5%，天津大学的专利授权率最低，为 42.3%，十所高校中有 5 所高校的专利授权率高于 60%。

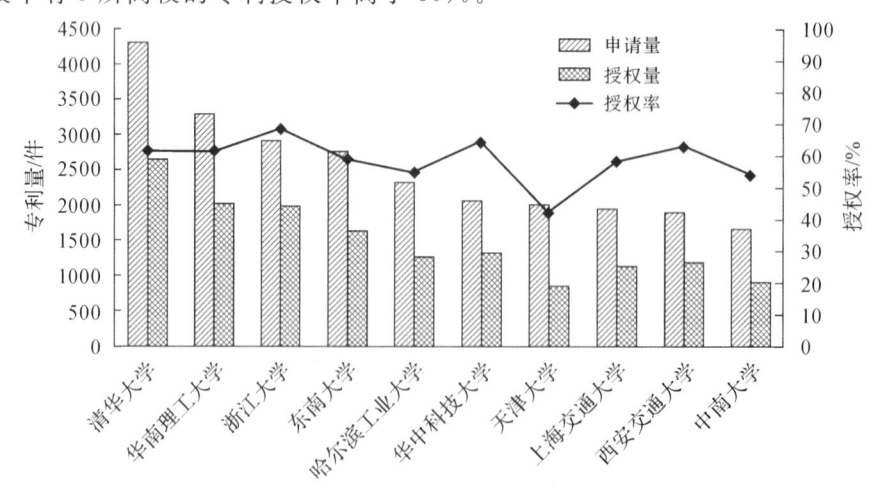

图 6-4 电机、设备、能源技术领域专利申请量排名前十高校

图 6-5 是电机、设备、能源技术领域专利申请量排名前十高校的专利拥有量与专利维持情况。在专利拥有量上,十所高校的平均专利拥有量为 1185 件,大体形成三个梯队:清华大学以 2410 件专利远远领先于其他高校,是排名第二位的华南理工大学的 1.7 倍,是排名第十位的天津大学的 3.2 倍,处于第一梯队;华南理工大学、浙江大学等专利拥有量超过 1000 件的高校处于第二梯队;中南大学、天津大学等低于 1000 件的高校处于第三梯队。在授权专利维持率上,排名前三位的高校分别为清华大学、天津大学、哈尔滨工业大学,十所高校的授权专利维持率均值为 79.8%,其中四所高校的授权专利维持率超过 80%,除浙江大学、东南大学外,其余高校均在 70%以上。

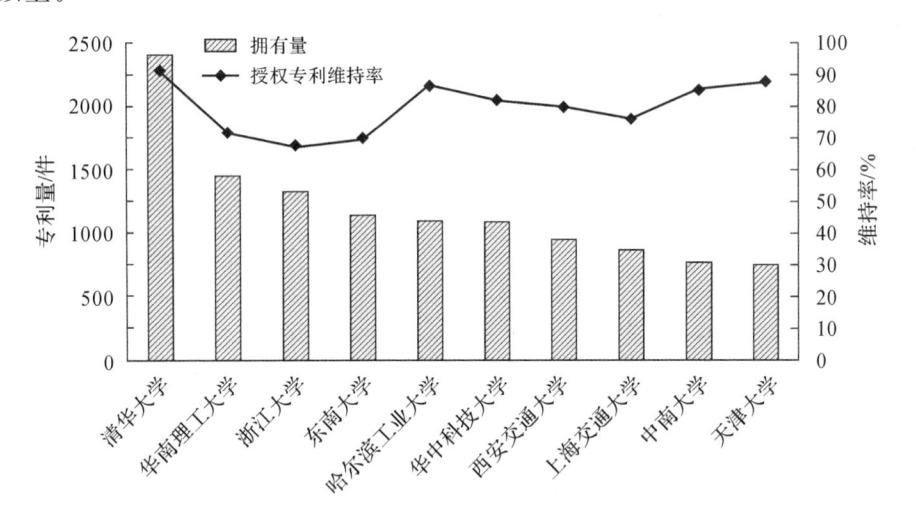

图 6-5 申请量排名前十高校的专利拥有量和维持率

第二节　视听技术领域

视听技术领域在很大程度上相当于消费电子产品。相关 IPC 代码主要是指技术,但也包含了产品(如 H04R 为扬声器,H04S 为立体声系统)。本领域对应的 IPC 分类号范围为:G09F＋;G09G＋;G11B＋;H04N3＋;H04N5＋;H04N7＋;H04N9＋;H04N11＋;H04N13＋;H04N15＋;H04N17＋;H04N19＋;H04N101＋;H04R＋;H04S＋;H05K＋。

基于领域内的专利申请量进行排序,62所国内外高校在视听技术领域的专利技术创新力参数如表6-2所示。

表6-2 62所国内外高校在视听技术领域的专利技术创新力参数

序号	高校名称	申请量/件	授权量/件	拥有量/件	授权率/%	授权专利维持率/%
1	清华大学	879	584	535	66.4	91.6
2	北京大学	635	350	324	55.1	92.6
3	浙江大学	544	351	254	64.5	72.4
4	天津大学	490	230	208	46.9	90.4
5	华南理工大学	447	268	183	60.0	68.3
6	电子科技大学	341	202	156	59.2	77.2
7	中山大学	337	111	88	32.9	79.3
8	上海交通大学	329	204	148	62.0	72.5
9	哈尔滨工业大学	290	174	151	60.0	86.8
10	北京航空航天大学	258	196	143	76.0	73.0
11	华中科技大学	239	163	128	68.2	78.5
12	麻省理工学院	237	148	146	62.4	98.6
13	武汉大学	228	168	103	73.7	61.3
14	东南大学	227	140	85	61.7	60.7
15	中国科学技术大学	226	130	120	57.5	92.3
16	山东大学	197	136	76	69.0	55.9
17	同济大学	197	90	65	45.7	72.2
18	四川大学	195	120	92	61.5	76.7
19	北京理工大学	187	128	92	68.4	71.9
20	西安交通大学	174	121	81	69.5	66.9
21	吉林大学	166	116	68	69.9	58.6
22	西北工业大学	159	94	61	59.1	64.9
23	南京大学	154	88	67	57.1	76.1
24	东京大学	140	53	52	37.9	98.1
25	重庆大学	130	82	49	63.1	59.8

续 表

序号	高校名称	申请量/件	授权量/件	拥有量/件	授权率/%	授权专利维持率/%
26	复旦大学	121	68	50	56.2	73.5
27	中南大学	111	68	59	61.3	86.8
28	华东师范大学	100	58	30	58.0	51.7
29	大连理工大学	93	51	41	54.8	80.4
30	加州理工学院	93	61	60	65.6	98.4
31	斯坦福大学	83	57	52	68.7	91.2
32	东北大学	79	51	37	64.6	72.5
33	国防科技大学	74	45	41	60.8	91.1
34	厦门大学	67	53	38	79.1	71.7
35	哥伦比亚大学	67	33	20	49.3	60.6
36	郑州大学	66	55	17	83.3	30.9
37	牛津大学	57	25	20	43.9	80.0
38	西北农林科技大学	54	33	11	61.1	33.3
39	约翰斯·霍普金斯大学	52	32	32	61.5	100.0
40	新加坡国立大学	50	15	11	30.0	73.3
41	华盛顿大学	48	22	20	45.8	90.9
42	中国农业大学	44	30	17	68.2	56.7
43	哈佛大学	41	16	16	39.0	100.0
44	密歇根大学	41	23	23	56.1	100.0
45	杜克大学	38	18	18	47.4	100.0
46	南开大学	36	27	10	75.0	37.0
47	纽约大学	33	13	13	39.4	100.0
48	康奈尔大学	30	15	15	50.0	100.0
49	普林斯顿大学	30	17	15	56.7	88.2
50	湖南大学	29	18	10	62.1	55.6
51	中国海洋大学	25	16	10	64.0	62.5
52	兰州大学	24	16	7	66.7	43.8

续 表

序号	高校名称	申请量/件	授权量/件	拥有量/件	授权率/%	授权专利维持率/%
53	宾夕法尼亚大学	21	11	11	52.4	100.0
54	北京师范大学	16	13	7	81.3	53.8
55	不列颠哥伦比亚大学	14	3	3	21.4	100.0
56	新疆大学	12	10	7	83.3	70.0
57	耶鲁大学	12	4	4	33.3	100.0
58	芝加哥大学	12	6	5	50.0	83.3
59	云南大学	6	3	1	50.0	33.3
60	中央民族大学	6	5	2	83.3	40.0
61	中国人民大学	2	1	0	50.0	/
62	昆士兰大学	2	0	0	/	/

一、专利的申请、授权与维持分析

图 6-6 从专利申请量、授权量和授权率三个角度综合比较国内外 62 所高校在视听技术领域的情况。在专利申请量上，国内高校的平均申请量为 190.0 件，国外高校的平均申请量为 55.1 件，其中，清华大学的专利申请量排名首位，为 879 件，是国外排名首位高校（麻省理工学院）的 3.7 倍，且国内 42 所"双一流"建设高校中十所高校在该领域的申请量高于麻省理工学院。C9 高校的平均申请量为 372.4 件，除了西安交通大学（174 件）、南京大学（154 件）、复旦大学（121 件）外，其余高校在该领域的申请量均高于国内均值。

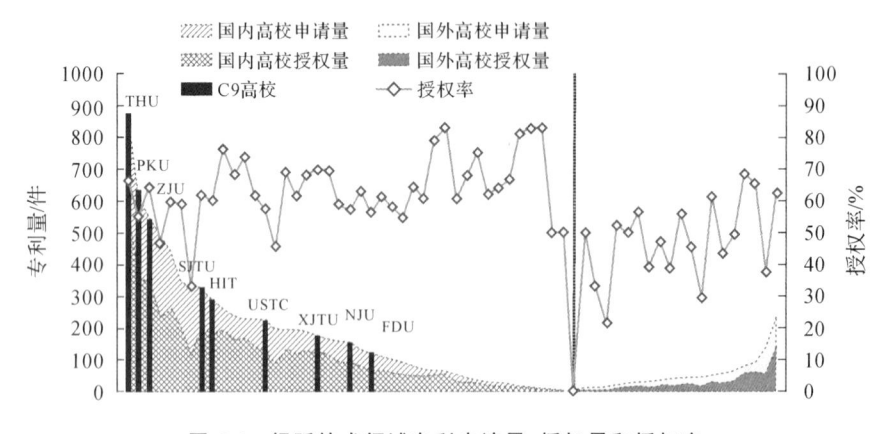

图 6-6 视听技术领域专利申请量、授权量和授权率

在专利授权量方面，C9 高校的平均授权量为 126.2 件，国内高校的平均授权量为 115.9 件，国外高校的平均授权量为 28.6 件，其中清华大学的授权量为 584 件，是麻省理工学院（148 件）的 3.9 倍，国内 42 所"双一流"建设高校中十所高校在该领域的授权量高于麻省理工学院。

在专利授权率方面，国内 42 所"双一流"建设高校的平均授权率为 63.6%，国外 20 所高校的平均授权率为 45.5%，其中 C9 高校在该领域的平均授权率为 60.9%，低于国内高校的平均授权率，另外，国内高校中郑州大学的授权率居首位，达到 83.3%，国外授权率最高的是斯坦福大学，为 68.7%。

如图 6-7 所示，在视听技术领域的专利拥有量方面，清华大学是 62 所国内外高校中唯一一所专利拥有量超过 500 件的高校，是国外排名首位高校麻省理工学院（146 件）的 3.7 倍。国内 42 所"双一流"建设高校中有十所高校在该领域的拥有量高于麻省理工学院，除清华大学外，专利拥有量超过 200 件的高校还有三所，分别为北京大学（324 件）、浙江大学（254 件）、天津大学（208 件）。

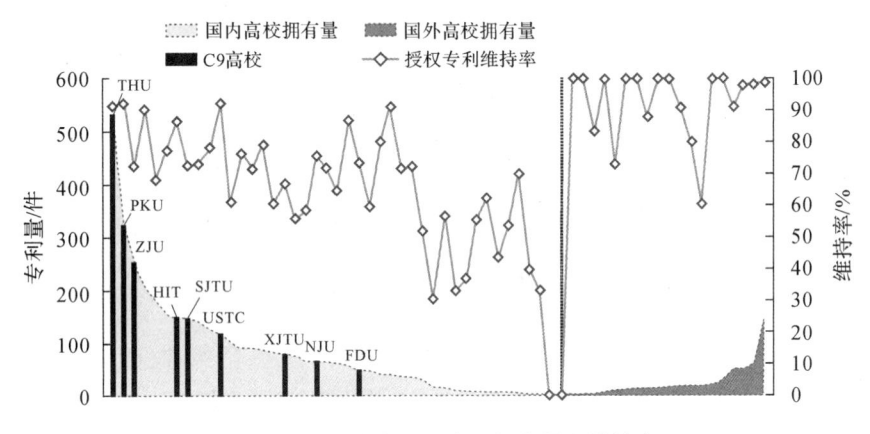

图 6-7 视听技术领域专利拥有量和维持率

在专利维持方面，国外高校授权专利维持率普遍高于国内高校，20 所国外高校中，除哥伦比亚大学（60.6%）和新加坡国立大学（73.3%）外，其余的维持率均超过 80%，授权专利维持率均值为 92.8%，其中哈佛大学、康奈尔大学和约翰斯·霍普金斯大学等九所高校维持率达到了 100%。国内 42 所高校中授权专利维持率在 80% 以上的高校仅有八所，授权专利维持率均值为 65.3%，排前三的分别为北京大学、中国科学技术大学和清华大学，均为 C9 高校，其中 C9 高校的授权专利维持率均值为 80.5%，虽与国外高校有一定差距,但相比于国内其他高校优势明显。另外,清华大学不仅在申请量上具有较大优势,在授权专利维持上也较突出,授权专利的维持率达到了91.6%。而兰州大学、中央民族大学和南开大学等七所高校超过50%的授权专利失效。

二、专利申请量排名前十高校分析

视听技术领域专利申请量排名前十的高校如图6-8所示。领域内排名前十的高校全部来自国内,其中C9高校占据五个席位。在专利申请量上,十所高校专利申请量之和占62所高校专利申请总量的50%,可见该领域研究技术创新集中度较高,且国内高校技术优势明显。在专利授权率上,北京航空航天大学最高,为76.0%,中山大学的专利授权率最低,为32.9%,十所高校中有五所高校的专利授权率高于60%。

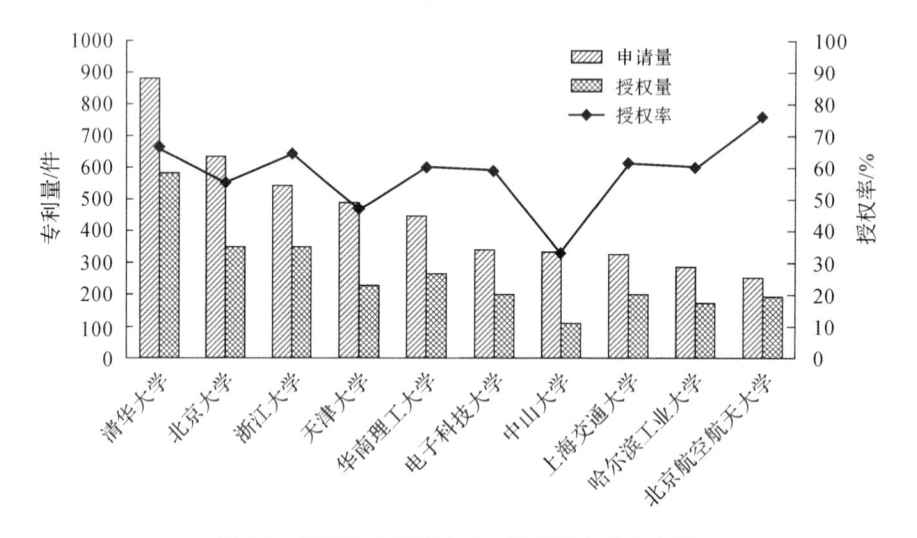

图6-8 视听技术领域专利申请量排名前十高校

图6-9是视听技术领域专利申请量排名前十高校的专利拥有量与专利维持情况。在专利拥有量上,十所高校的平均专利拥有量为219件,大体形成三个梯队:清华大学以535件专利远远领先于其他高校,是排名第二位的北京大学的1.7倍,处于第一梯队;北京大学、浙江大学等专利拥有量超过200件的高校处于第二梯队;中山大学、天津大学等低于200件的高校处于第三梯队。在授权专利维持率上,排名前三位的高校分别为北京大学、清华大学、天津大学,十所高校的授权专利维持率均值为80.4%,其中四所高校的授权专利维持率超过80%,除华南理工大学外,其余高校均在70%以上。

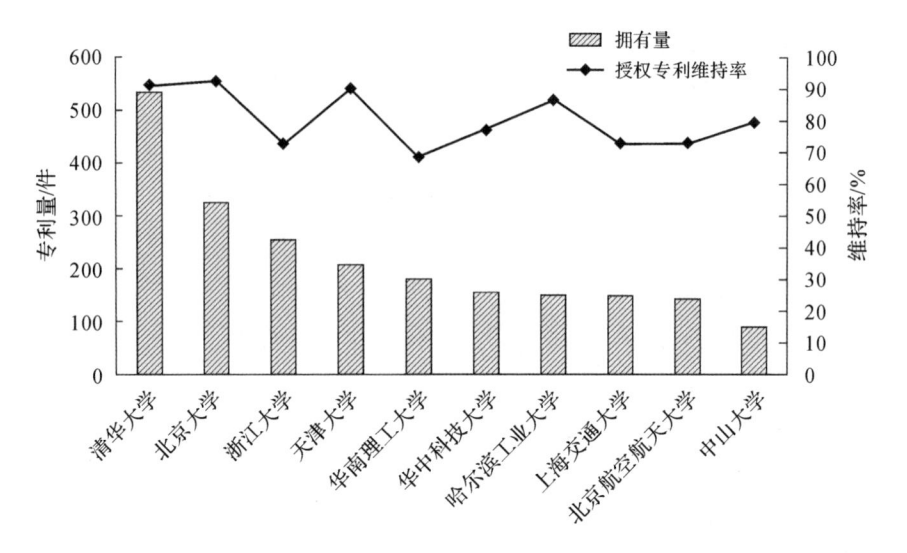

图 6-9 视听技术领域专利申请量排名前十高校的专利拥有量和维持率

第三节 电信技术领域

电信是一个非常广泛的领域,涵盖了各种技术和产品。IPC 代码通常是面向技术的,主要包括波导,谐振器、传输线或其他波导型器件,广播通信、电话通信、图像通信等。本领域对应的 IPC 分类号范围为:G08C+;H01P+;H01Q+;H04B+;H04H+;H04J+;H04K+;H04M+;H04N1+;H04Q+。

基于领域内的专利申请量进行排序,62 所国内外高校在电信技术领域的专利技术创新力参数,如表 6-3 所示。

表 6-3 62 所国内外高校在电信领域的专利技术创新力参数

序号	高校名称	申请量/件	授权量/件	拥有量/件	授权率/%	授权专利维持率/%
1	电子科技大学	2329	1363	959	58.5	70.4
2	东南大学	1858	1046	717	56.3	68.5

续　表

序号	高校名称	申请量/件	授权量/件	拥有量/件	授权率/%	授权专利维持率/%
3	华南理工大学	1583	1036	625	65.4	60.3
4	清华大学	1187	790	692	66.6	87.6
5	浙江大学	883	581	444	65.8	76.4
6	哈尔滨工业大学	853	509	423	59.7	83.1
7	上海交通大学	753	484	356	64.3	73.6
8	天津大学	704	260	226	36.9	86.9
9	北京大学	656	373	318	56.9	85.3
10	北京航空航天大学	501	347	255	69.3	73.5
11	中山大学	439	187	165	42.6	88.2
12	华中科技大学	434	316	240	72.8	75.9
13	北京理工大学	391	264	209	67.5	79.2
14	西安交通大学	366	248	187	67.8	75.4
15	重庆大学	346	207	130	59.8	62.8
16	中国科学技术大学	342	195	177	57.0	90.8
17	西北工业大学	330	176	94	53.3	53.4
18	武汉大学	295	218	109	73.9	50.0
19	厦门大学	277	196	161	70.8	82.1
20	山东大学	276	175	86	63.4	49.1
21	同济大学	271	113	81	41.7	71.7
22	复旦大学	253	138	106	54.5	76.8
23	国防科技大学	237	137	132	57.8	96.4
24	麻省理工学院	228	133	125	58.3	94.0
25	四川大学	226	135	115	59.7	85.2
26	吉林大学	210	127	67	60.5	52.8
27	云南大学	186	103	77	55.4	74.8
28	南京大学	166	72	54	43.4	75.0
29	中南大学	165	92	74	55.8	80.4

续 表

序号	高校名称	申请量/件	授权量/件	拥有量/件	授权率/%	授权专利维持率/%
30	大连理工大学	162	75	63	46.3	84.0
31	加州理工学院	160	78	74	48.8	94.9
32	东北大学	126	80	54	63.5	67.5
33	华东师范大学	102	50	29	49.0	58.0
34	郑州大学	85	59	25	69.4	42.4
35	斯坦福大学	82	45	42	54.9	93.3
36	密歇根大学	79	44	43	55.7	97.7
37	西北农林科技大学	78	35	9	44.9	25.7
38	华盛顿大学	78	35	25	44.9	71.4
39	湖南大学	72	42	28	58.3	66.7
40	中国农业大学	68	45	24	66.2	53.3
41	哥伦比亚大学	65	41	34	63.1	82.9
42	牛津大学	63	14	13	22.2	92.9
43	耶鲁大学	56	12	12	21.4	100.0
44	约翰斯·霍普金斯大学	52	37	37	71.2	100.0
45	南开大学	50	23	9	46.0	39.1
46	东京大学	49	17	15	34.7	88.2
47	杜克大学	49	19	19	38.8	100.0
48	兰州大学	36	23	13	63.9	56.5
49	康奈尔大学	35	18	17	51.4	94.4
50	中国海洋大学	33	18	12	54.5	66.7
51	纽约大学	32	15	15	46.9	100.0
52	北京师范大学	25	13	6	52.0	46.2
53	哈佛大学	23	7	7	30.4	100.0
54	新加坡国立大学	22	5	5	22.7	100.0
55	普林斯顿大学	18	14	14	77.8	100.0
56	新疆大学	16	7	4	43.8	57.1

续 表

序号	高校名称	申请量/件	授权量/件	拥有量/件	授权率/%	授权专利维持率/%
57	中央民族大学	9	5	2	55.6	40.0
58	昆士兰大学	9	0	0	/	/
59	芝加哥大学	7	5	5	71.4	100.0
60	不列颠哥伦比亚大学	5	3	3	60.0	100.0
61	中国人民大学	2	0	0	/	/
62	宾夕法尼亚大学	2	1	1	50.0	100.0

一、专利的申请、授权与维持分析

图 6-10 从专利申请量、授权量和授权率三个角度综合比较国内外 62 所高校在电信技术领域的情况。在专利申请量方面，国内高校相比于国外高校优势明显，国内排第一的电子科技大学专利申请量为 2329 件，是国外排名首位高校（麻省理工学院，228 件）的 10.2 倍，且国内 42 所"双一流"建设高校中 23 所高校在该领域的申请量高于麻省理工学院，其中 C9 高校中除南京大学（166 件）外，其余高校申请量均超过麻省理工学院，可见国内高校在该领域研究实力突出。

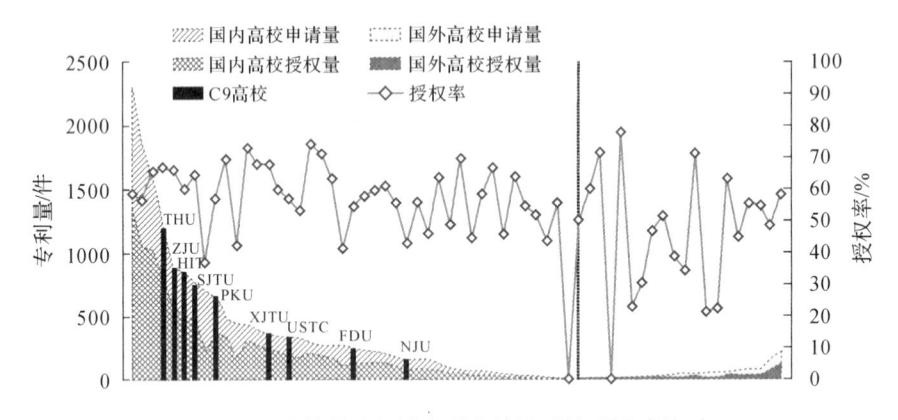

图 6-10 电信技术领域专利申请量、授权量和授权率

在专利授权量方面，C9 高校的平均授权量为 376.7 件，国内高校的平均授权量为 246.7 件，国外高校的平均授权量为 27.1 件。其中电子科技大学的授权量为 1363 件，是麻省理工学院（133 件）的 10.2 倍，国内 42 所"双一

流"建设高校中 20 所高校在该领域的授权量高于麻省理工学院。

在专利授权率方面,国内 42 所"双一流"建设高校的平均授权率为 56.4%,国外 20 所高校的平均授权率为 46.2%,C9 高校在该领域的平均授权率为 59.5%,高于国内高校的平均授权率。另外国外高校的专利授权率均值虽不及国内高校,但国外授权率最高的普林斯顿大学(77.8%),高于国内专利授权率最高的武汉大学(73.9%)。

如图 6-11 所示,在电信技术领域的专利拥有量方面,国内高校的平均专利拥有量为 179.9 件,国外高校的平均专利拥有量为 25.3 件。排名首位的电子科技大学为 959 件,远高于国内外均值,是国外专利拥有量排名首位的麻省理工学院(125 件)的 7.2 倍,且国内有 18 所高校的专利拥有量大于麻省理工学院。国外高校除麻省理工学院外,在电信技术领域的专利拥有量均低于 100 件,超过 50 件的也仅有加州理工学院,其中六所高校的专利拥有量仅为个位数。C9 高校的专利拥有量均值为 306.3 件,其中有五所高校的专利拥有量高于国内均值,仅南京大学低于 100 件,为 54 件。

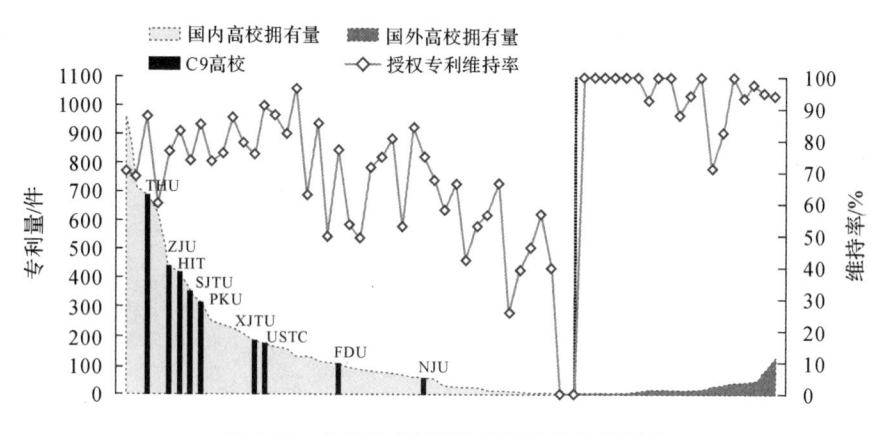

图 6-11 电信技术领域专利拥有量和维持率

在专利维持方面,国外高校授权专利维持率普遍高于国内高校,20 所国外高校授权专利维持率均值为 90.5%,除华盛顿大学(71.4%)、哥伦比亚大学(82.9%)以及东京大学(88.2%)外,其余高校的授权专利维持率均超过 90%,一半高校的专利维持率达到了 100%。国内 42 所高校中授权专利维持率在 80%以上的高校仅有 11 所,其中四所为 C9 高校。国内高校的授权专利维持率均值为 68%,排前三的分别为国防科技大学(96.4%)、中国科学技术大学(90.8%)、中山大学(88.2%),其中 C9 高校的授权专利维持率均值为80.4%,虽不及国外高校,但相比于国内其他高校有一定优势。值得注意的是,国内高校中包括山东大学、北京师范大学等在内的六所高校的专利维持率不到50%。

二、专利申请量排名前十高校分析

电信技术领域专利申请量排名前十的高校如图6-12所示。领域内排名前十的高校全部来自国内,其中C9高校占据五个席位。在专利申请量上,十所高校专利申请量之和占62所高校专利申请总量的61.1%,其中电子科技大学、东南大学、华南理工大学、清华大学这四所高校专利申请量都超过1000件,排名第十位的北京航空航天大学专利申请量也达到了501件,可见该领域研究技术创新集中度较高,且国内高校技术优势明显。在专利授权率上,十所高校的平均授权率为60.0%,其中北京航空航天大学的授权率最高,为69.3%,天津大学的专利授权率最低,为36.9%,十所高校中有一半的高校专利授权率高于60%。

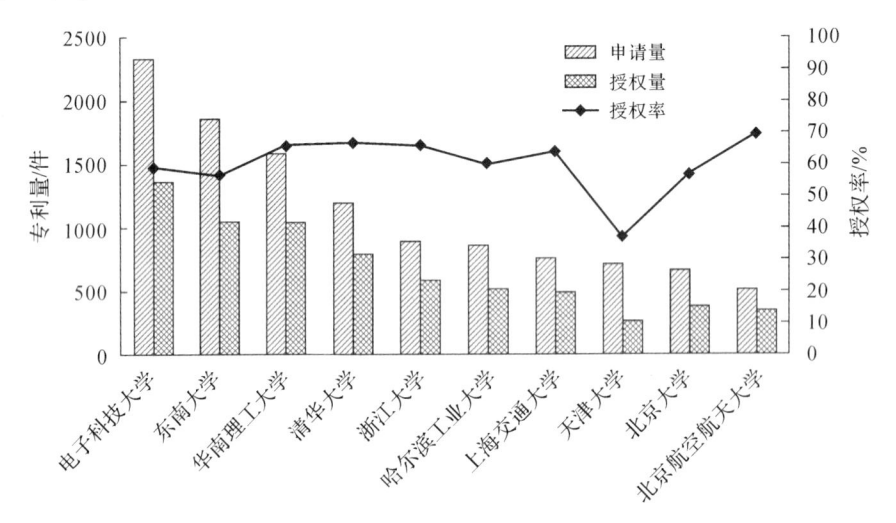

图6-12 电信技术领域专利申请量排名前十高校

图6-13是电信技术领域专利申请量排名前十高校的专利拥有量与专利维持情况。十所高校的平均专利拥有量为501.5件,其中超过均值的高校有四所,分别为电子科技大学(959件)、东南大学(717件)、清华大学(692件)以及华南理工大学(625件)。其余六所高校中除北京航空航天大学(255件)、天津大学(226件)外,专利拥有量均超过300件。在授权专利维持率

上,十所高校的授权专利维持率均值为76.6%,其中四所高校的授权专利维持率超过80%,排名前三位的高校分别为清华大学、天津大学、哈尔滨工业大学,排名末位的为华南理工大学,授权专利维持率为60.3%。

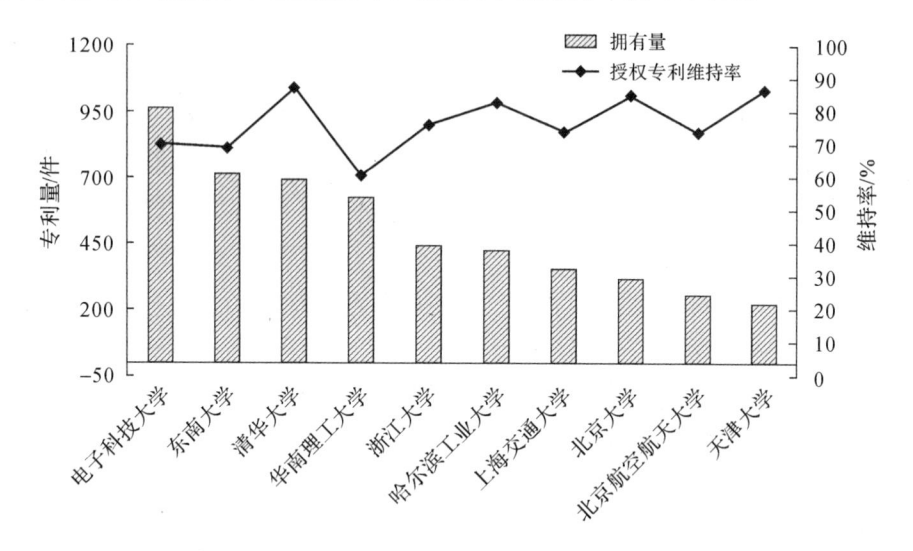

图6-13 电信技术领域专利申请量排名前十高校的专利拥有量和维持率

第四节 数字通信技术领域

数字通信是电信的一部分,它是一项处于电信和计算机技术之间的自给自足的技术,这项技术的一个核心应用是互联网。本领域对应的IPC分类号范围为:H04L+;H04N21+;H04W+。

基于领域内的专利申请量进行排序,62所国内外高校在数字通信技术领域的专利技术创新力参数,如表6-4所示。

表6-4 62所国内外高校在数字通信技术领域的专利技术创新力参数

序号	高校名称	申请量/件	授权量/件	拥有量/件	授权率/%	授权专利维持率/%
1	电子科技大学	2204	1366	964	62.0	70.6
2	清华大学	1970	1315	1184	66.8	90.0
3	东南大学	1786	1072	824	60.0	76.9

续 表

序号	高校名称	申请量/件	授权量/件	拥有量/件	授权率/%	授权专利维持率/%
4	上海交通大学	1189	728	515	61.2	70.7
5	哈尔滨工业大学	1075	594	469	55.3	79.0
6	浙江大学	914	635	517	69.5	81.4
7	北京航空航天大学	892	659	459	73.9	69.7
8	华南理工大学	854	477	399	55.9	83.6
9	中山大学	795	281	244	35.3	86.8
10	华中科技大学	782	589	445	75.3	75.6
11	西安交通大学	677	500	415	73.9	83.0
12	北京大学	640	338	263	52.8	77.8
13	天津大学	554	193	187	34.8	96.9
14	北京理工大学	535	378	291	70.7	77.0
15	国防科技大学	479	241	226	50.3	93.8
16	山东大学	454	284	162	62.6	57.0
17	武汉大学	453	267	178	58.9	66.7
18	重庆大学	404	221	153	54.7	69.2
19	中南大学	395	198	165	50.1	83.3
20	同济大学	382	202	165	52.9	81.7
21	东北大学	372	208	163	55.9	78.4
22	西北工业大学	367	204	130	55.6	63.7
23	中国科学技术大学	312	195	163	62.5	83.6
24	南京大学	308	151	118	49.0	78.1
25	吉林大学	298	138	84	46.3	60.9
26	大连理工大学	265	138	119	52.1	86.2
27	复旦大学	254	114	81	44.9	71.1
28	麻省理工学院	248	156	137	62.9	87.8
29	厦门大学	244	167	155	68.4	92.8
30	华东师范大学	217	79	54	36.4	68.4

续　表

序号	高校名称	申请量/件	授权量/件	拥有量/件	授权率/%	授权专利维持率/%
31	四川大学	196	110	93	56.1	84.5
32	湖南大学	189	103	76	54.5	73.8
33	哥伦比亚大学	132	96	86	72.7	89.6
34	密歇根大学	103	51	51	49.5	100.0
35	中国农业大学	88	44	26	50.0	59.1
36	南开大学	76	28	21	36.8	75.0
37	郑州大学	72	36	18	50.0	50.0
38	斯坦福大学	60	30	25	50.0	83.3
39	云南大学	59	30	25	50.8	83.3
40	华盛顿大学	59	32	25	54.2	78.1
41	加州理工学院	56	34	34	60.7	100.0
42	中国海洋大学	49	20	14	40.8	70.0
43	东京大学	44	16	16	36.4	100.0
44	约翰斯·霍普金斯大学	42	22	22	52.4	100.0
45	西北农林科技大学	39	18	7	46.2	38.9
46	兰州大学	36	18	11	50.0	61.1
47	康奈尔大学	35	18	17	51.4	94.4
48	纽约大学	29	19	19	65.5	100.0
49	北京师范大学	26	14	7	53.8	50.0
50	哈佛大学	25	5	5	20.0	100.0
51	牛津大学	25	1	1	4.0	100.0
52	普林斯顿大学	25	13	13	52.0	100.0
53	中国人民大学	23	8	8	34.8	100.0
54	新加坡国立大学	19	2	2	10.5	100.0
55	新疆大学	14	4	4	28.6	100.0
56	耶鲁大学	14	11	8	78.6	72.7
57	中央民族大学	10	3	1	30.0	33.3

续 表

序号	高校名称	申请量/件	授权量/件	拥有量/件	授权率/%	授权专利维持率/%
58	杜克大学	8	5	4	62.5	80.0
59	芝加哥大学	8	6	6	75.0	100.0
60	宾夕法尼亚大学	5	4	4	80.0	100.0
61	昆士兰大学	4	0	0	/	/
62	不列颠哥伦比亚大学	1	1	1	100.0	100.0

一、专利的申请、授权与维持分析

图 6-14 从专利申请量、授权量和授权率三个角度综合比较国内外 62 所高校在数字通信技术领域的情况。在专利申请量方面，国内高校专利申请量的均值为 498.8 件，是国外高校(47.1 件)的 10.6 倍，国内高校相比于国外高校优势明显。国内排名第一的电子科技大学的专利申请量为 2204 件，C9 高校中清华大学的专利量紧随其后，为 1970 件。国外高校中申请量最高的为麻省理工学院(248 件)，在 62 所高校中排名第 28 位，仅为电子科技大学申请量的 11.3%。

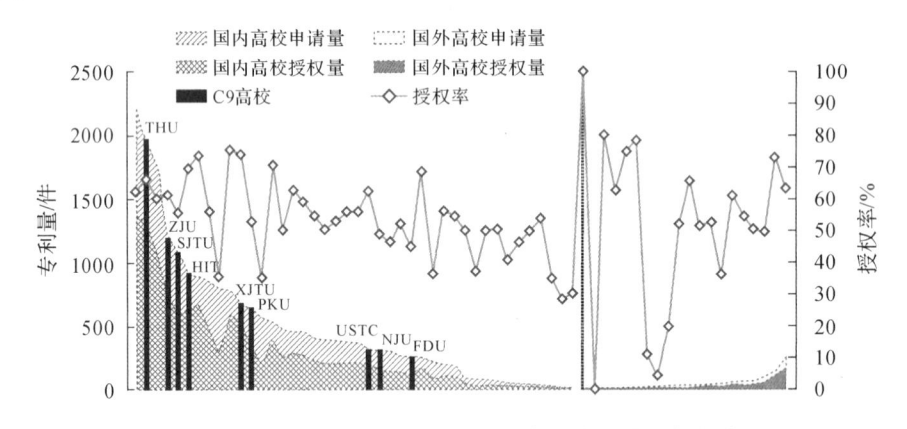

图 6-14 数字通信技术领域专利申请量、授权量和授权率

在专利授权量上，C9 高校的专利授权量均值为 507.8 件，国内 42 所"双一流"建设高校的均值为 294.5 件，国外高校的均值为 26.1 件。电子科技大学以 1366 件授权专利排名首位，是国外排名首位的麻省理工学院的 8.8 倍，国内 42 所"双一流"建设高校中的 24 所高校在该领域的授权量高于麻省理工学院。国外高校中仅麻省理工学院的专利授权量超过100件,其余高校除哥伦比亚大学、密歇根大学超过50件外,另外17所高校均在50件以下,且7所高校的专利授权量仅为个位数。

在专利授权率方面,C9高校在该领域的平均授权率为59.5%,国内42所"双一流"建设高校的平均授权率为53.1%,国外20所高校的平均授权率为51.9%,国内外高校在授权率上差距不大,国内高校中,华中科技大学的授权率居首位,为75.3%。

如图6-15所示,在数字通信技术领域的专利拥有量方面,清华大学(1184件)反超电子科技大学(964件),跃居第一,是国内唯一一所专利拥有量超过1000件的高校,这表明清华大学在数字通信技术领域的有效专利存量领先。国内42所"双一流"建设高校的专利拥有量均值为228.6件,国外20所高校的均值为23.8件,国内外高校差距明显。C9高校中,除中国科学技术大学、南京大学、复旦大学外,其余六所高校的专利拥有量超过国内均值。

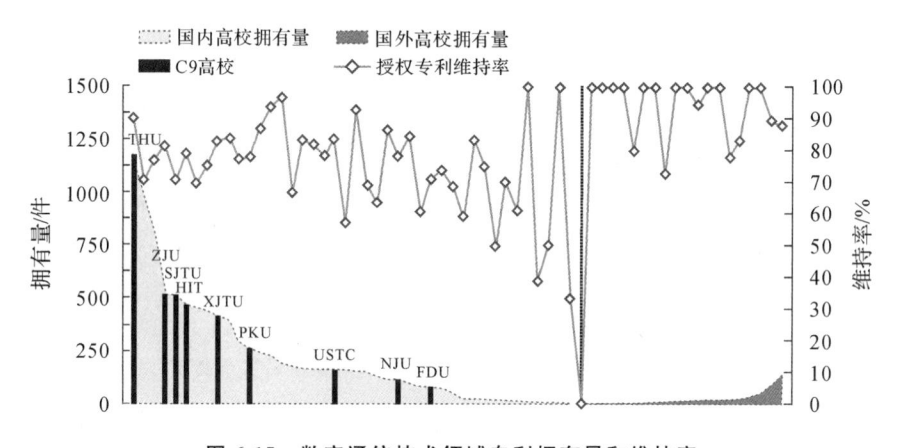

图6-15 数字通信技术领域专利拥有量和维持率

在专利维持方面,国外高校授权专利维持率普遍高于国内高校,20所国外高校中,除耶鲁大学(72.7%)和华盛顿大学(78.1%)外,其余高校的维持率均超过80%,均值为89.3%,其中密歇根大学、加州理工大学、约翰斯·霍普金斯大学等12所高校的维持率达到了100%。国内42所高校中,授权专利维持率在80%以上的高校有16所,维持率在90%以上的高校有六所,授权专利维持率均值为74.6%,值得关注的是,专利拥有量排名首位的清华大学,授权专利维持率达到了90.0%。国内高校中,包含郑州大学、北京师范大学等在内的四所高校有一半以上的授权专利失效。

二、专利申请量排名前十高校分析

数字通信技术领域专利申请量排名前十的高校如图 6-16 所示。数字通信技术领域排名前十的高校全部来自国内,其中四所来自 C9 高校。在专利申请量上,十所高校专利申请量之和占 62 所高校专利申请总量的 56.9%,其中五所高校的专利申请量超过了 1000 件,可见该领域研究技术集中度相对较高,且国内高校技术优势明显。在专利授权率上,华中科技大学的授权率最高,为 75.3%,中山大学的专利授权率最低,为 35.3%,十所高校中有七所高校的专利授权率在 60% 及以上。

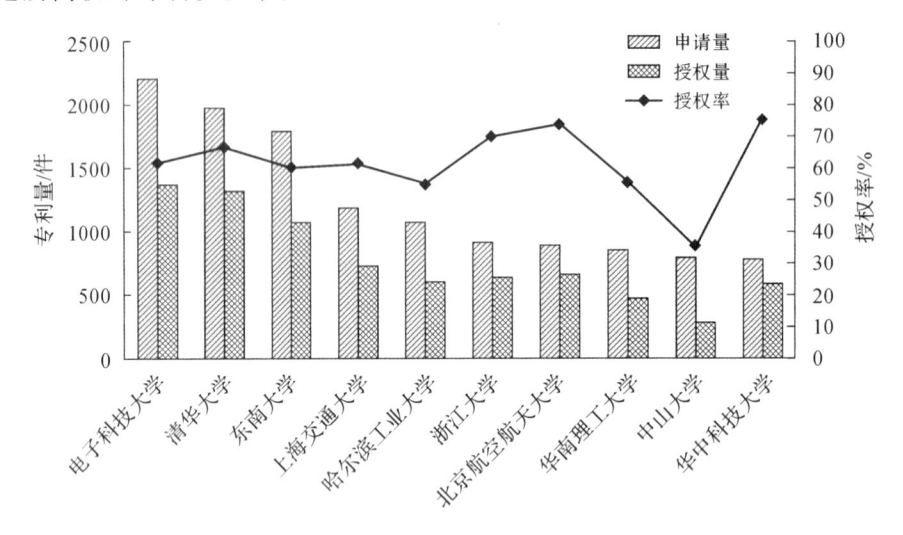

图 6-16 数字通信技术领域内专利申请量排名前十高校

图 6-17 是数字通信技术领域专利申请量排名前十高校的专利拥有量与专利维持情况。十所高校的平均专利拥有量为 602 件,清华大学以 1184 件专利领先于其他高校,是排名第十位的中山大学的 4.9 倍,紧随其后的是电子科技大学(964 件)、东南大学(824 件),三所高校构成第一梯队;包括浙江大学、上海交通大学、哈尔滨工业大学等在内的六所高校专利拥有量在四五百件,处于第二梯队;中山大学处于第三梯队。在授权专利维持率上,十所高校的均值为 78.4%,除北京航空航天大学外,其余高校均在 70% 以上。

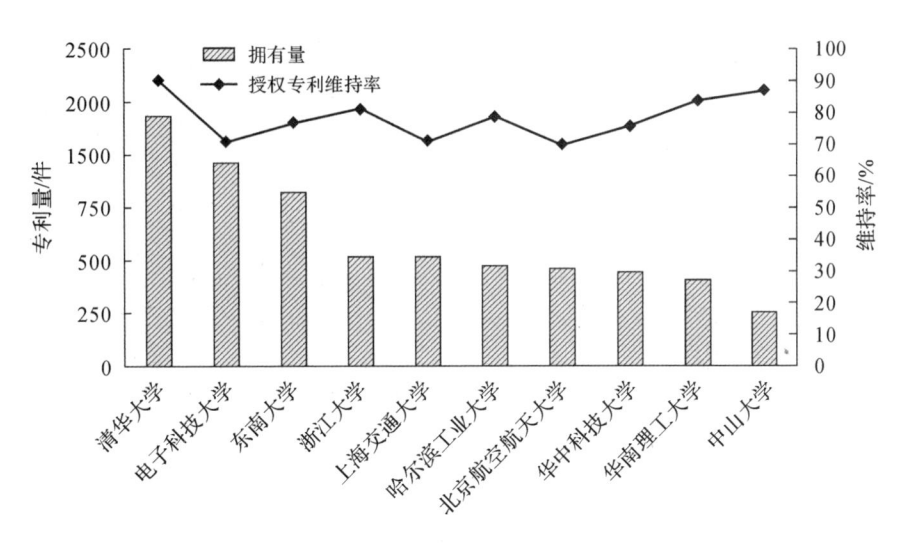

图 6-17 数字通信技术领域专利申请量排名前十高校的专利拥有量和维持率

第五节 基本通信处理技术领域

基本通信处理是电信的一部分，它包括非常基本的技术，如振荡、调制、共振电路、脉冲技术、编码/解码等，这些技术用于电信、计算机技术、测量和控制。本领域对应的 IPC 分类号范围为：H03B＋；H03C＋；H03D＋；H03F＋；H03G＋；H03H＋；H03J＋；H03K＋；H03L＋；H03M＋。

基于领域内的专利申请量进行排序，基本通信处理技术领域内 62 所国内外高校专利技术创新力参数，如表 6-5 所示。

表 6-5 基本通信处理技术领域内 62 所国内外高校专利技术创新力参数

序号	高校名称	申请量/件	授权量/件	拥有量/件	授权率/%	授权专利维持率/%
1	电子科技大学	896	506	359	56.5	70.9
2	东南大学	732	458	343	62.6	74.9
3	天津大学	539	183	158	34.0	86.3
4	清华大学	371	243	211	65.5	86.8
5	复旦大学	239	143	83	59.8	58.0

续 表

序号	高校名称	申请量/件	授权量/件	拥有量/件	授权率/%	授权专利维持率/%
6	华南理工大学	223	136	105	61.0	77.2
7	浙江大学	190	115	81	60.5	70.4
8	华中科技大学	189	115	92	60.8	80.0
9	麻省理工学院	158	90	81	57.0	90.0
10	西安交通大学	155	98	77	63.2	78.6
11	北京大学	149	92	72	61.7	78.3
12	哈尔滨工业大学	134	80	67	59.7	83.8
13	上海交通大学	119	75	53	63.0	70.7
14	中山大学	116	64	54	55.2	84.4
15	中国科学技术大学	107	67	63	62.6	94.0
16	武汉大学	103	66	30	64.1	45.5
17	北京航空航天大学	98	55	39	56.1	70.9
18	国防科技大学	97	45	42	46.4	93.3
19	加州理工学院	88	59	59	67.0	100.0
20	北京理工大学	78	57	42	73.1	73.7
21	哥伦比亚大学	77	48	40	62.3	83.3
22	西北工业大学	70	47	31	67.1	66.0
23	重庆大学	68	35	26	51.5	74.3
24	山东大学	67	42	26	62.7	61.9
25	密歇根大学	67	44	42	65.7	95.5
26	南京大学	61	18	15	29.5	83.3
27	耶鲁大学	52	11	11	21.2	100.0
28	吉林大学	48	32	17	66.7	53.1
29	华东师范大学	39	24	8	61.5	33.3
30	大连理工大学	33	18	14	54.5	77.8
31	同济大学	28	15	12	53.6	80.0
32	湖南大学	27	16	16	59.3	100.0

续　表

序号	高校名称	申请量/件	授权量/件	拥有量/件	授权率/%	授权专利维持率/%
33	南开大学	27	8	5	29.6	62.5
34	牛津大学	27	6	6	22.2	100.0
35	四川大学	26	14	7	53.8	50.0
36	厦门大学	24	15	8	62.5	53.3
37	康奈尔大学	23	15	15	65.2	100.0
38	东京大学	21	9	8	42.9	88.9
39	中南大学	19	10	6	52.6	60.0
40	华盛顿大学	19	12	4	63.2	33.3
41	东北大学	18	9	8	50.0	88.9
42	新加坡国立大学	18	7	6	38.9	85.7
43	哈佛大学	16	5	5	31.3	100.0
44	郑州大学	14	6	2	42.9	33.3
45	兰州大学	14	9	8	64.3	88.9
46	斯坦福大学	14	6	6	42.9	100.0
47	普林斯顿大学	14	7	7	50.0	100.0
48	中国农业大学	12	6	5	50.0	83.3
49	云南大学	11	4	4	36.4	100.0
50	约翰斯·霍普金斯大学	9	8	8	88.9	100.0
51	不列颠哥伦比亚大学	8	2	2	25.0	100.0
52	美国芝加哥大学	7	4	4	57.1	100.0
53	中国海洋大学	6	4	1	66.7	25.0
54	纽约大学	5	3	3	60.0	100.0
55	北京师范大学	4	2	0	50.0	/
56	宾夕法尼亚大学	4	2	2	50.0	100.0
57	杜克大学	3	3	3	100.0	100.0
58	新疆大学	2	1	1	50.0	100.0
59	西北农林科技大学	1	1	0	100.0	/

续 表

序号	高校名称	申请量/件	授权量/件	拥有量/件	授权率/%	授权专利维持率/%
60	中国人民大学	0	0	0	/	/
61	中央民族大学	0	0	0	/	/
62	昆士兰大学	0	0	0	/	/

一、专利的申请、授权与维持分析

图 6-18 从专利申请量、授权量和授权率三个角度综合比较国内外 62 所高校在基本通信处理技术领域的情况。在专利申请量方面，国内 42 所"双一流"建设高校平均为 122.7 件，国外一流高校平均为 31.5 件，国内排名第一的电子科技大学为 896 件，是国外排名首位高校（麻省理工学院，158 件）的 5.7 倍，国内 42 所"双一流"建设高校中的八所高校在该领域的申请量高于麻省理工学院。C9 高校的平均申请量为 169.4 件，除上海交通大学、中国科学技术大学与南京大学外，其余六所高校的专利申请量均高于国内均值。

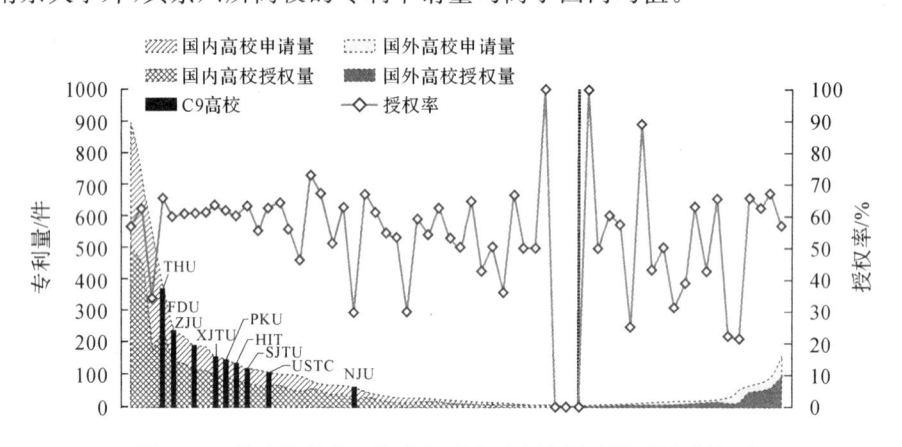

图 6-18 基本通信处理技术领域专利申请量、授权量和授权率

在专利授权量上，C9 高校的均值为 103.4 件，国内 42 所"双一流"建设高校的均值为 69.8 件，国外一流高校的均值为 17.1 件，可见 C9 高校在基本通信处理技术领域的专利授权量整体实力较强。国内高校中，电子科技大学以 506 件授权专利排名首位，是国外排名首位的麻省理工学院（90 件）的 5.6 倍，国内 42 所"双一流"建设高校中十所高校在该领域的授权量高于麻省理工学院。国外高校中仅麻省理工学院与加州理工学院的专利授权量超过50件,且有13所高校的专利授权量仅为个位数。

在专利授权率方面,C9高校在该领域的平均授权率为58.4%,国内42所"双一流"建设高校的平均授权率为57.0%,国外20所高校的平均授权率为53.2%。C9高校整体上有些许优势,但国内外高校在授权率上差距不大,国内高校中西北工业大学与北京理工大学的授权率超过70%。

如图6-19所示,在基本通信处理技术领域的专利拥有量方面,国内42所"双一流"建设高校的均值为52.1件,C9高校专利拥有量的均值为80.2件,超过300件的为电子科技大学(359件)、东南大学(343件),超过100件的为清华大学、天津大学与华南理工大学,国内有16所高校的专利拥有量为个位数。国外20所一流高校专利拥有量的均值为15.6件,其中四所高校超过40件,14所高校的专利拥有量不足10件。

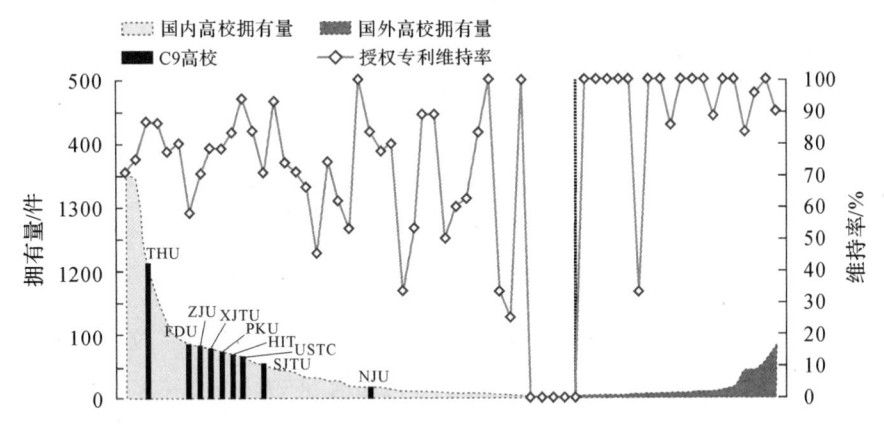

图6-19 基本通信处理技术领域专利拥有量和维持率

在专利维持方面,国外高校授权专利维持率普遍高于国内高校,除华盛顿大学(33.3%)、哥伦比亚大学(83.3%)等四所高校外,其余16所高校的授权专利维持率均高于90%,其中有14所高校的授权专利维持率达到了100%,授权专利维持率均值为93.5%。国内42所"双一流"建设高校授权专利维持率在90%以上的高校有五所,80%以上的高校有15所,授权专利维持率均值为68.8%。另外,包括武汉大学、华东师范大学等在内的六所高校,授权专利维持率低于50%。

二、专利申请量排名前十高校分析

基本通信处理技术领域专利申请量排名前十的高校如图6-20所示。领域内排名前十的高校有九所来自国内,其中 C9 高校占据四个席位,唯一一所国外一流高校为麻省理工学院,排名第九,可见麻省理工学院非常重视在基本通信处理技术领域的专利布局以及技术应用。在专利申请量上,十所高校专利申请量之和为 62 所高校专利申请总量的 63.8%,可见该领域研究技术集中度较高。在专利授权率上,清华大学最高,为 65.5%,天津大学最低,为 34%,十所高校中有六所高校的专利授权率在 60% 以上。

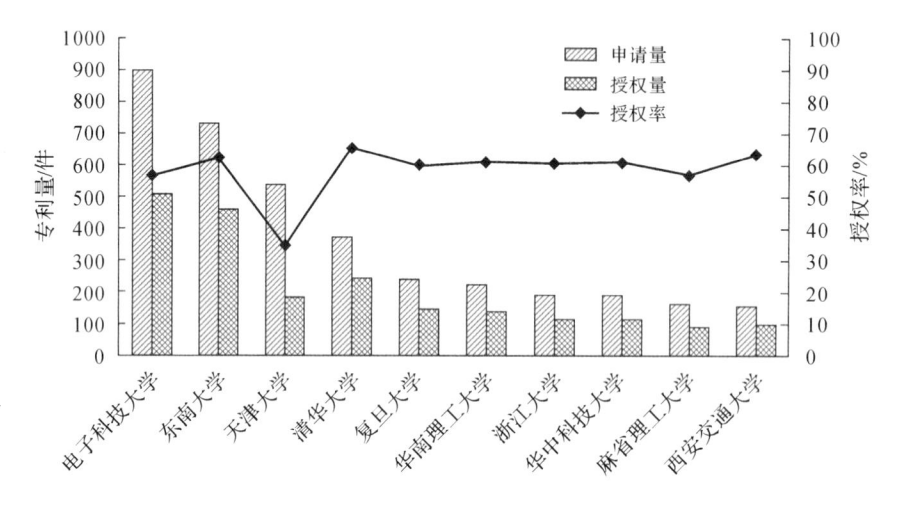

图 6-20 基本通信处理技术领域专利申请量排名前十高校

图 6-21 是基本通信处理技术领域专利申请量排名前十高校的专利拥有量与专利维持情况。十所高校的平均专利拥有量为 159 件,大体形成三个

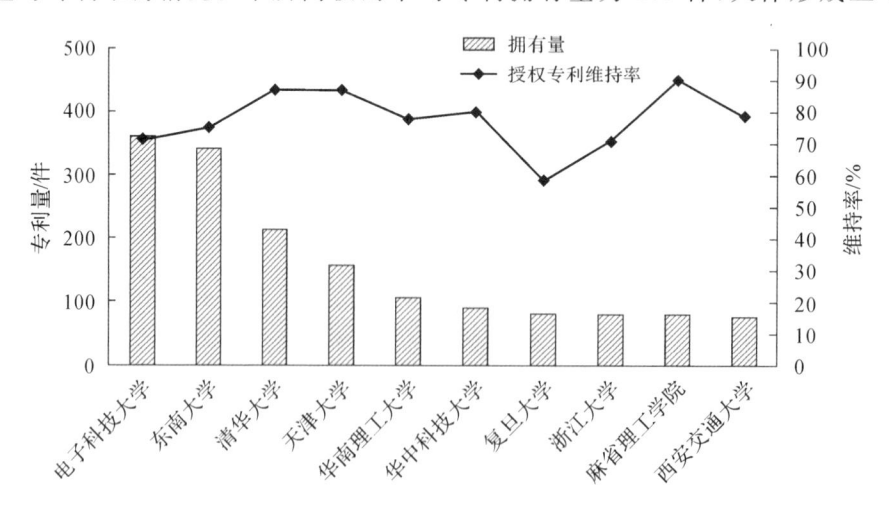

图 6-21 基本通信处理技术领域专利申请量排名前十高校的专利拥有量和维持率

梯队,电子科技大学与东南大学的专利拥有量超过 300 件,处于第一梯队,清华大学、天津大学、华南理工大学这几所专利拥有量超过 100 件的处于第二梯队,其余五所高校处于第三梯队。在授权专利维持率上,十所高校的授权专利维持率均值为 77.3%,其中麻省理工学院以 90%的维持率排名第一,紧随其后的是清华大学(86.8%)、天津大学(86.3%)与华中科技大学大学,复旦大学以 58.0%的维持率排名末位。

第六节 计算机技术领域

计算机技术领域是分类中比较大的领域,包括一切计算均用机械方式实现的数字计算机,数字流体压力计算设备,电数字数据处理,模拟计算机,混合计算装置,数据识别、数据表示、记录载体、记录载体的处理,基于特定计算模型的计算机系统,一般的图像数据处理或产生等。本领域对应的 IPC 分类号范围为:G06C+;G06D+;G06E+;G06F+;G06G+;G06J+;G06K+;G06M+;G06N+;G06T+;G10L+;G11C+;G16B+;G16C+;G16Z+。

基于领域内的专利申请量进行排序,计算机技术领域 62 所国内外高校专利技术创新力参数,如表 6-6 所示。

表 6-6 计算机技术领域内 62 所国内外高校专利技术创新力参数

序号	高校名称	申请量/件	授权量/件	拥有量/件	授权率/%	授权专利维持率/%
1	清华大学	4896	2617	2383	53.5	91.1
2	北京航空航天大学	4256	2417	1904	56.8	78.8
3	浙江大学	4199	2073	1705	49.4	82.2
4	电子科技大学	3863	1625	1299	42.1	79.9
5	天津大学	3500	1004	960	28.7	95.6
6	东南大学	3277	1217	1001	37.1	82.3
7	华南理工大学	3078	1156	1012	37.6	87.5
8	华中科技大学	3008	1675	1472	55.7	87.9
9	哈尔滨工业大学	2613	1155	997	44.2	86.3

续　表

序号	高校名称	申请量/件	授权量/件	拥有量/件	授权率/%	授权专利维持率/%
10	武汉大学	2566	1259	963	49.1	76.5
11	上海交通大学	2512	1036	838	41.2	80.9
12	北京大学	2242	1090	945	48.6	86.7
13	西北工业大学	2150	1000	766	46.5	76.6
14	西安交通大学	2139	1143	990	53.4	86.6
15	北京理工大学	2110	962	738	45.6	76.7
16	中山大学	2044	511	455	25.0	89.0
17	南京大学	1674	776	579	46.4	74.6
18	重庆大学	1646	659	477	40.0	72.4
19	大连理工大学	1537	685	625	44.6	91.2
20	国防科技大学	1468	695	657	47.3	94.5
21	中南大学	1424	564	499	39.6	88.5
22	东北大学	1391	483	422	34.7	87.4
23	山东大学	1374	690	529	50.2	76.7
24	同济大学	1367	529	428	38.7	80.9
25	吉林大学	1058	459	313	43.4	68.2
26	复旦大学	1054	396	275	37.6	69.4
27	四川大学	1045	422	354	40.4	83.9
28	中国科学技术大学	768	349	327	45.4	93.7
29	华东师范大学	727	260	211	35.8	81.2
30	湖南大学	714	251	196	35.2	78.1
31	厦门大学	665	300	272	45.1	90.7
32	麻省理工学院	661	314	306	47.5	97.5
33	中国农业大学	635	283	220	44.6	77.7
34	斯坦福大学	553	234	215	42.3	91.9
35	北京师范大学	443	205	156	46.3	76.1
36	哥伦比亚大学	357	172	152	48.2	88.4

续　表

序号	高校名称	申请量/件	授权量/件	拥有量/件	授权率/%	授权专利维持率/%
37	云南大学	344	109	62	31.7	56.9
38	密歇根大学	328	159	157	48.5	98.7
39	约翰斯·霍普金斯大学	302	133	126	44.0	94.7
40	中国海洋大学	301	117	95	38.9	81.2
41	牛津大学	286	64	61	22.4	95.3
42	哈佛大学	285	85	83	29.8	97.6
43	加州理工学院	278	150	149	54.0	99.3
44	东京大学	275	101	98	36.7	97.0
45	郑州大学	256	78	48	30.5	61.5
46	南开大学	244	68	49	27.9	72.1
47	纽约大学	235	102	96	43.4	94.1
48	华盛顿大学	199	77	67	38.7	87.0
49	康奈尔大学	187	81	80	43.3	98.8
50	西北农林科技大学	164	68	33	41.5	48.5
51	耶鲁大学	149	31	30	20.8	96.8
52	新加坡国立大学	148	30	29	20.3	96.7
53	中国人民大学	126	64	54	50.8	84.4
54	新疆大学	124	22	14	17.7	63.6
55	杜克大学	115	45	41	39.1	91.1
56	兰州大学	94	31	18	33.0	58.1
57	宾夕法尼亚大学	91	35	34	38.5	97.1
58	不列颠哥伦比亚大学	90	21	21	23.3	100.0
59	普林斯顿大学	75	25	25	33.3	100.0
60	芝加哥大学	71	27	27	38.0	100.0
61	中央民族大学	49	25	22	51.0	88.0
62	昆士兰大学	26	4	4	15.4	100.0

一、专利的申请、授权与维持分析

图 6-22 从专利申请量、授权量和授权率三个角度综合比较国内外 62 所高校在计算机技术领域的情况。在专利申请量上,国内"双一流"建设高校平均为 1646.3 件,国外对比高校的平均申请量为 235.6 件,国内高校相比于国外高校优势明显,国内排名第一的清华大学专利申请量为 4896 件,是国外排名首位高校(麻省理工学院,661 件)的 7.4 倍,且国内 42 所"双一流"建设高校中的 31 所高校在该领域的申请量高于麻省理工学院。C9 高校的平均申请量为 2455.2 件,可见 C9 高校整体实力较强,其中,浙江大学以 4199 件专利排名第三。

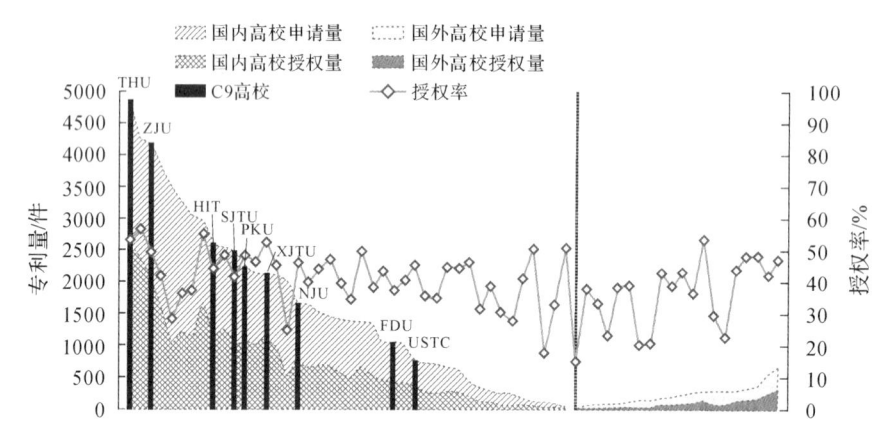

图 6-22 计算机技术领域专利申请量、授权量和授权率

在专利授权量上,C9 高校的专利授权量均值为 1181.7 件,国内 42 所"双一流"建设高校的均值为 726.9 件,国外对比高校为 94.5 件。国内"双一流"建设高校中,有三所高校的专利授权量超过 2000 件,11 所高校的授权量处于 1000—2000 件,另外有七所高校不足 100 件;国外对比高校中有两所高校的专利授权量超过 200 件,六所高校处于 100—200 件,另外有 12 所高校低于 100 件。

在专利授权率方面,C9 高校在该领域的平均值为 46.6%,国内 42 所"双一流"建设高校的平均授权率为 41.7%,国外 20 所高校的平均授权率为 36.4%,C9 高校整体授权率有一定优势,国内高校中北京航空航天大学的授权率最高,为 56.8%。

如图 6-23 所示,在计算机技术领域的专利拥有量方面,清华大学是 42

所国内高校中唯一一所专利拥有量超过2000件的高校,为2383件,是国外排名首位麻省理工学院(306件)的近7.8倍。国内42所"双一流"建设高校中有27所高校在该领域的拥有量高于麻省理工学院,除清华大学外,专利拥有量超过1000件的高校,还有六所,另外有九所高校的专利拥有量低于100件。国外对比高校中专利拥有量超过200件的除了麻省理工学院还有斯坦福大学,超过100件的有包括密歇根大学、哥伦比亚大学等在内的四所高校,另外有八所高校的专利拥有量低于50件。

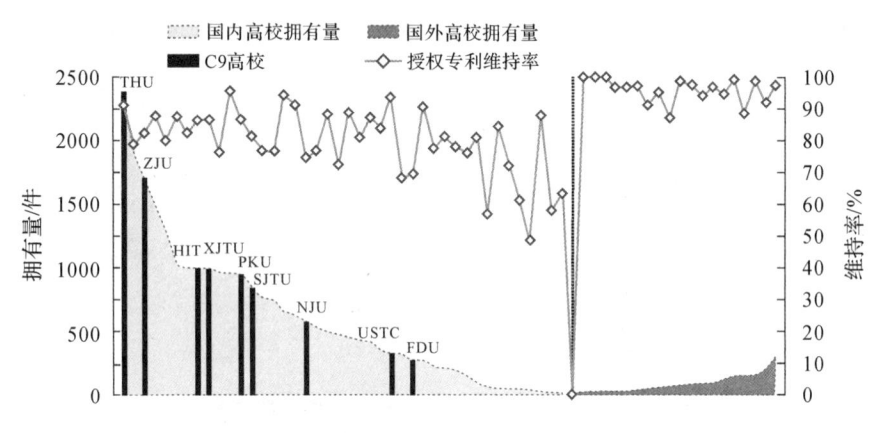

图 6-23 计算机技术领域专利拥有量和维持率

在专利维持方面,国外高校授权专利维持率普遍高于国内高校,20所国外高校中,除华盛顿大学(87.0%)和哥伦比亚大学(88.4%)外,其余高校的维持率均超过90%,授权专利维持率均值达到了96.1%,其中普林斯顿大学、芝加哥大学等四所高校维持率达到了100%。国内42所高校授权专利维持率在90%以上的有六所,80%以上的有23所,授权专利维持率均值为79.6%,排名前三的分别为天津大学、国防科技大学与中国科学技术大学。另外,国内高校中排名末位的西北农林科技大学授权专利维持率仅为48.5%。

二、专利申请量排名前十高校分析

计算机技术领域专利申请量排名前十的高校如图6-24所示。领域内排名前十的高校全部来自国内,国内高校技术优势明显,其中C9高校占据三个席位。在专利申请量上,十所高校专利申请量之和为62所高校专利申请总量的47.7%。在专利授权率上,北京航空航天大学的授权率最高,为

56.8%,天津大学的专利授权率最低,为28.7%,十所高校中仅有三所高校的专利授权率在50%及以上。计算机技术领域的整体授权率较低,部分原因在于该领域技术发展迅速,很多新兴技术处于专利申请阶段,未获得授权。

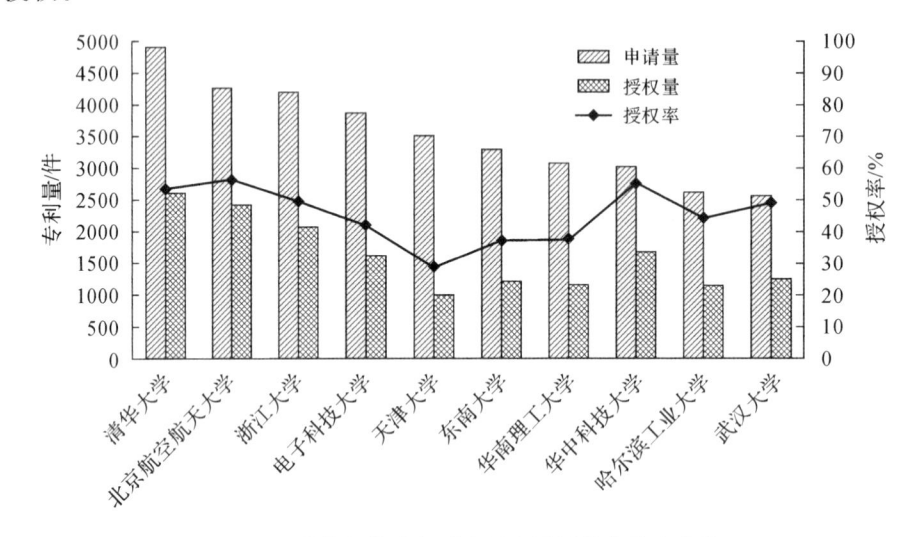

图 6-24 计算机技术领域专利申请量排名前十高校

图 6-25 是计算机技术领域专利申请量排名前十高校的专利拥有量与专利维持情况。十所高校的平均专利拥有量为 1369.6 件,大体形成三个梯

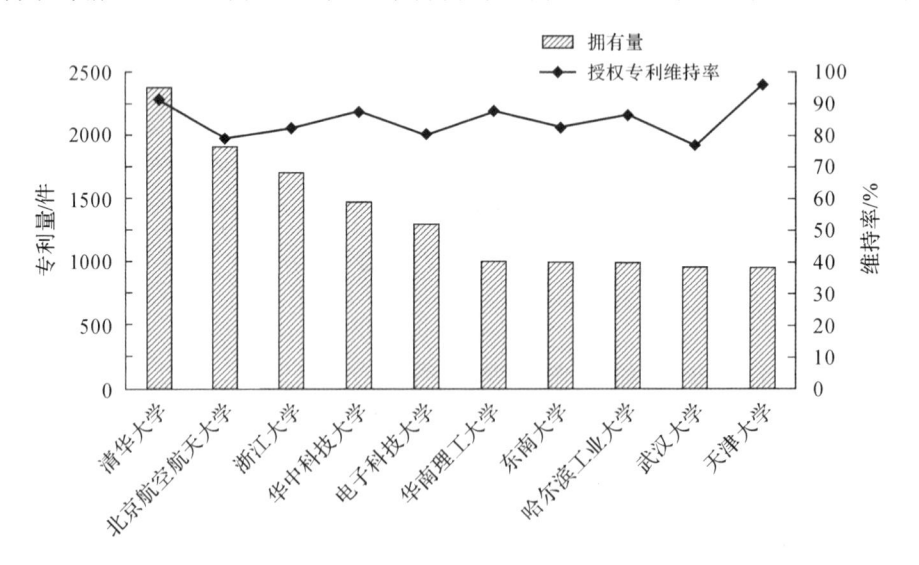

图 6-25 计算机技术领域专利申请量排名前十高校的专利拥有量和维持率

队,清华大学以2383件专利远远领先于其他高校,是排名第二位的北京航空航天大学的1.3倍,是排名第十位的天津大学的2.5倍,处于第一梯队;北京航空航天大学、浙江大学、华中科技大学等专利拥有量超过1000件的高校处于第二梯队;哈尔滨工业大学、武汉大学等低于1000件的高校处于第三梯队。在授权专利维持率上,排名前三位的高校分别为天津大学(95.6%)、清华大学(91.1%)与华中科技大学(87.9%),十所高校的授权专利维持率均值为84.8%,其中有七所高校的授权专利维持率超过80%。

第七节 信息技术管理方法领域

信息技术管理方法领域专门适用于行政、商业、金融、管理、监督或预测目的的数据处理系统或方法,以及其他类目不包含的专门适用于行政、商业、金融、管理、监督或预测目的的处理系统或方法。本领域对应的IPC分类号范围为:G06Q+。

基于领域内的专利申请量进行排序,信息技术管理方法领域内62所国内外高校专利技术创新力参数,如表6-7所示。

表6-7 62所国内外高校在信息技术管理方法领域的专利技术创新力参数

序号	高校名称	申请量/件	授权量/件	拥有量/件	授权率/%	授权专利维持率/%
1	东南大学	1026	225	216	21.9	96.0
2	清华大学	903	276	268	30.6	97.1
3	浙江大学	722	191	174	26.5	91.1
4	天津大学	625	108	100	17.3	92.6
5	华南理工大学	596	156	133	26.2	85.3
6	武汉大学	557	147	128	26.4	87.1
7	北京航空航天大学	487	154	136	31.6	88.3
8	华中科技大学	477	139	129	29.1	92.8
9	重庆大学	448	102	90	22.8	88.2
10	上海交通大学	433	74	69	17.1	93.2
11	同济大学	377	59	51	15.6	86.4
12	东北大学	323	90	84	27.9	93.3

续表

序号	高校名称	申请量/件	授权量/件	拥有量/件	授权率/%	授权专利维持率/%
13	电子科技大学	317	63	51	19.9	81.0
14	大连理工大学	315	95	92	30.2	96.8
15	西安交通大学	304	114	108	37.5	94.7
16	中山大学	297	35	33	11.8	94.3
17	山东大学	290	98	84	33.8	85.7
18	中南大学	287	65	61	22.6	93.8
19	中国农业大学	272	62	56	22.8	90.3
20	四川大学	244	56	50	23.0	89.3
21	哈尔滨工业大学	241	62	60	25.7	96.8
22	北京理工大学	219	54	40	24.7	74.1
23	北京师范大学	206	42	33	20.4	78.6
24	西北工业大学	169	38	33	22.5	86.8
25	南京大学	168	32	25	19.0	78.1
26	湖南大学	168	23	18	13.7	78.3
27	吉林大学	146	25	20	17.1	80.0
28	国防科技大学	131	54	53	41.2	98.1
29	复旦大学	130	17	15	13.1	88.2
30	北京大学	127	26	26	20.5	100.0
31	中国科学技术大学	100	24	23	24.0	95.8
32	华东师范大学	75	14	12	18.7	85.7
33	厦门大学	69	17	17	24.6	100.0
34	郑州大学	68	10	4	14.7	40.0
35	云南大学	50	13	11	26.0	84.6
36	麻省理工学院	50	17	17	34.0	100.0
37	斯坦福大学	46	16	15	34.8	93.8
38	东京大学	42	9	9	21.4	100.0
39	西北农林科技大学	35	10	5	28.6	50.0

续　表

序号	高校名称	申请量/件	授权量/件	拥有量/件	授权率/%	授权专利维持率/%
40	中国海洋大学	35	5	5	14.3	100.0
41	哈佛大学	30	4	4	13.3	100.0
42	哥伦比亚大学	28	6	6	21.4	100.0
43	纽约大学	26	4	4	15.4	100.0
44	兰州大学	24	2	2	8.3	100.0
45	约翰斯·霍普金斯大学	23	3	3	13.0	100.0
46	密歇根大学	23	4	4	17.4	100.0
47	新疆大学	22	3	2	13.6	66.7
48	康奈尔大学	21	4	4	19.0	100.0
49	南开大学	19	2	2	10.5	100.0
50	中国人民大学	19	2	2	10.5	100.0
51	华盛顿大学	16	7	6	43.8	85.7
52	新加坡国立大学	16	1	1	6.3	100.0
53	宾夕法尼亚大学	12	1	1	8.3	100.0
54	加州理工学院	8	5	5	62.5	100.0
55	芝加哥大学	8	3	3	37.5	100.0
56	耶鲁大学	6	3	3	50.0	100.0
57	普林斯顿大学	6	3	3	50.0	100.0
58	牛津大学	4	0	0	/	/
59	中央民族大学	3	0	0	/	/
60	杜克大学	2	0	0	/	/
61	不列颠哥伦比亚大学	1	0	0	/	/
62	昆士兰大学	0	0	0	/	/

一、专利的申请、授权与维持分析

图 6-26 从专利申请量、授权量和授权率三个角度综合比较国内外 62 所高校在信息技术管理方法领域的情况。在专利申请量方面，国内"双一流"

建设高校的专利申请量的均值为 274.4 件,国外对比高校的平均申请量为 18.4 件,国内外高校在申请量上有一定差距。国内排第一的东南大学专利申请量为 1026 件,是国外排名首位高校(麻省理工学院)的 20.5 倍,且国内 42 所"双一流"建设高校中的 34 所高校在该领域的申请量高于麻省理工学院。C9 高校的平均申请量为 347.6 件,远高于国外对比高校,其中排名末位的中国科学技术大学申请量为 100 件,是麻省理工学院的两倍。

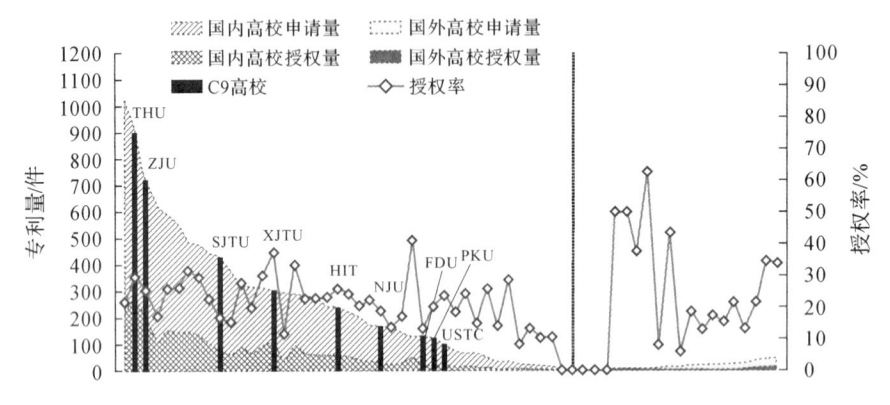

图 6-26　信息技术管理方法领域专利申请量、授权量和授权率

在专利授权量方面,C9 高校的均值为 90.7 件,国内 42 所"双一流"建设高校的均值为 66.3 件,国外高校仅为 4.5 件。清华大学以 276 件专利拥有量超过东南大学(225 件),位居第一,国外排名首位的依然为麻省理工学院,其专利授权量为 17 件。国内 42 所"双一流"建设高校中的 32 所在该领域的授权量高于麻省理工学院。

在专利授权率方面,C9 高校在该领域的平均授权率为 23.8%,国内 42 所"双一流"建设高校的平均授权率为 23.6%,国外 20 所高校的平均授权率为 21.6%。该领域除加州理工学院(62.5%)外,其余高校授权率均低于 50%,其中部分原因在于,信息技术管理方法领域很大一部分技术处于专利申请阶段,未获得授权,这表明领域发展态势较好,是潜在的技术发展新方向。

如图 6-27 所示,在信息技术管理方法领域的专利拥有量方面,C9 高校的均值为 85.3 件,国内 42 所"双一流"建设高校的均值为 60.0 件,国外 20 所对比高校的均值仅为 4.4 件。该领域的专利很大一部分处于申请中,未获得授权,因此国内外高校的专利拥有量相对较少,国内 42 所"双一流"建设高校中有 9 所超过 100 件,8 所高校不足 10 件,其余 25 所在 10—100 件；国外高校仅斯坦福大学(15 件)、麻省理工学院(17 件)申请量为两位数,其余高校均不满 10 件。

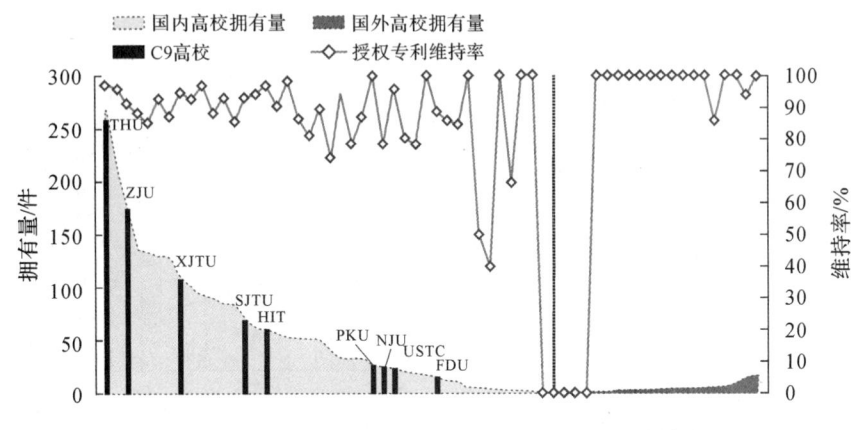

图 6-27　信息技术管理方法领域专利拥有量和维持率

在专利维持方面,该领域专利维持率 100% 的高校有 20 所,其中 14 所高校为国外对比高校,6 所为国内"双一流"建设高校。20 所国外高校中,除华盛顿大学(85.7%)外,其余高校的维持率均超过 90%,授权专利维持率均值达到了 98.7%。国内授权专利维持率在 90% 以上的高校有 21 所,在 80% 以上的有 34 所,授权专利维持率均值为 87.8%。另外,郑州大学的授权专利维持率最低,仅为 40.0%。

二、专利申请量排名前十高校分析

信息技术管理方法领域专利申请量排名前十的高校如图 6-28 所示。领域内排名前十的高校全部来自国内,其中三所来自 C9 高校。在专利申请量上,十所高校专利申请量之和为 62 所高校专利申请总量的 52.8%,申请量的均值为 627.4 件。在专利授权率上,北京航空航天大学的授权率最高,为 31.6%,上海交通大学的专利授权率最低,为 17.1%,十所高校中仅有两所高校的专利授权率在 30% 以上。

图 6-29 是信息技术管理方法领域专利申请量排名前十高校的专利拥有量与专利维持情况。十所高校的平均专利拥有量为 144.3 件,大体形成三个梯队,清华大学与东南大学是仅有的两所专利拥有量超过 200 件的高校,处于第一梯队；华南理工大学、浙江大学等专利拥有量超过 1000 件的高校

处于第二梯队；重庆大学、上海交通大学均不足100件，处于第三梯队。在授权专利维持率上，排名前三位的高校分别为清华大学、东南大学与上海交通大学。十所高校的授权专利维持率均超过80%，六所高校在90%以上，其中清华大学最高，为97.1%。

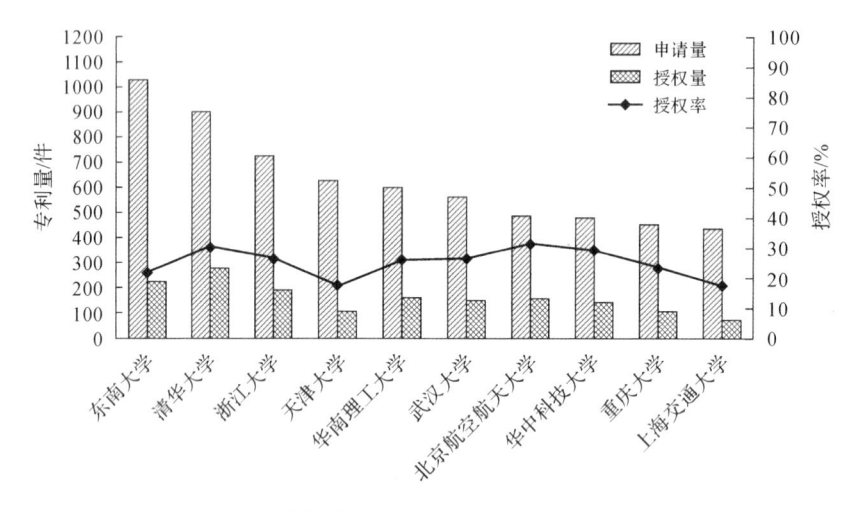

图 6-28 信息技术管理方法领域专利申请量排名前十高校

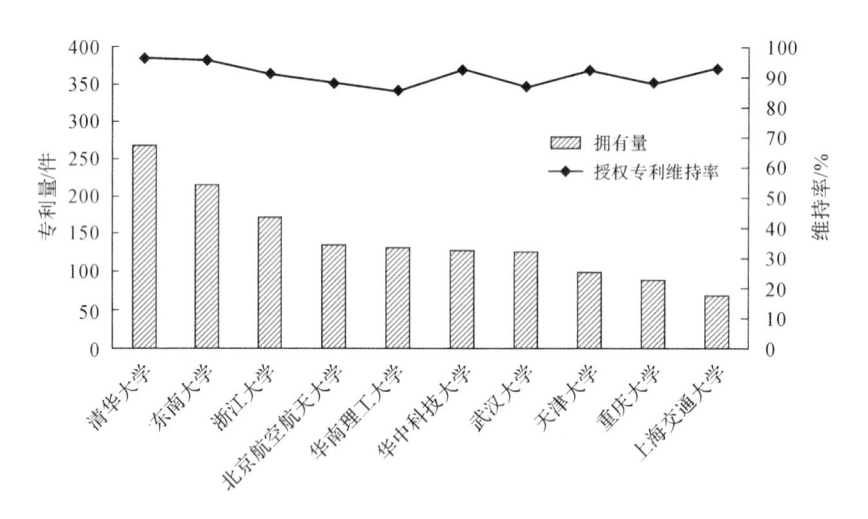

图 6-29 信息技术管理方法领域专利申请量排名前十高校的专利拥有量和维持率

第八节 半导体领域

半导体领域包括半导体及其生产方法,以及集成电路或光伏元件、微观结构技术(B81)。本领域对应的IPC分类号范围为:H01L+。

基于领域内的专利申请量进行排序,62所国内外高校在半导体领域的专利技术创新力参数,如表6-8所示。

表6-8 62所国内外高校在半导体领域的专利技术创新力参数

序号	高校名称	申请量/件	授权量/件	拥有量/件	授权率/%	授权专利维持率/%
1	清华大学	2077	1360	1227	65.50	90.20
2	电子科技大学	1776	880	622	49.50	70.70
3	华南理工大学	1391	647	551	46.50	85.20
4	北京大学	1224	606	508	49.50	83.80
5	华中科技大学	732	413	322	56.40	78.00
6	复旦大学	730	301	164	41.20	54.50
7	密歇根大学	667	225	207	33.70	92.00
8	麻省理工学院	663	277	262	41.80	94.60
9	浙江大学	643	363	247	56.50	68.00
10	东南大学	526	323	232	61.40	71.80
11	中山大学	444	222	182	50.00	82.00
12	南京大学	373	175	135	46.90	77.10
13	天津大学	364	135	108	37.10	80.00
14	西安交通大学	343	213	186	62.10	87.30
15	上海交通大学	310	159	114	51.30	71.70
16	吉林大学	296	168	120	56.80	71.40
17	加州理工学院	291	133	129	45.70	97.00
18	哈尔滨工业大学	266	136	102	51.10	75.00
19	牛津大学	242	82	79	33.90	96.30

续 表

序号	高校名称	申请量/件	授权量/件	拥有量/件	授权率/%	授权专利维持率/%
20	厦门大学	226	135	121	59.70	89.60
21	东京大学	224	72	61	32.10	84.70
22	斯坦福大学	221	114	90	51.60	78.90
23	大连理工大学	181	98	79	54.10	80.60
24	哈佛大学	177	75	66	42.40	88.00
25	中南大学	173	113	85	65.30	75.20
26	山东大学	171	95	55	55.60	57.90
27	武汉大学	165	96	77	58.20	80.20
28	中国科学技术大学	162	85	72	52.50	84.70
29	康奈尔大学	158	65	64	41.10	98.50
30	新加坡国立大学	157	51	42	32.50	82.40
31	南开大学	155	72	44	46.50	61.10
32	普林斯顿大学	155	63	42	40.60	66.70
33	耶鲁大学	131	32	32	24.40	100.00
34	重庆大学	130	70	39	53.80	55.70
35	华东师范大学	126	59	45	46.80	76.30
36	芝加哥大学	121	55	34	45.50	61.80
37	北京航空航天大学	118	65	55	55.10	84.60
38	同济大学	114	71	39	62.30	54.90
39	芝加哥大学	108	62	60	57.40	96.80
40	四川大学	103	59	34	57.30	57.60
41	北京理工大学	83	38	22	45.80	57.90
42	华盛顿大学	83	37	24	44.60	64.50
43	兰州大学	82	40	21	48.80	52.50
44	湖南大学	73	43	33	58.90	76.70
45	西北工业大学	71	34	23	47.90	67.60
46	宾夕法尼亚大学	65	26	25	40.00	96.20

续 表

序号	高校名称	申请量/件	授权量/件	拥有量/件	授权率/%	授权专利维持率/%
47	云南大学	58	27	18	46.60	66.70
48	郑州大学	54	29	19	53.70	65.50
49	北京师范大学	47	25	21	53.20	84.00
50	约翰斯·霍普金斯大学	44	20	20	45.50	100.00
51	东北大学	33	17	10	51.50	58.80
52	不列颠哥伦比亚大学	33	16	16	48.50	100.00
53	国防科技大学	29	21	21	72.40	100.00
54	中国人民大学	22	12	12	54.50	100.00
55	杜克大学	16	6	5	37.50	83.30
56	中国海洋大学	11	5	0	45.50	/
57	昆士兰大学	8	1	1	12.50	100.00
58	新疆大学	4	1	1	25.00	100.00
59	中国农业大学	2	1	0	50.00	/
60	西北农林科技大学	1	1	0	100.00	/
61	中央民族大学	0	0	0	/	/
62	纽约大学	0	0	0	/	/

一、专利的申请、授权与维持分析

图 6-30 从专利申请量、授权量和授权率三个角度综合比较国内外 62 所高校在半导体领域的情况。在专利申请量方面，国内排名第一的清华大学为 2077 件，占该校近十年专利申请总量的 6.2%，是国外排名首位高校（密歇根大学）的 3.1 倍。密歇根大学半导体领域的专利申请量为 667 件，占该校近十年专利申请总量的 15.3%，可见密歇根大学非常重视在半导体领域的技术研究。国内 42 所"双一流"建设高校中六所高校在该领域的申请量高于密歇根大学。

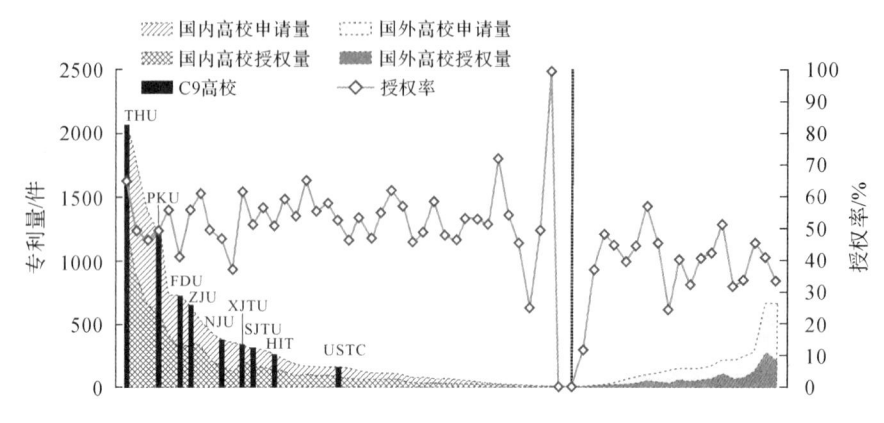

图 6-30　半导体领域专利申请量、授权量和授权率

在专利授权量方面,清华大学排名第一,其授权量为 1360 件,是排名第二的电子科技大学(880 件)的 1.5 倍,也是国内高校中仅有的一所专利授权量超过 1000 件的高校。国外对标高校中,麻省理工学院超过密歇根大学,跃居国外高校首位,其授权量为 277 件,国内 42 所"双一流"建设高校中八所高校在该领域的授权量高于麻省理工学院。

在专利授权率方面,C9 高校在该领域的平均授权率为 53.0%,国内 42 所"双一流"建设高校的平均授权率为 53.7%,国外 20 所高校的平均授权率为 39.5%。国内高校中授权率高于 60% 的有七所,14 所高校低于 50%;20 所国外对比高校的授权率均低于 60%,且七所高校的授权率低于 40%。

如图 6-31 所示,在半导体领域的专利拥有量方面,国内 42 所"双一流"建设高校专利拥有量的均值为 137.3 件,国外对比高校的均值为 63.0 件,C9 高校的均值为 306.1 件,C9 高校整体相比于国内外其他高校在半导体领域的专利创新力上具有较大优势。清华大学是 62 所国内外高校中唯一一所专利拥有量超过 1000 件的高校,专利拥有量为 1227 件,是国外排名首位高校麻省理工学院(262 件)的 4.7 倍。国外高校中除麻省理工学院外,专利拥有量超过 100 件的还有密歇根大学、加州理工大学以及斯坦福大学。国内高校中除清华大学外,还有包括电子科技大学、华南理工大学等在内的 15 所高校专利拥有量超过 100 件。

在专利维持方面,国外 20 所高校中有 11 所高校的授权专利维持率超过 90%,授权专利维持率均值为 88.5%,其中耶鲁大学、约翰斯·霍普金斯

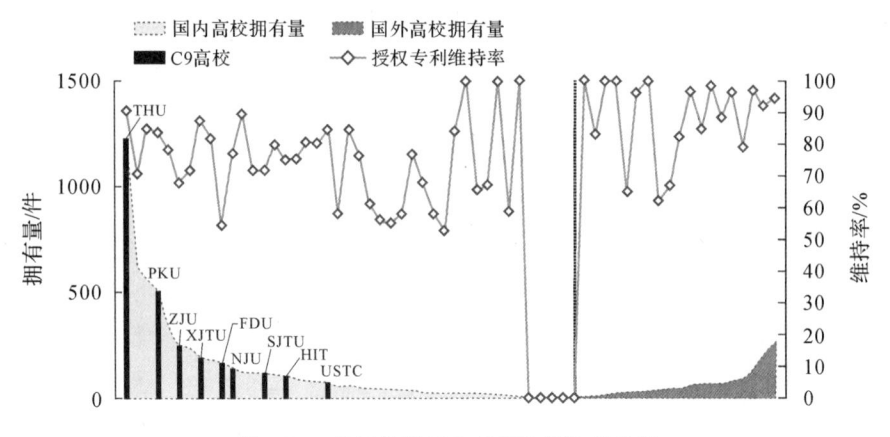

图 6-31 半导体领域专利拥有量和维持率

大学等四所高校达到了 100%,另外,包括华盛顿大学(64.9%)、哥伦比亚大学(61.8%)等在内的四所高校低于 80%。国内 42 所"双一流"建设高校中,授权专利维持率高于 90% 的仅有四所,高于 80% 的有 15 所,授权专利维持率均值为 68.1%。值得一提的是,清华大学不仅在专利申请量上具有很大优势,在授权专利维持率上也达到了 90.2%。

二、专利申请量排名前十高校分析

半导体领域专利申请量排名前十的高校如图 6-32 所示。半导体领域排名前十的高校中,八所来自国内,其中 C9 高校占据四个席位;两所来自国外,分别为密歇根大学(第七位)与麻省理工学院(第八位),可见密歇根大学与麻省理工学院在半导体领域专利技术创新力实力较强,布局了较多的专利。在专利申请量上,十所高校专利申请量之和为 62 所高校专利申请总量的 59.8%。在专利授权率上,清华大学最高,为 64.4%,密歇根大学最低,为 33.7%,十所高校中仅两所高校的专利授权率在 60% 以上。

图 6-33 是半导体领域专利申请量排名前十高校的专利拥有量与专利维持情况。十所高校的平均专利拥有量为 434.2 件,大体形成三个梯队,清华大学以 1227 件专利远远领先于其他高校,是排名第十位的天津大学的 7.5 倍,处于第一梯队;电子科技大学、华南理工大学、北京大学三所专利拥有量超过 300 件的高校处于第二梯队;包括华中科技大学、麻省理工学院等在内

的六所专利拥有量低于 500 件的高校处于第三梯队。在授权专利维持率上,麻省理工学院的维持率最高,为 94.6%,紧随其后的是密歇根大学,为 92.0%,八所国内高校除浙江大学(68.0%)、复旦大学(54.5%)外,其余高校分布在 70%—91%。

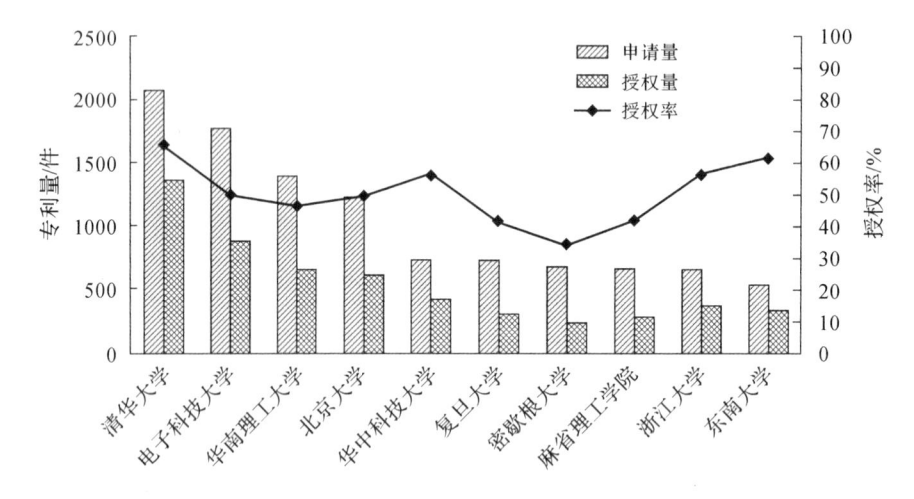

图 6-32 半导体领域专利申请量排名前十高校

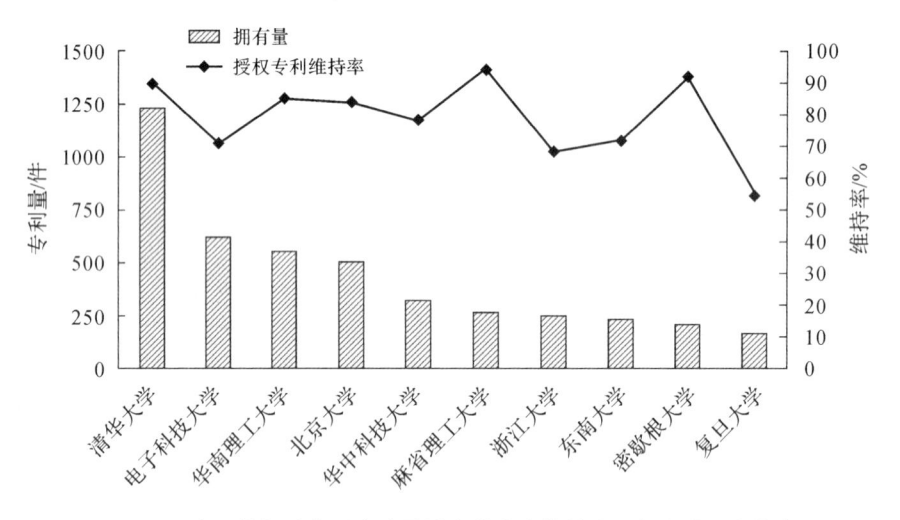

图 6-33 半导体领域专利申请量排名前十高校的专利拥有量和维持率

第七章 仪器工程技术部

仪器工程技术部包含五个子领域,分别是:测量、医疗技术、控制、生物材料分析以及光学器件。五个子领域的专利申请与授权情况如图7-1所示,其中测量领域的专利申请量最大,62所高校在测量领域的专利申请量多达94803件,光学器件领域的专利申请量最小,共计12939件。在专利授权率与授权专利维持率上,控制领域授权率最高,达到59.6%,但授权专利维持率最低,仅有71.0%;生物材料分析领域授权率最低,仅有40.5%,但授权专利维持率最高,达到82.4%。测量、医疗技术及光学器件领域的专利授权率和授权专利维持率分别在51%—59%和74%—80%。

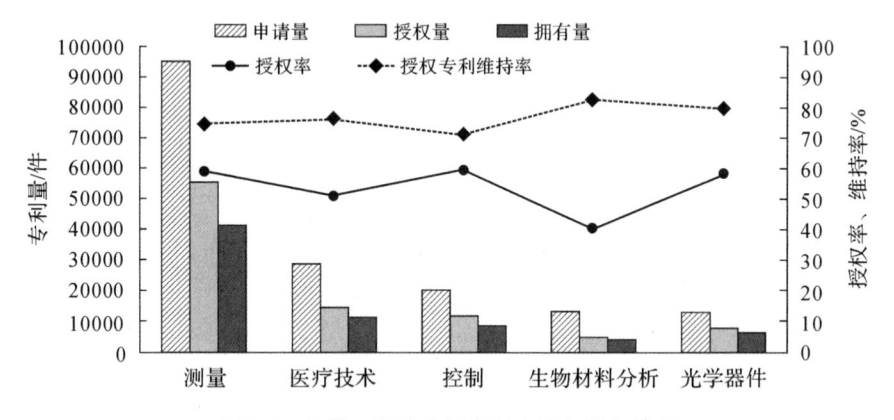

图 7-1 仪器工程技术部专利申请与授权情况

第一节 光学器件领域

光学器件领域包括传统光学元件和仪器的各个部分,也包括激光光源。该领域对应的IPC分类号范围为:G02B+;G02C+;G02F+;G03B+;G03C+;G03D+;G03F+;G03G+;G03H+;H01S+。

基于领域内的专利申请量进行排序,光学器件领域内62所国内外高校专利技术创新力参数,如表7-1所示。

表7-1 光学器件领域内62所国内外高校专利技术创新力参数

序号	学校	申请量/件	授权量/件	拥有量/件	授权率/%	授权专利维持率/%
1	清华大学	909	601	532	66.10	88.50
2	华中科技大学	855	579	436	67.70	75.30
3	浙江大学	830	561	372	67.60	66.30
4	哈尔滨工业大学	681	404	349	59.30	86.40
5	电子科技大学	593	331	236	55.80	71.30
6	北京理工大学	508	322	270	63.40	83.90
7	麻省理工学院	492	240	228	48.80	95.00
8	东南大学	437	288	200	65.90	69.40
9	上海交通大学	405	229	161	56.50	70.30
10	天津大学	378	209	180	55.30	86.10
11	中国科学技术大学	366	228	190	62.30	83.30
12	北京大学	360	223	187	61.90	83.90
13	加州理工学院	341	163	157	47.80	96.30
14	北京航空航天大学	335	199	162	59.40	81.40
15	华南理工大学	313	167	130	53.40	77.80
16	山东大学	298	165	110	55.40	66.70
17	四川大学	273	158	105	57.90	66.50
18	国防科技大学	271	158	155	58.30	98.10

续 表

序号	学校	申请量/件	授权量/件	拥有量/件	授权率/%	授权专利维持率/%
19	南京大学	263	157	133	59.70	84.70
20	吉林大学	243	171	114	70.40	66.70
21	斯坦福大学	226	135	124	59.70	91.90
22	哈佛大学	207	60	59	29.00	98.30
23	中山大学	204	99	84	48.50	84.80
24	西安交通大学	192	141	121	73.40	85.80
25	厦门大学	172	104	81	60.50	77.90
26	东京大学	172	59	54	34.30	91.50
27	南开大学	157	93	65	59.20	69.90
28	复旦大学	153	77	56	50.30	72.70
29	武汉大学	151	96	70	63.60	72.90
30	哥伦比亚大学	145	39	30	26.90	76.90
31	同济大学	138	89	68	64.50	76.40
32	重庆大学	132	85	61	64.40	71.80
33	大连理工大学	131	62	43	47.30	69.40
34	西北工业大学	129	82	33	63.60	40.20
35	牛津大学	129	33	33	25.60	100.00
36	康奈尔大学	127	68	68	53.50	100.00
37	密西根大学	122	40	38	32.80	95.00
38	华东师范大学	117	70	42	59.80	60.00
39	新加坡国立大学	109	39	31	35.80	79.50
40	华盛顿大学	92	49	39	53.30	79.60
41	中南大学	84	67	58	79.80	86.60
42	普林斯顿大学	75	38	38	50.70	100.00
43	东北大学	55	27	21	49.10	77.80
44	约翰斯·霍普金斯大学	55	30	30	54.50	100.00
45	杜克大学	54	30	30	55.60	100.00

续 表

序号	学校	申请量/件	授权量/件	拥有量/件	授权率/%	授权专利维持率/%
46	湖南大学	51	24	13	47.10	54.20
47	纽约大学	48	26	26	54.20	100.00
48	郑州大学	41	26	17	63.40	65.40
49	北京师范大学	36	21	14	58.30	66.70
50	兰州大学	36	29	25	80.60	86.20
51	昆士兰大学	34	8	5	23.50	62.50
52	芝加哥大学	33	16	16	48.50	100.00
53	云南大学	31	21	18	67.70	85.70
54	耶鲁大学	30	11	11	36.70	100.00
55	不列颠哥伦比亚大学	24	8	8	33.30	100.00
56	中国海洋大学	23	17	11	73.90	64.70
57	中央民族大学	19	14	9	73.70	64.30
58	西北农林科技大学	19	12	8	63.20	66.70
59	中国农业大学	13	8	4	61.50	50.00
60	宾夕法尼亚大学	12	6	6	50.00	100.00
61	新疆大学	9	4	3	44.40	75.00
62	中国人民大学	1	0	0	0.00	0.00

一、专利的申请、授权与维持分析

图 7-2 从专利申请量、授权量和授权率三个角度综合比较国内外 62 所高校在光学器件领域的情况。在专利申请量上，清华大学以 909 件排名首位，华中科技大学以 855 件，浙江大学以 830 件紧随其后。国外高校中麻省理工学院的专利申请量最大，共计 492 件。国内 42 所"双一流"建设高校中六所高校在该领域的授权量高于麻省理工学院。

在专利授权量方面，由于国内高校申请基数较大，且国内高校在该领域的授权率普遍较国外高校更高，因此优势更加凸显。清华大学仍排第一位，授权量为 601 件。华中科技大学以 579 件，浙江大学以 561 件紧随其后。国外排名首位的依然为麻省理工学院，授权量为 240 件。国内 42 所"双一流"

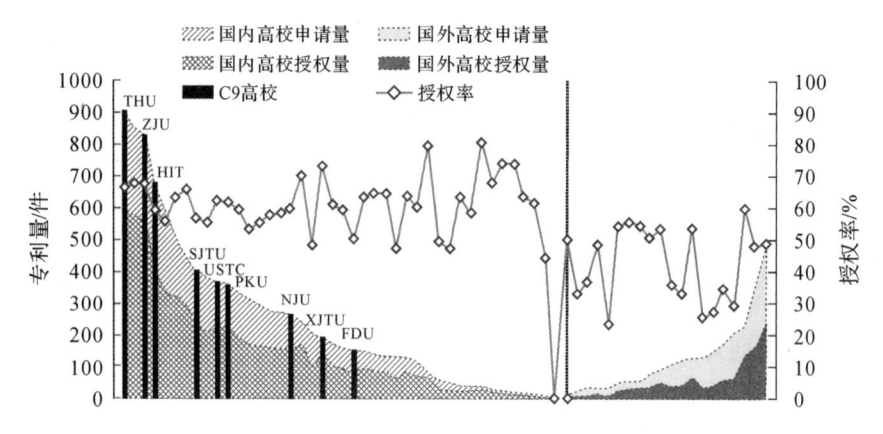

图 7-2 光学器件领域专利申请量、授权量和授权率

建设高校中的八所高校在该领域的授权量高于麻省理工学院。

在专利授权率方面,国内高校在该领域的授权率普遍高于国外高校。国内 42 所"双一流"建设高校的平均授权率为 59.9%,国外 20 所高校的平均授权率为 42.7%。国内高校中,兰州大学的授权率最高,达到 80.6%,是国外授权率最高的斯坦福大学(59.7%)的 1.4 倍。

如图 7-3 所示,在光学器件领域的专利拥有量方面,清华大学以 532 件专利拥有量位居第一,是国外排名首位高校麻省理工学院(228 件)的 2.33 倍。国内 42 所"双一流"建设高校中有六所高校在该领域的拥有量高于麻省理工学院。

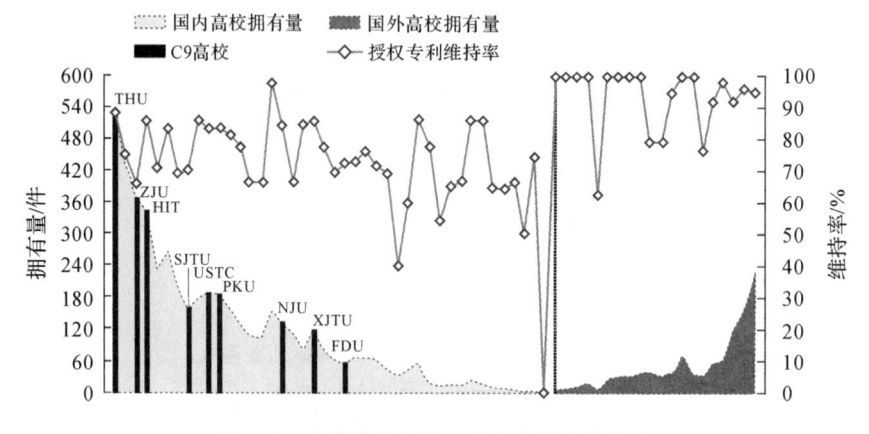

图 7-3 光学器件领域专利拥有量和维持率

在专利维持方面,国外高校授权专利维持率普遍高于国内高校。20 所

国外高校中,除昆士兰大学、哥伦比亚大学、新加坡国立大学和华盛顿大学外,其余高校的维持率均超过90%,授权专利维持率均值为93.3%,其中牛津大学、康奈尔大学等十所高校维持率达到了100%。国内42所"双一流"建设高校中授权专利维持率在80%以上的高校为14所,授权专利维持率均值为73.9%,仅国防科技大学的维持率在90%以上,为98.1%。湖南大学、中国农业大学、西北工业大学的授权专利维持率不足60%。

二、专利申请量排名前十高校分析

图7-4是光学器件领域专利申请量排名前十的高校。该领域专利申请量排名前十的高校中,九所高校来自国内,其中C9高校占据四个席位;一所高校来自国外,为麻省理工学院,排名第七。这十所高校专利申请量之和为62所高校专利申请总量的47%。可见该领域研究技术创新集中度较高,且国内高校技术优势明显。在专利授权率上,华中科技大学的授权率最高,为67.7%,麻省理工学院的授权率最低,为48.8%,九所国内高校的专利授权率分布在55%—68%。

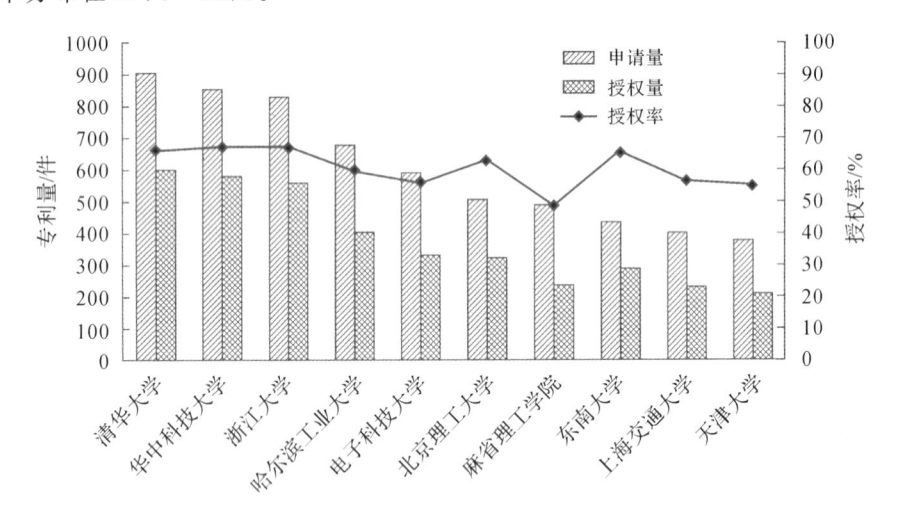

图7-4 光学器件领域专利申请量排名前十高校

图7-5是光学器件领域专利申请量排名前十高校的专利拥有量和专利维持情况。在专利拥有量上,清华大学、华中科技大学、浙江大学和哈尔滨工业大学的拥有量高于300件,电子科技大学、北京理工大学、麻省理工

院和东南大学的拥有量为 200 多件,上海交通大学和天津大学的拥有量少于 200 件。在授权专利维持率上,麻省理工学院的维持率最高,为 95%,九所国内高校均低于 90%,仅四所高校维持率高于 80%。

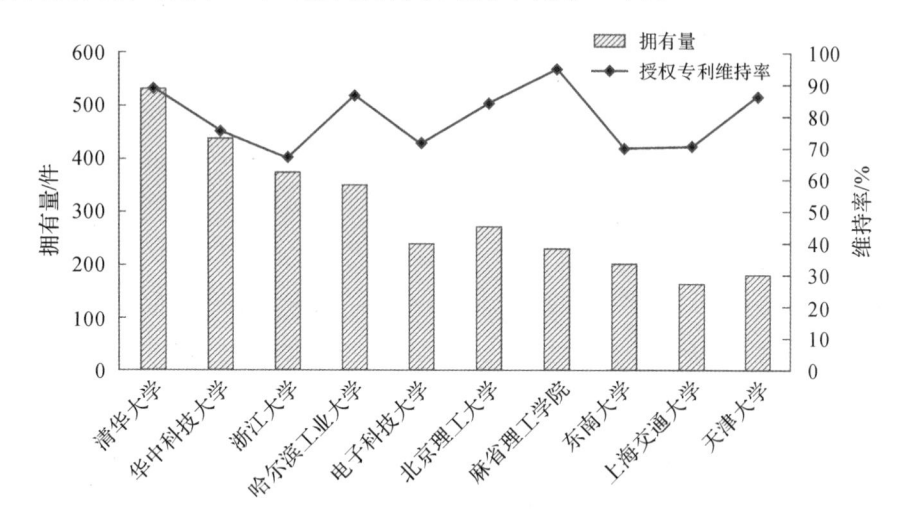

图 7-5 光学器件领域专利申请量排名前十高校的专利拥有量和维持率

第二节 测量领域

测量领域涵盖了各种不同的技术方向和应用领域,可以用来区分特殊的子领域,比如测量机械特性(长度、振荡、速度等),通常这些子领域比较小。该领域对应的 IPC 分类号范围为:G01B+;G01C+;G01D+;G01F+;G01G+;G01H+;G01J+;G01K+;G01L+;G01M+;G01N1+;G01N3+;G01N5+;G01N7+;G01N9+;G01N11+;G01N13+;G01N15+;G01N17+;G01N19+;G01N21+;G01N22+;G01N23+;G01N24+;G01N25+;G01N27+;G01N29+;G01N30+;G01N31+;G01N35+;G01N37+;G01P+;G01Q+;G01R+;G01S+;G01V+;G01W+;G04B+;G04C+;G04D+;G04F+;G04G+;G04R+;G12B+;G99Z+。

基于领域内的专利申请量进行排序,62 所国内外高校在测量领域的专利技术创新力参数,如表 7-2 所示。

表 7-2 62所国内外高校在测量领域的专利技术创新力参数

序号	学校	申请量/件	授权量/件	拥有量/件	授权率/%	授权专利维持率/%
1	浙江大学	6402	4247	2966	66.30	69.80
2	清华大学	6327	3879	3369	61.30	86.90
3	东南大学	4862	2631	1697	54.10	64.50
4	吉林大学	4685	3073	1751	65.60	57.00
5	天津大学	4663	2130	1748	45.70	82.10
6	哈尔滨工业大学	4220	2414	2030	57.20	84.10
7	北京航空航天大学	3708	2543	1860	68.60	73.10
8	西安交通大学	3509	2356	1874	67.10	79.50
9	华南理工大学	3080	1820	1309	59.10	71.90
10	电子科技大学	3068	1774	1358	57.80	76.60
11	上海交通大学	3056	1735	1384	56.80	79.80
12	华中科技大学	2896	1966	1598	67.90	81.30
13	山东大学	2732	1802	1180	66.00	65.50
14	重庆大学	2703	1647	1160	60.90	70.40
15	大连理工大学	2668	1582	1270	59.30	80.30
16	北京理工大学	2552	1537	1060	60.20	69.00
17	武汉大学	2545	1702	1176	66.90	69.10
18	同济大学	2080	1174	809	56.40	68.90
19	西北工业大学	1999	1158	714	57.90	61.70
20	中南大学	1987	1215	889	61.10	73.20
21	四川大学	1631	1005	673	61.60	67.00
22	东北大学	1358	731	592	53.80	81.00
23	中国农业大学	1317	815	563	61.90	69.10
24	厦门大学	1271	791	632	62.20	79.90
25	中国科学技术大学	1210	771	674	63.70	87.40
26	北京大学	1195	674	497	56.40	73.70
27	南京大学	1154	613	441	53.10	71.90

续 表

序号	学校	申请量/件	授权量/件	拥有量/件	授权率/%	授权专利维持率/%
28	国防科技大学	1132	669	632	59.10	94.50
29	麻省理工学院	1027	450	434	43.80	96.40
30	中山大学	975	475	399	48.70	84.00
31	复旦大学	934	407	275	43.60	67.60
32	中国海洋大学	905	533	370	58.90	69.40
33	郑州大学	889	601	354	67.60	58.90
34	西北农林科技大学	815	390	154	47.90	39.50
35	湖南大学	667	436	291	65.40	66.70
36	东京大学	646	206	192	31.90	93.20
37	兰州大学	640	424	232	66.30	54.70
38	加州理工学院	618	302	288	48.90	95.40
39	北京师范大学	609	426	264	70.00	62.00
40	斯坦福大学	605	325	300	53.70	92.30
41	华东师范大学	550	273	181	49.60	66.30
42	哈佛大学	544	208	200	38.20	96.20
43	南开大学	438	193	131	44.10	67.90
44	牛津大学	425	130	124	30.60	95.40
45	密歇根大学	407	148	146	36.40	98.60
46	约翰斯·霍普金斯大学	367	170	164	46.30	96.50
47	华盛顿大学	317	136	121	42.90	89.00
48	哥伦比亚大学	302	131	98	43.40	74.80
49	康奈尔大学	261	97	90	37.20	92.80
50	杜克大学	258	109	101	42.20	92.70
51	新加坡国立大学	245	54	51	22.00	94.40
52	云南大学	211	97	60	46.00	61.90
53	新疆大学	188	99	62	52.70	62.60
54	纽约大学	166	79	79	47.60	100.00

续 表

序号	学校	申请量/件	授权量/件	拥有量/件	授权率/%	授权专利维持率/%
55	普林斯顿大学	151	68	67	45.00	98.50
56	宾夕法尼亚大学	126	44	43	34.90	97.70
57	芝加哥大学	116	72	67	62.10	93.10
58	不列颠哥伦比亚大学	115	36	35	31.30	97.20
59	耶鲁大学	99	39	39	39.40	100.00
60	昆士兰大学	90	22	20	24.40	90.90
61	中央民族大学	47	15	13	31.90	86.70
62	中国人民大学	40	21	19	52.50	90.50

一、专利的申请、授权与维持分析

图 7-6 从专利申请量、授权量和授权率三个角度综合比较国内外 62 所高校在测量领域的情况。在专利申请量上，国内高校相比于国外高校优势明显，其中浙江大学专利申请量位居榜首，为 6402 件。C9 高校中除复旦大学外，申请量都高于国外排名首位的麻省理工学院（1027 件）。

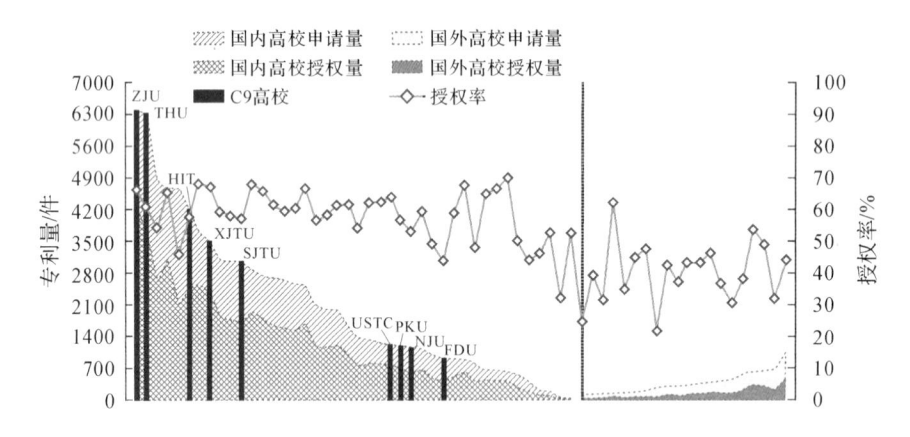

图 7-6 测量领域专利申请量、授权量和授权率

在专利授权量上，由于国内高校申请基数较大，且国内高校在该领域的授权率普遍高于国外高校，因此优势更加凸显。在专利的授权量上，浙江大学依然位居榜首，为 4247 件。C9 高校中除复旦大学外，授权量都高于国外排名首位高校麻省理工学院的 450 件。

在专利授权率方面，国内高校在该领域的授权率普遍高于国外高校。国内42所"双一流"建设高校的平均授权率为58.0%，国外20所高校的平均授权率为40.1%。国内高校中北京师范大学的授权率居首位，达到70.0%，是国外授权率最高的芝加哥大学（62.1%）的1.1倍，两者相距不大。

如图7-7所示，在测量领域的专利拥有量方面，清华大学最高，为3369件，而申请量和授权量都排名第一的浙江大学的拥有量为2966件，位居第二。C9高校中除复旦大学外，拥有量都高于国外排名首位高校的麻省理工学院的434件。

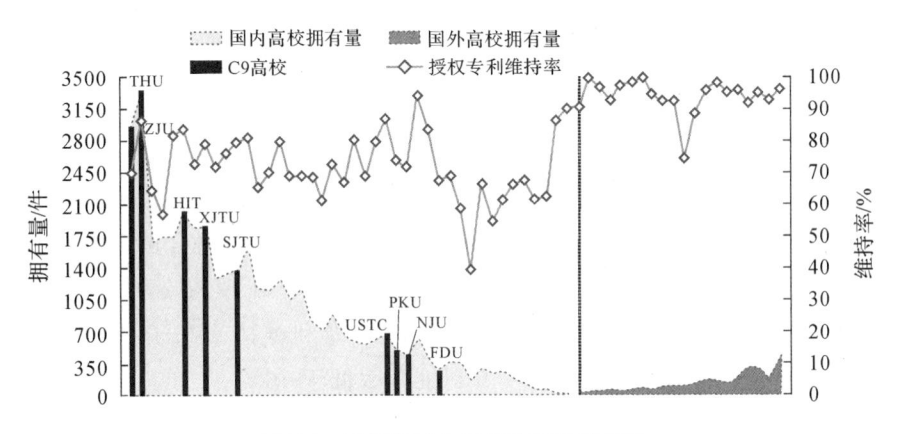

图7-7 测量领域专利拥有量和维持率

在专利维持方面，国外高校授权专利维持率普遍高于国内高校，20所国外高校授权专利维持率均值为94.3%，除哥伦比亚大学的维持率为74.8%，其余高校的维持率均超过88%。国内42所高校授权专利维持率均值为72.1%，80%以上的高校仅为11所，西北农林科技大学的授权专利维持率不到50%。

二、专利申请量排名前十高校分析

测量领域专利申请量排名前十的高校如图7-8所示。国内高校技术优势明显，测量领域专利申请量排名前十的高校都来自国内，其中C9高校占据四个席位。从申请量和授权量来看，浙江大学最多，清华大学次之，拥有量则相反。而在专利授权率上，北京航空航天大学最高，为68.6%，天津大学最低，为45.7%，十所高校中有五所高校的专利授权率高于60%。在授权专利维持率上，除浙江大学、东南大学、吉林大学外，其余高校均在70%以上。

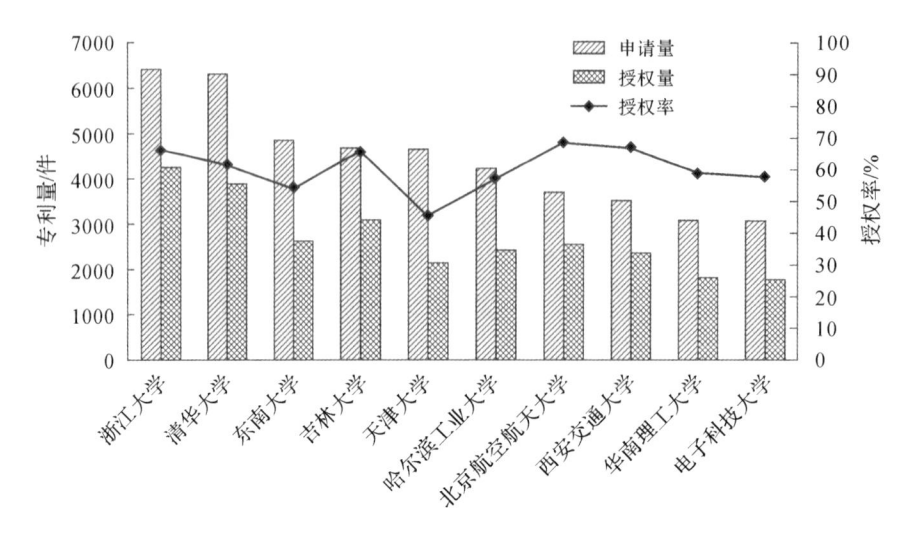

图 7-8 测量领域专利申请量排名前十高校

图 7-9 是测量领域专利申请量排名前十高校的专利拥有量与专利维持情况。从拥有量看，清华大学最多，浙江大学次之。在授权专利维持率上，清华大学、哈尔滨工业大学和天津大学的授权专利维持率高于 80%。浙江大学、东南大学和吉林大学的授权专利维持率低于 70%。

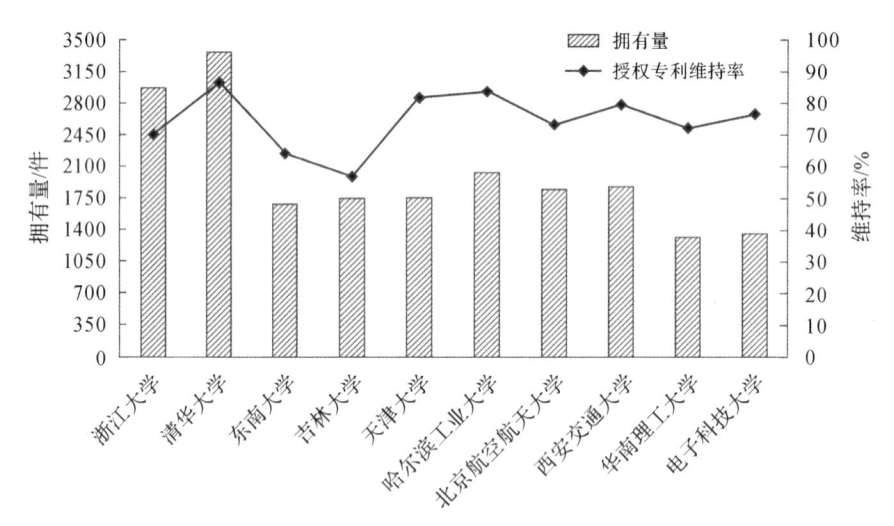

图 7-9 测量领域专利申请量排名前十高校的专利拥有量和维持率

第三节 生物材料分析领域

生物材料分析是仪器工程技术领域内最大的子领域,被定义为一个单独的技术领域,主要指用于医疗目的的血液分析,在多数情况下涉及的是生物技术方法。该领域对应的IPC分类号范围为:G01N33+。

基于领域内的专利申请量进行排序,生物材料分析领域内62所国内外高校专利技术创新力参数,如表7-3所示。

表7-3 生物材料分析领域内62所国内外高校专利技术创新力参数

序号	学校	申请量/件	授权量/件	拥有量/件	授权率/%	授权专利维持率/%
1	斯坦福大学	890	333	306	37.40	91.90
2	哈佛大学	818	237	225	29.00	94.90
3	约翰斯·霍普金斯大学	714	176	164	24.60	93.20
4	麻省理工学院	557	180	172	32.30	95.60
5	浙江大学	513	297	226	57.90	76.10
6	东京大学	467	151	143	32.30	94.70
7	哥伦比亚大学	366	108	79	29.50	73.10
8	密歇根大学	362	129	124	35.60	96.10
9	清华大学	344	181	164	52.60	90.60
10	中国农业大学	343	189	147	55.10	77.80
11	牛津大学	339	94	80	27.70	85.10
12	华盛顿大学	336	136	125	40.50	91.90
13	康奈尔大学	313	125	115	39.90	92.00
14	宾夕法尼亚大学	313	104	96	33.20	92.30
15	加州理工学院	277	97	96	35.00	99.00
16	吉林大学	272	128	91	47.10	71.10
17	杜克大学	254	73	69	28.70	94.50
18	天津大学	251	88	64	35.10	72.70

续表

序号	学校	申请量/件	授权量/件	拥有量/件	授权率/%	授权专利维持率/%
19	上海交通大学	246	100	77	40.70	77.00
20	新加坡国立大学	244	59	43	24.20	72.90
21	东南大学	241	112	74	46.50	66.10
22	纽约大学	241	87	82	36.10	94.30
23	耶鲁大学	240	78	74	32.50	94.90
24	山东大学	237	166	119	70.00	71.70
25	不列颠哥伦比亚大学	211	43	40	20.40	93.00
26	同济大学	207	109	76	52.70	69.70
27	武汉大学	191	131	99	68.60	75.60
28	重庆大学	189	119	75	63.00	63.00
29	复旦大学	185	50	37	27.00	74.00
30	厦门大学	176	97	94	55.10	96.90
31	北京大学	175	75	62	42.90	82.70
32	中山大学	167	80	69	47.90	86.30
33	中南大学	162	97	53	59.90	54.60
34	大连理工大学	157	80	65	51.00	81.30
35	昆士兰大学	143	23	20	16.10	87.00
36	华南理工大学	130	75	53	57.70	70.70
37	西北农林科技大学	127	46	28	36.20	60.90
38	芝加哥大学	127	47	45	37.00	95.70
39	南京大学	126	61	46	48.40	75.40
40	北京师范大学	121	79	52	65.30	65.80
41	四川大学	119	67	52	56.30	77.60
42	哈尔滨工业大学	117	48	43	41.00	89.60
43	郑州大学	107	56	34	52.30	60.70
44	西安交通大学	105	64	47	61.00	73.40
45	中国海洋大学	98	48	36	49.00	75.00

续　表

序号	学校	申请量/件	授权量/件	拥有量/件	授权率/%	授权专利维持率/%
46	华中科技大学	87	52	39	59.80	75.00
47	兰州大学	83	57	32	68.70	56.10
48	中国科学技术大学	73	41	37	56.20	90.20
49	普林斯顿大学	73	25	25	34.20	100.00
50	南开大学	68	14	11	20.60	78.60
51	东北大学	56	25	20	44.60	80.00
52	湖南大学	56	35	30	62.50	85.70
53	北京理工大学	54	36	28	66.70	77.80
54	北京航空航天大学	43	25	20	58.10	80.00
55	西北工业大学	29	14	9	48.30	64.30
56	华东师范大学	28	12	7	42.90	58.30
57	云南大学	27	12	8	44.40	66.70
58	电子科技大学	26	10	6	38.50	60.00
59	新疆大学	16	5	2	31.30	40.00
60	国防科技大学	7	2	2	28.60	100.00
61	中央民族大学	4	1	1	25.00	100.00
62	中国人民大学	2	2	2	100.00	100.00

一、专利的申请、授权与维持分析

图 7-10 从专利申请量、授权量和授权率三个角度综合比较国内外 62 所高校在生物材料分析领域的情况。在专利申请量上，国外高校相比于国内高校优势明显。斯坦福大学是专利申请量最大的高校，共计 890 件，是国内排名首位高校（浙江大学，513 件）的 1.7 倍。

在专利的授权量上，虽然国外高校申请基数较大，但国内高校在该领域的授权率普遍高于国外高校，因此国内和国外高校在专利授权量上数量不相上下。斯坦福大学是专利授权量最大的高校，共计 333 件，是国内排名首位高校（浙江大学，297 件）的 1.1 倍。

在专利授权率方面，国内 42 所"双一流"建设高校的平均授权率为 50.9%，国外 20 所高校的平均授权率为 31.3%。国内高校中，中国人民大

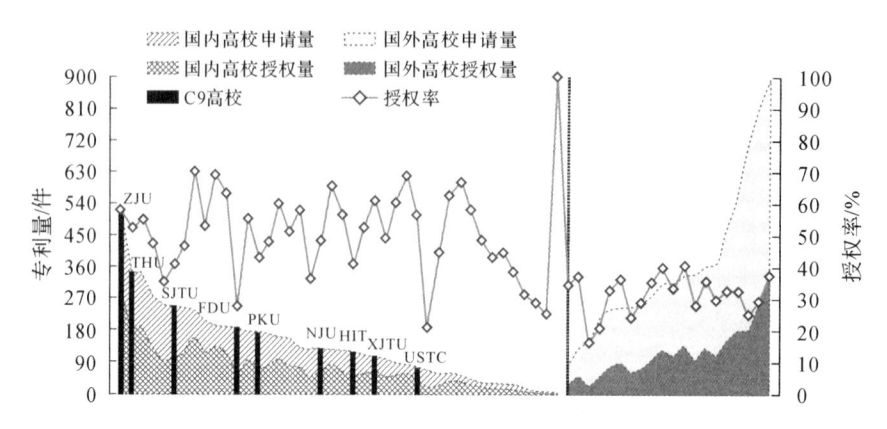

图 7-10 生物材料分析领域专利申请量、授权量和授权率

学的授权率居首位,达到 100%,但其申请量仅为 2 件。

如图 7-11 所示,国外高校普遍注重专利的维持,国外高校在该领域的专利拥有量优于国内高校。申请量和授权量都排名第一的斯坦福大学的拥有量为 306 件,位居全球第一。申请量和授权量都排名国内第一的浙江大学,其拥有量为 226 件,位居国内第一、全球第二。

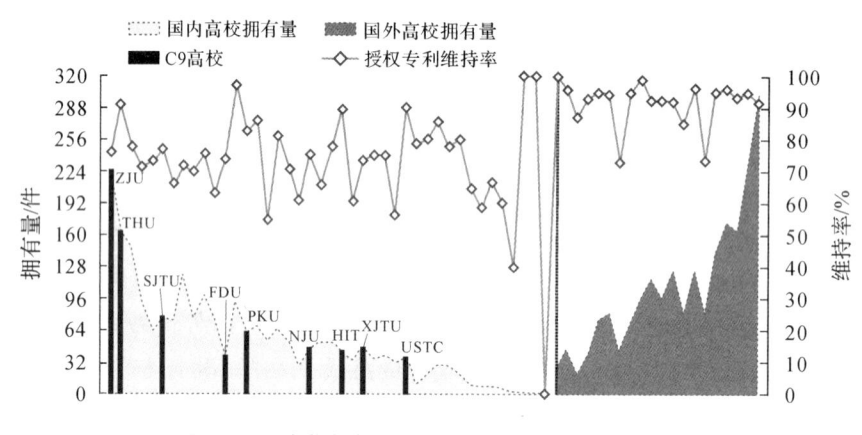

图 7-11 生物材料分析领域专利拥有量和维持率

在专利维持方面,国外高校授权专利维持率普遍高于国内高校,20 所国外高校维持率均值在 91.6% 左右,其中 16 所高校的维持率均超过 90%。国内 42 所高校授权专利维持率均值为 74%,仅 13 所高校的维持率超过 80%,其中包含四所 C9 高校,分别是清华大学、中国科学技术大学、哈尔滨工业大学和北京大学。

二、专利申请量排名前十高校分析

生物材料分析领域专利申请量排名前十的高校如图 7-12 所示,其中六所是美国高校,三所是国内高校,分别是浙江大学、清华大学和中国农业大学,另外一所是日本的东京大学。其中斯坦福大学、哈佛大学和约翰斯·霍普金斯大学的申请量都在 700 件以上。其余七所高校的申请量在 300—600件。从专利的授权量上看,授权量在 200 件以上的有斯坦福大学、浙江大学和哈佛大学。从专利授权率来看,三所国内高校的授权率均高于 50%,而其余高校的授权率均低于 40%。

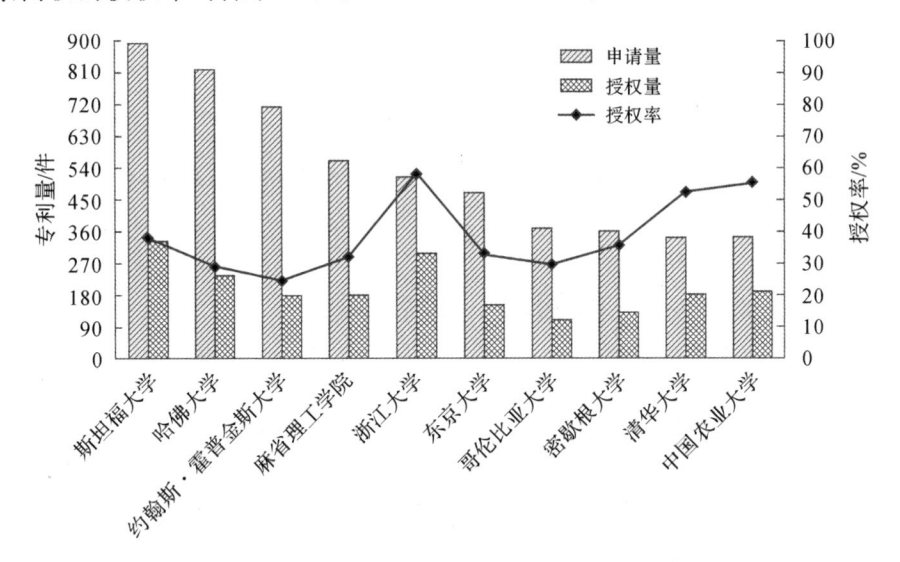

图 7-12　生物材料分析领域专利申请量排名前十高校

图 7-13 是生物材料分析领域专利申请量排名前十高校的专利拥有量与专利维持情况。从专利的拥有量上看,斯坦福大学以 306 件的绝对优势高居榜首,浙江大学和哈佛大学的拥有量在 200—300 件,其余高校均低于 200件。从授权专利维持率来看,国外除哥伦比亚大学外,维持率均高于 90%,而国内除清华大学外,维持率均低于 80%。

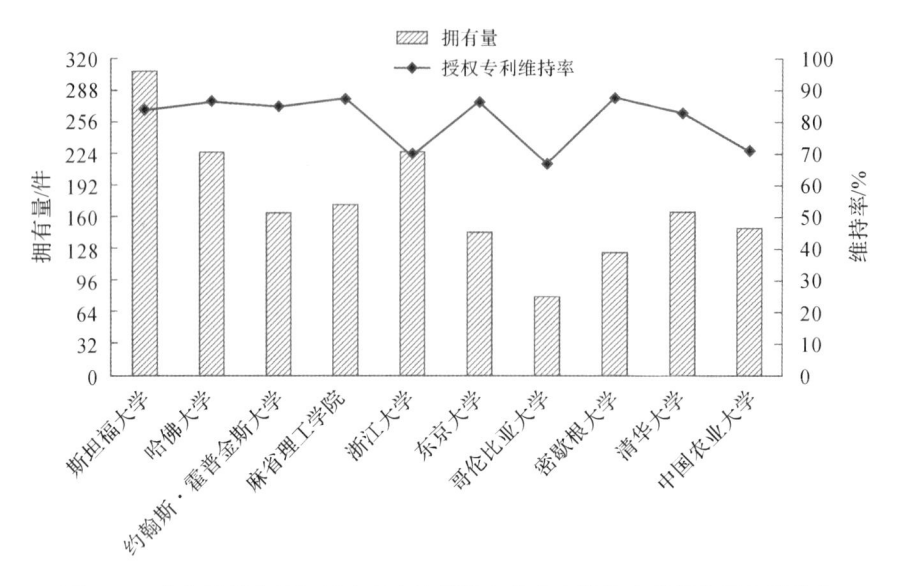

图 7-13 生物材料分析领域专利申请量排名前十高校的专利拥有量和维持率

第四节 控制领域

控制领域包括控制和调节电气与非电气系统的元素,涉及测试安排、交通控制或信号系统等。该领域对应的 IPC 分类号范围为:G05B+;G05D+;G05F+;G07B+;G07C+;G07D+;G07F+;G07G+;G08B+;G08G+;G09B+;G09C+;G09D+。

基于领域内的专利申请量进行排序,62 所国内外高校在控制领域的专利技术创新力参数,如表 7-4 所示。

表 7-4 62 所国内外高校在控制领域的专利技术创新力参数

序号	学校	申请量/件	授权量/件	拥有量/件	授权率/%	授权专利维持率/%
1	浙江大学	1475	1017	666	68.90	65.50
2	北京航空航天大学	1294	886	731	68.50	82.50
3	东南大学	1245	714	503	57.30	70.40
4	华南理工大学	1146	663	458	57.90	69.10

续 表

序号	学校	申请量/件	授权量/件	拥有量/件	授权率/%	授权专利维持率/%
5	清华大学	941	589	522	62.60	88.60
6	哈尔滨工业大学	884	509	418	57.60	82.10
7	吉林大学	882	556	269	63.00	48.40
8	西北工业大学	839	445	354	53.00	79.60
9	上海交通大学	685	392	311	57.20	79.30
10	北京理工大学	676	425	303	62.90	71.30
11	华中科技大学	670	455	348	67.90	76.50
12	电子科技大学	655	423	252	64.60	59.60
13	天津大学	631	269	207	42.60	77.00
14	同济大学	607	304	231	50.10	76.00
15	重庆大学	600	354	218	59.00	61.60
16	东北大学	539	338	236	62.70	69.80
17	山东大学	537	338	211	62.90	62.40
18	大连理工大学	505	317	255	62.80	80.40
19	西安交通大学	462	296	226	64.10	76.40
20	武汉大学	420	308	155	73.30	50.30
21	中南大学	377	208	169	55.20	81.30
22	西北农林科技大学	319	142	52	44.50	36.60
23	中山大学	306	139	115	45.40	82.70
24	四川大学	274	151	75	55.10	49.70
25	国防科技大学	224	122	106	54.50	86.90
26	中国农业大学	220	134	80	60.90	59.70
27	中国科学技术大学	204	134	110	65.70	82.10
28	郑州大学	186	145	58	78.00	40.00
29	湖南大学	159	98	45	61.60	45.90
30	麻省理工学院	159	75	74	47.20	98.70
31	厦门大学	142	97	59	68.30	60.80

续 表

序号	学校	申请量/件	授权量/件	拥有量/件	授权率/%	授权专利维持率/%
32	南京大学	142	73	46	51.40	63.00
33	华东师范大学	142	65	40	45.80	61.50
34	北京大学	121	70	47	57.90	67.10
35	复旦大学	104	47	32	45.20	68.10
36	中国海洋大学	92	49	41	53.30	83.70
37	密歇根大学	80	37	37	46.30	100.00
38	南开大学	79	35	26	44.30	74.30
39	约翰斯·霍普金斯大学	72	38	38	52.80	100.00
40	兰州大学	65	42	15	64.60	35.70
41	北京师范大学	62	42	28	67.70	66.70
42	东京大学	59	22	21	37.30	95.50
43	牛津大学	53	20	20	37.70	100.00
44	新疆大学	51	40	17	78.40	42.50
45	哈佛大学	44	13	13	29.50	100.00
46	云南大学	41	25	14	61.00	56.00
47	加州理工学院	41	20	18	48.80	90.00
48	华盛顿大学	37	14	12	37.80	85.70
49	宾夕法尼亚大学	32	11	11	34.40	100.00
50	斯坦福大学	31	12	11	38.70	91.70
51	哥伦比亚大学	21	6	5	28.60	83.30
52	杜克大学	18	7	6	38.90	85.70
53	纽约大学	18	9	9	50.00	100.00
54	康奈尔大学	13	4	4	30.80	100.00
55	不列颠哥伦比亚大学	11	2	2	18.20	100.00
56	芝加哥大学	11	5	5	45.50	100.00
57	普林斯顿大学	10	3	2	30.00	66.70
58	中央民族大学	9	3	3	33.30	100.00

续　表

序号	学校	申请量/件	授权量/件	拥有量/件	授权率/%	授权专利维持率/%
59	耶鲁大学	9	1	1	11.10	100.00
60	新加坡国立大学	8	2	2	25.00	100.00
61	昆士兰大学	7	1	1	14.30	100.00
62	中国人民大学	3	3	3	100.00	100.00

一、专利的申请、授权与维持分析

图 7-14 从专利申请量、授权量和授权率三个角度综合比较国内外 62 所高校在控制领域的情况。在专利申请量上，国内高校相比于国外高校具有绝对优势，其中浙江大学专利申请量位居榜首，为 1475 件，是国外排名首位高校（麻省理工学院，159 件）的 9.3 倍，且国内 42 所"双一流"建设高校中的 29 所高校在该领域的申请量高于麻省理工学院，C9 高校在该领域的申请量均超 100 件。

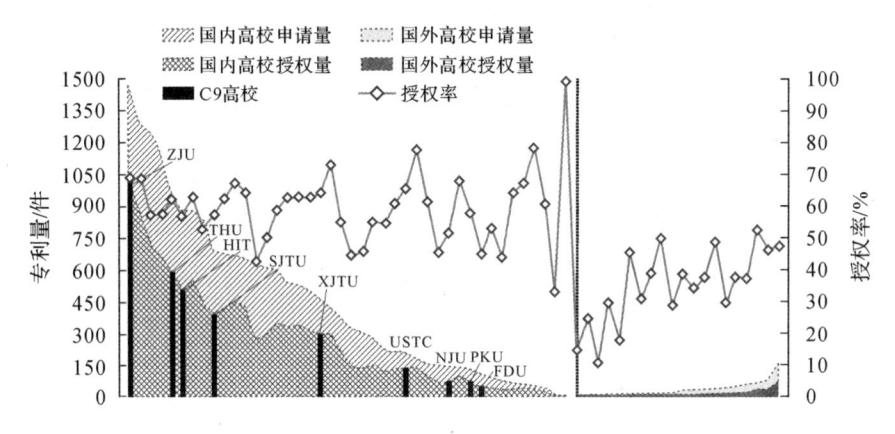

图 7-14　控制领域专利申请量、授权量和授权率

在专利授权量上，由于国内高校申请基数大，且国内高校在该领域的授权率普遍高于国外高校，因此优势更加明显。浙江大学专利授权量位居榜首，为 1017 件，是国外排名首位高校（麻省理工学院，75 件）的 13.6 倍，且国内 42 所"双一流"建设高校中的 30 所高校在该领域的授权量高于麻省理工学院，包括六所 C9 高校。

在专利授权率方面，国内 42 所"双一流"建设高校的平均授权率为 59.8%，国外 20 所高校的平均授权率为 35.1%，国内高校中，中国人民大学的授权率居首位,达到100%,但其专利申请量仅为三件。

如图7-15所示,在专利拥有量上,北京航天航空大学的专利拥有量位居榜首,为731件,是国外排名首位高校(麻省理工学院,74件)的近10倍,且国内42所"双一流"建设高校中的26所高校在该领域的授权量高于麻省理工学院,包括六所C9高校。

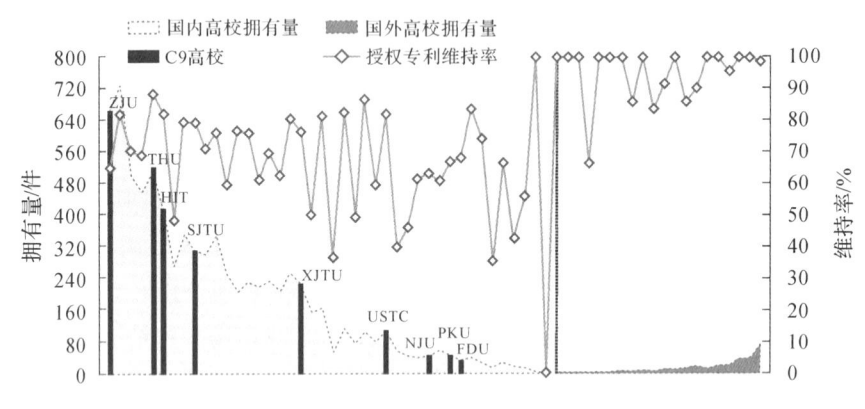

图 7-15　控制领域专利拥有量和维持率

在专利维持方面,国外高校授权专利维持率普遍高于国内高校,20所国外高校的授权专利维持率均值为94.9%,除普林斯顿大学的维持率为66.7%,其余高校的维持率均超过80%,12所高校的维持率为100%。国内42所"双一流"建设高校的授权专利维持率均值在68.4%,80%以上的高校仅有11所。C9高校的授权专利维持率均超过60%。

二、专利申请量排名前十高校分析

控制领域专利申请量排名前十的高校如图7-16所示。该领域内排名前十的高校全部来自国内,其中C9高校占据四个席位。在专利授权率上,浙江大学最高,为68.9%,西北工业大学最低,为53.0%,十所高校中有五所高校的专利授权率高于60%。

图7-17是控制领域专利申请量排名前十高校的专利拥有量与专利维持情况。从专利的拥有量上看,申请量和授权量排名第二的北京航空航天大学以731件位居榜首,而申请量和授权量排名第一的浙江大学以666件位居第二。在授权专利维持率上,除吉林大学外,其余高校均高于50%,其中清华大学、北京航天航空大学和哈尔滨工业大学均高于80%。

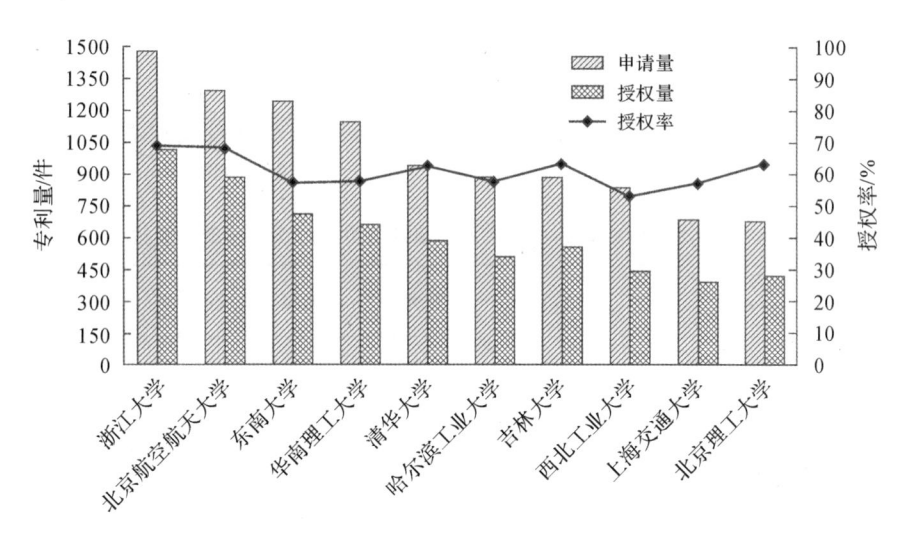

图 7-16　控制领域专利申请量排名前十高校

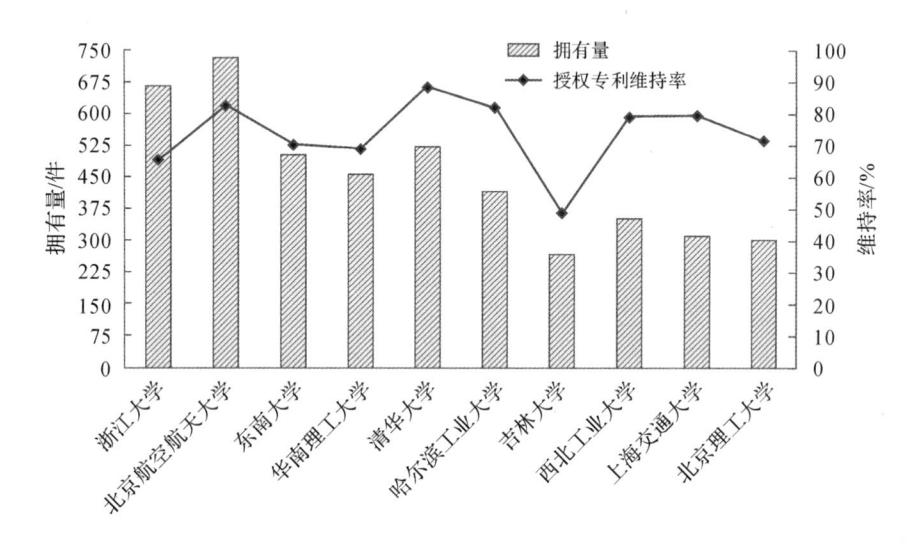

图 7-17　控制领域专利申请量排名前十高校的专利拥有量和维持率

第五节　医疗技术领域

医疗技术通常与高科技联系在一起,在这一大类中部分是不太复杂的产品和技术,如手术台、按摩器、绷带等。该领域对应的 IPC 分类号范围为:

A61B+;A61C+;A61D+;A61F+;A61G+;A61H+;A61J+;A61L+;A61M+;A61N+;G16H+;H05G+。

基于领域内的专利申请量进行排序,62所国内外高校在医疗技术领域的专利技术创新力参数,如表7-5所示。

表7-5 62所国内外高校在医疗技术领域的专利技术创新力参数

序号	学校	申请量/件	授权量/件	拥有量/件	授权率/%	授权专利维持率/%
1	吉林大学	2089	1535	1096	73.50	71.40
2	浙江大学	1624	1076	789	66.30	73.30
3	清华大学	1439	796	702	55.30	88.20
4	约翰斯·霍普金斯大学	1259	439	423	34.90	96.40
5	斯坦福大学	1104	513	480	46.50	93.60
6	武汉大学	1073	924	497	86.10	53.80
7	麻省理工学院	1062	333	319	31.40	95.80
8	四川大学	1038	620	458	59.70	73.90
9	上海交通大学	981	514	399	52.40	77.60
10	华南理工大学	959	514	400	53.60	77.80
11	天津大学	940	391	340	41.60	87.00
12	西安交通大学	668	437	314	65.40	71.90
13	东南大学	655	354	186	54.00	52.50
14	密歇根大学	599	223	218	37.20	97.80
15	华中科技大学	540	325	260	60.20	80.00
16	哈佛大学	520	151	149	29.00	98.70
17	北京航空航天大学	518	258	152	49.80	58.90
18	哈尔滨工业大学	510	264	228	51.80	86.40
19	山东大学	503	319	194	63.40	60.80
20	哥伦比亚大学	498	118	98	23.70	83.10
21	华盛顿大学	481	168	150	34.90	89.30
22	中南大学	480	317	168	66.00	53.00
23	加州理工大学	472	160	153	33.90	95.60

续 表

序号	学校	申请量/件	授权量/件	拥有量/件	授权率/%	授权专利维持率/%
24	杜克大学	470	157	151	33.40	96.20
25	北京大学	455	237	202	52.10	85.20
26	兰州大学	435	376	270	86.40	71.80
27	中山大学	415	169	146	40.70	86.40
28	郑州大学	412	284	145	68.90	51.10
29	北京理工大学	384	189	152	49.20	80.40
30	宾夕法尼亚大学	382	107	107	28.00	100.00
31	重庆大学	364	185	100	50.80	54.10
32	电子科技大学	357	168	132	47.10	78.60
33	康奈尔大学	342	107	105	31.30	98.10
34	东京大学	330	111	100	33.60	90.10
35	复旦大学	324	157	110	48.50	70.10
36	东北大学	313	157	112	50.20	71.30
37	新加坡国立大学	308	61	49	19.80	80.30
38	牛津大学	305	73	67	23.90	91.80
39	纽约大学	279	97	92	34.80	94.80
40	同济大学	234	128	67	54.70	52.30
41	南京大学	214	96	65	44.90	67.70
42	大连理工大学	190	96	74	50.50	77.10
43	厦门大学	185	108	77	58.40	71.30
44	耶鲁大学	170	53	50	31.20	94.30
45	西北工业大学	160	73	46	45.60	63.00
46	中国科学技术大学	143	81	72	56.60	88.90
47	不列颠哥伦比亚大学	138	40	34	29.00	85.00
48	昆士兰大学	130	29	25	22.30	86.20
49	华东师范大学	118	54	35	45.80	64.80
50	南开大学	112	47	39	42.00	83.00

续 表

序号	学校	申请量/件	授权量/件	拥有量/件	授权率/%	授权专利维持率/%
51	芝加哥大学	80	31	31	38.80	100.00
52	北京师范大学	78	42	27	53.80	64.30
53	普林斯顿大学	77	29	28	37.70	96.60
54	中国农业大学	73	43	31	58.90	72.10
55	中国海洋大学	57	26	22	45.60	84.60
56	西北农林科技大学	52	25	12	48.10	48.00
57	云南大学	51	24	17	47.10	70.80
58	湖南大学	49	18	15	36.70	83.30
59	新疆大学	31	20	13	64.50	65.00
60	国防科技大学	26	15	14	57.70	93.30
61	中央民族大学	8	3	2	37.50	66.70
62	中国人民大学	8	1	1	12.50	100.00

一、专利的申请、授权与维持分析

图 7-18 从专利申请量、授权量和授权率三个角度综合比较国内外 62 所高校在医疗技术领域的情况。在专利申请量上，国内高校相比于国外高校优势明显，其中吉林大学专利申请量位居榜首，为 2089 件，是国外排名首位高校（约翰斯·霍普金斯大学，1259 件）的 1.7 倍。C9 高校中浙江大学和清华大学在该领域的申请量高于约翰斯·霍普金斯大学。

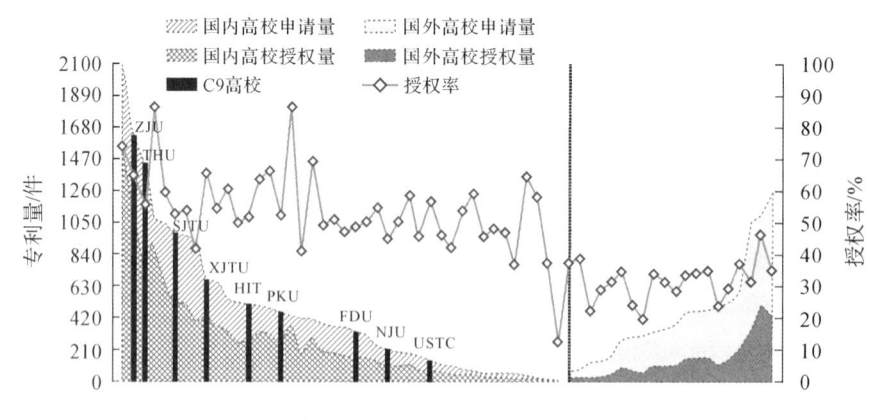

图 7-18 医疗技术领域专利申请量、授权量和授权率

在专利授权量上，由于国内高校申请基数较大，且国内高校在该领域的授权率普遍高于国外高校，因此优势更加明显。吉林大学排名第一，授权量为1535件，约是国外排名首位高校（斯坦福大学，513件）的3倍，C9高校中浙江大学、清华大学和上海交通大学在该领域的授权量高于斯坦福大学。

在专利授权率方面，国内42所"双一流"建设高校的平均授权率为53.7%，国外20所高校的平均授权率为31.8%。国内高校中兰州大学的授权率居首位，达到86.4%，是国外授权率最高的斯坦福大学（46.5%）的1.9倍。

如图7-19所示，在医疗技术领域的专利拥有量上，同样是吉林大学排名第一，为1096件，是国外排名首位高校（斯坦福大学，480件）的2.3倍。C9高校中的浙江大学和清华大学在这个领域的专利拥有量高于斯坦福大学。

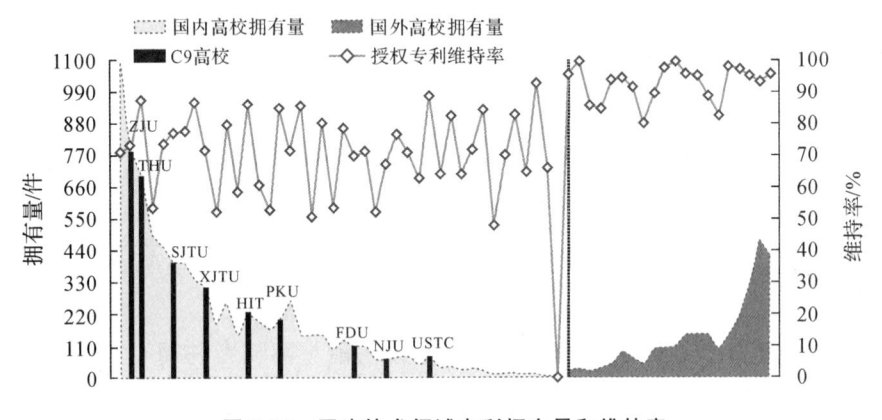

图 7-19 医疗技术领域专利拥有量和维持率

在专利维持方面，国外高校授权专利维持率普遍高于国内高校，20所国外高校的维持率均超过80%，其中15所高校的维持率均超过90%，维持率均值为93.2%。国内42所"双一流"建设高校的授权专利维持率均值为72.2%，维持率80%以上的高校仅有13所，其中西北农林科技大学的授权专利维持率不到50%。

二、专利申请量排名前十高校分析

医疗技术领域专利申请量排名前十的高校中，有三所来自美国，其余七所均来自国内,其中 C9 高校占据三所,如图 7-20 所示。吉林大学以 2089 件的绝对优势高居榜首,除浙江大学 1624 件、清华大学 1439 件、约翰斯·霍普金斯大学 1259 件外,其余学校的申请量均低于 1200 件。

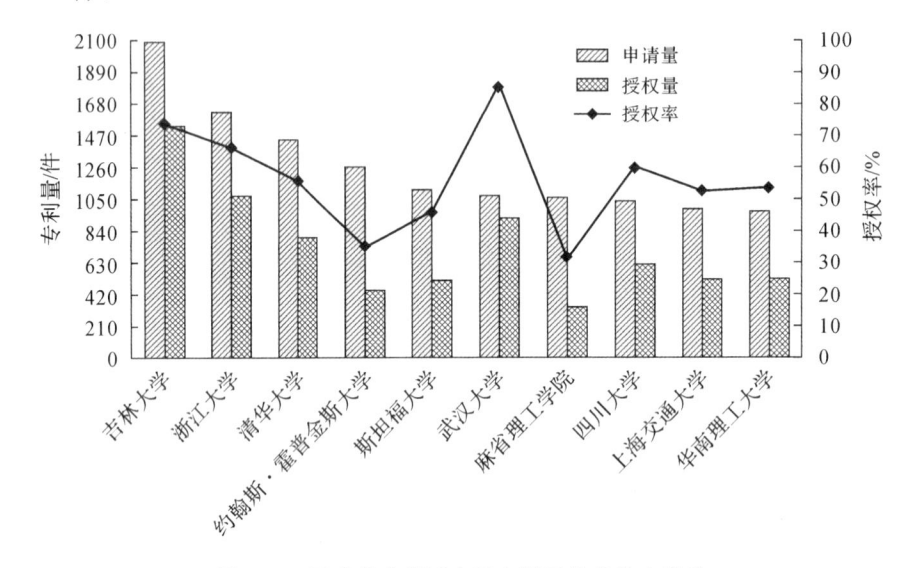

图 7-20　医疗技术领域专利申请量排名前十高校

在专利授权率上,武汉大学最高,为 86.1%,麻省理工学院最低,为 31.4%。十所高校中七所国内高校的专利授权率高于 50%,均高于三所美国高校。

图 7-21 所示是医疗技术领域申请量排名前十高校专利拥有量和专利维持情况。在专利拥有量上大体形成三个梯队:吉林大学以 1096 件的专利拥有量远远领先于其他高校,处于第一梯队;浙江大学和清华大学的专利拥有量都是 700 多件,处于第二梯队;其余几所学校的专利拥有量都不足 500 件,处于第三梯队。在授权专利维持率上,三所美国高校均在 90% 以上,国内高校中,除清华大学为 88.2% 和武汉大学为 53.8% 外,其余高校的授权专利维持率均在 70%—80%。虽然美国高校的申请量、授权率不及中国高校,但美国高校在授权专利的维持上优于中国高校。

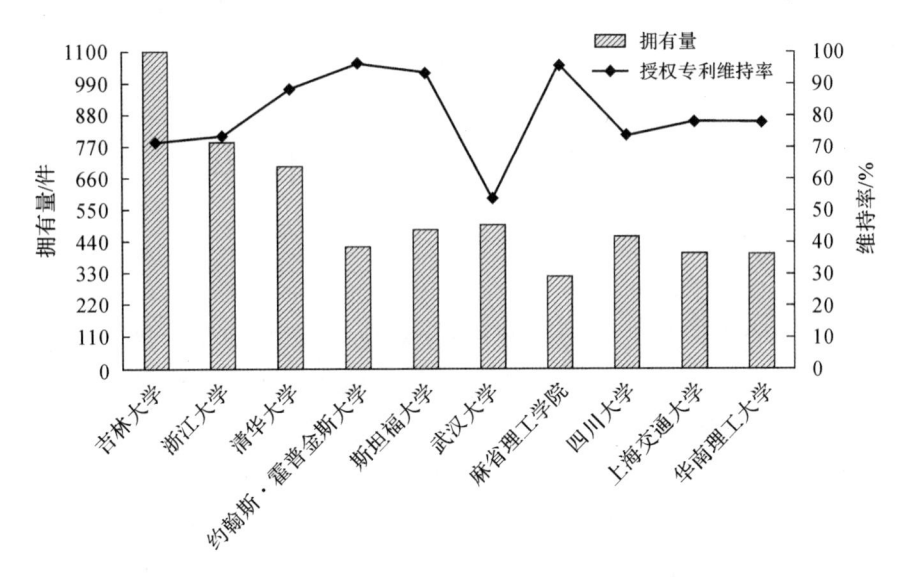

图 7-21　医疗技术领域专利申请量排名前十高校的专利拥有量和维持率

第八章 化学技术部

化学技术部中包含 11 个子领域,分别是:有机精细化学技术,生物技术,制药,高分子化学、聚合物,食品化学,基础材料化学,材料、冶金,表面技术、涂层,微观结构和纳米技术,化学工程,环境技术。11 个子领域的专利申请与授权情况如图 8-1 所示,62 所高校在化学技术部的专利申请量有 26 万余件,其中生物技术领域的专利申请量最大(41752 件),占化学技术部申请量的 16.1%,制药领域的专利申请量紧随其后,有 38012 件,另外,材料、冶金和化学工程领域的申请量也在 30000 件以上。在专利授权率上,生物技术和制药领域的授权率最低,分别为 37.6% 与 35.0%,其余领域在 40%—55%;在授权专利维持率上,各领域差别不大,分布在 69%—85%,其中,制药领域的授权专利维持率最高,为 84.1%,食品化学领域最低,为 69.4%。生物技术和制药是化学领域近年新兴的子领域,技术处于新兴发展期,大部分专利尚处于申请阶段,还未获得授权,因此授权率较低;部分专利处于刚授权阶段,因此维持率相对较高。

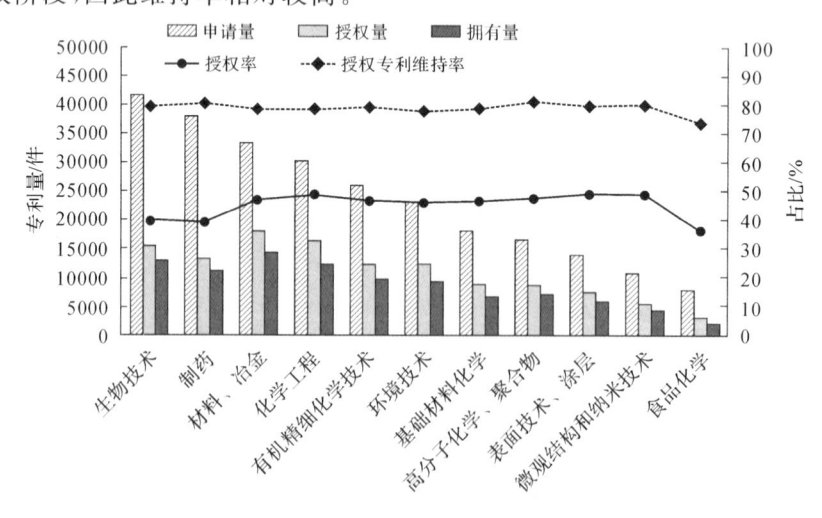

图 8-1 化学技术部专利申请与授权情况

第一节 有机精细化学技术领域

在没有进一步的限制下,有机精细化学技术领域的专利申请主要是药物,超过40%的申请在医药这个分类中还有额外的代码。另外,该领域还包含了化妆品。该领域对应的IPC分类号范围为:A61K8+;A61Q+;C07B+;C07C+;C07D+;C07F+;C07H+;C07J+;C40B+。

基于领域内的专利申请量进行排序,62所国内外高校在有机精细化学技术领域的专利技术创新力参数,如表8-1所示。

表8-1 62所国内外高校在有机精细化学技术领域的专利技术创新力参数

序号	学校	申请量/件	授权量/件	拥有量/件	授权率/%	授权专利维持率/%
1	浙江大学	1770	1171	849	66.20	72.50
2	天津大学	1090	496	449	45.50	90.50
3	华南理工大学	1064	541	488	50.80	90.20
4	大连理工大学	959	495	418	51.60	84.40
5	哈佛大学	917	255	238	27.80	93.30
6	南开大学	874	388	264	44.40	68.00
7	四川大学	794	430	282	54.20	65.60
8	华东师范大学	751	328	224	43.70	68.30
9	复旦大学	736	309	208	42.00	67.30
10	密歇根大学	728	248	221	34.10	89.10
11	中山大学	645	361	275	56.00	76.20
12	清华大学	641	377	344	58.80	91.20
13	南京大学	635	221	133	34.80	60.20
14	厦门大学	618	323	282	52.30	87.30
15	山东大学	614	416	307	67.80	73.80
16	斯坦福大学	587	213	190	36.30	89.20
17	上海交通大学	568	293	220	51.60	75.10

续 表

序号	学校	申请量/件	授权量/件	拥有量/件	授权率/%	授权专利维持率/%
18	麻省理工学院	568	217	200	38.20	92.20
19	约翰斯·霍普金斯大学	563	202	187	35.90	92.60
20	北京大学	549	297	242	54.10	81.50
21	哥伦比亚大学	514	187	156	36.40	83.40
22	宾夕法尼亚大学	511	213	195	41.70	91.50
23	郑州大学	474	269	205	56.80	76.20
24	吉林大学	472	249	177	52.80	71.10
25	东京大学	467	181	158	38.80	87.30
26	东南大学	427	198	148	46.40	74.70
27	加州理工学院	415	184	178	44.30	96.70
28	湖南大学	387	245	158	63.30	64.50
29	康奈尔大学	340	121	105	35.60	86.80
30	北京理工大学	334	168	118	50.30	70.20
31	中南大学	332	216	156	65.10	72.20
32	中国科学技术大学	323	184	179	57.00	97.30
33	兰州大学	317	142	97	44.80	68.30
34	中国农业大学	293	184	135	62.80	73.40
35	同济大学	292	139	79	47.60	56.80
36	耶鲁大学	285	100	99	35.10	99.00
37	武汉大学	282	177	141	62.80	79.70
38	华中科技大学	274	176	142	64.20	80.70
39	华盛顿大学	253	116	107	45.80	92.20
40	哈尔滨工业大学	250	109	78	43.60	71.60
41	中国海洋大学	240	112	99	46.70	88.40
42	重庆大学	238	93	46	39.10	49.50
43	杜克大学	237	90	82	38.00	91.10
44	西安交通大学	236	154	109	65.30	70.80

续　表

序号	学校	申请量/件	授权量/件	拥有量/件	授权率/%	授权专利维持率/%
45	不列颠哥伦比亚大学	235	79	66	33.60	83.50
46	牛津大学	212	56	48	26.40	85.70
47	北京师范大学	185	138	99	74.60	71.70
48	云南大学	170	68	41	40.00	60.30
49	新加坡国立大学	163	42	25	25.80	59.50
50	西北农林科技大学	158	93	43	58.90	46.20
51	芝加哥大学	157	62	57	39.50	91.90
52	纽约大学	143	52	51	36.40	98.10
53	昆士兰大学	108	24	20	22.20	83.30
54	普林斯顿大学	102	46	37	45.10	80.40
55	新疆大学	96	30	12	31.30	40.00
56	西北工业大学	69	23	15	33.30	65.20
57	东北大学	46	27	26	58.70	96.30
58	电子科技大学	33	16	15	48.50	93.80
59	北京航空航天大学	32	24	15	75.00	62.50
60	国防科技大学	26	15	14	57.70	93.30
61	中央民族大学	15	4	4	26.70	100.00
62	中国人民大学	15	6	4	40.00	66.70

一、专利的申请、授权与维持分析

图 8-2 从专利申请量、授权量和授权率三个角度综合比较国内外 62 所高校在有机精细化学技术领域的情况。在专利申请量上，国内高校相比于国外高校具备一定优势，其中浙江大学专利申请量位居榜首，为 1770 件，是国外排名首位高校（哈佛大学，917 件）的 1.9 倍。C9 高校中除浙江大学外，其余高校的申请量均未超过哈佛大学。国内高校申请量超过哈佛大学的有天津大学（1090 件）、华南理工大学（1064 件）、大连理工大学（959 件）。国外高校排名靠前的除哈佛大学外也都是美国高校，分别是密歇根大学（728 件）、斯坦福大学（587 件）、麻省理工学院（568 件）、约翰斯·霍普金斯大学（563 件）、哥伦比亚大学（514 件）和宾夕法尼亚大学（511 件）。在有机精细化学技术领域中，申请量排名靠前的都是在这块领域科研实力较强的高校。

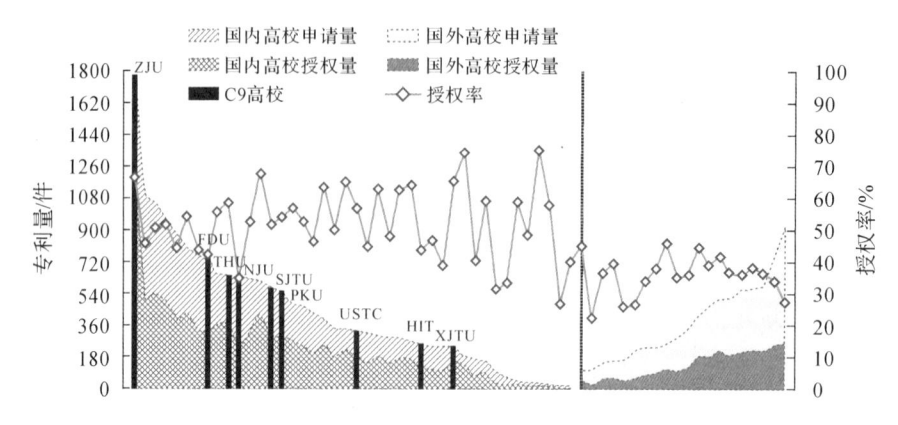

图 8-2 有机精细化学技术领域专利申请量、授权量和授权率

在专利授权量上,由于国内高校在该领域的授权率普遍高于国外高校,因此优势更加明显。浙江大学的授权量最多,共计 1171 件,是国外排名首位高校(哈佛大学,255 件)的 4.6 倍。除浙江大学外,国内 42 所"双一流"建设高校中还有 14 所高校在该领域的授权量高于哈佛大学,其中 C9 高校有四所,分别是清华大学、复旦大学、北京大学和上海交通大学。

在专利授权率方面,国内 42 所"双一流"建设高校的平均授权率为 52.1%,国外 20 所高校的平均授权率为 35.8%,国内高校中北京航空航天大学的授权率居首位,达到 75.0%,是国外授权率最高的华盛顿大学(45.8%)的 1.6 倍。

如图 8-3 所示,在有机精细化学技术领域的专利拥有量上,浙江大学最多,共计 849 件,是国外排名首位高校(哈佛大学,238 件)的 3.6 倍。除浙江大学外,国内 42 所"双一流"建设高校中还有十所高校在该领域的拥有量高于哈佛大学,其中 C9 高校两所,分别是清华大学和北京大学。

在专利维持方面,国外高校授权专利维持率普遍高于国内高校,20 所国外高校的授权专利维持率均值为 88.4%,除新加坡国立大学的维持率为 59.5%外,其余高校的维持率均超过 80%,其中十所高校的维持率超过了 90%。国内 42 所"双一流"建设高校的授权专利维持率均值为 74.1%,维持率超过 80%的高校仅有 13 所,其中 C9 高校三所,分别是中国科学技术大学、清华大学和北京大学。另外,重庆大学、西北农林科技大学、新疆大学三所高校,授权专利维持率不到 50%。

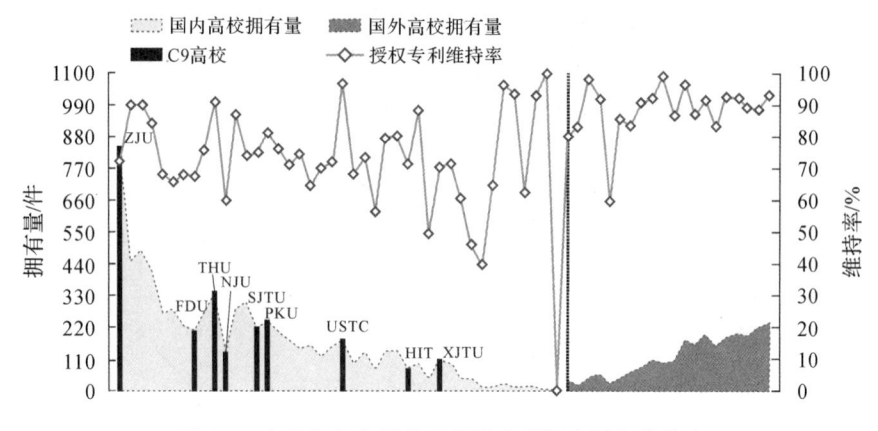

图 8-3 有机精细化学技术领域专利拥有量和维持率

二、专利申请量排名前十高校分析

有机精细化学技术领域专利申请量排名前十的高校如图 8-4 所示。该领域内排名前十的高校中有八所来自国内，其中 C9 高校占据两个席位，分别是浙江大学和复旦大学。两所国外高校都来自美国，分别是哈佛大学和密歇根大学。排名第一的浙江大学的申请量远超第二，其余高校申请量差别不大。在专利授权率上，浙江大学的授权率最高，为 66.2%，而两所美国高校授权率都低于 35%。

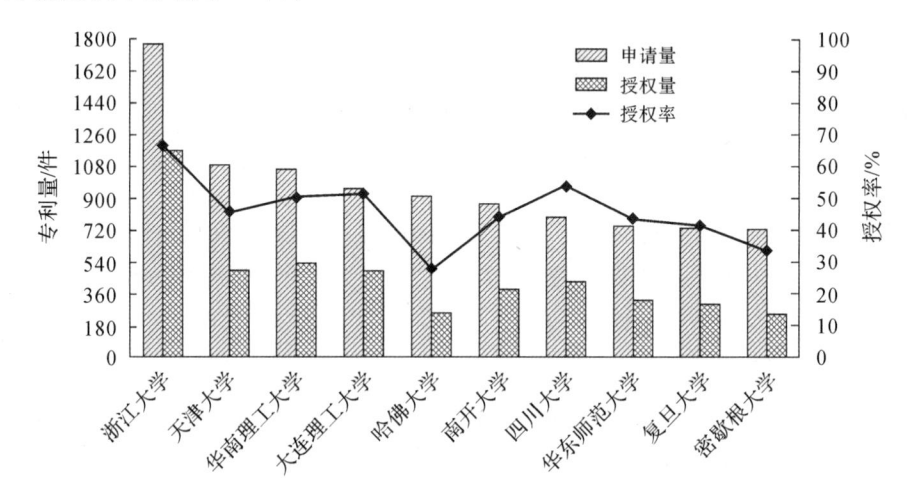

图 8-4 有机精细化学技术领域专利申请量排名前十高校

图 8-5 所示是有机精细化学技术领域申请量排名前十高校的专利拥有量与专利维持情况。在专利拥有量上,浙江大学以 849 件专利拥有量远远领先于其他高校,处于第一梯队;天津大学、华南理工大学和大连理工大学的专利拥有量为 400 多件,处于第二梯队;其余高校的专利拥有量少于 300 件,处于第三梯队。在授权专利维持率上,浙江大学仅为 72.5%,哈佛大学、天津大学和华南理工大学均在 90% 以上。

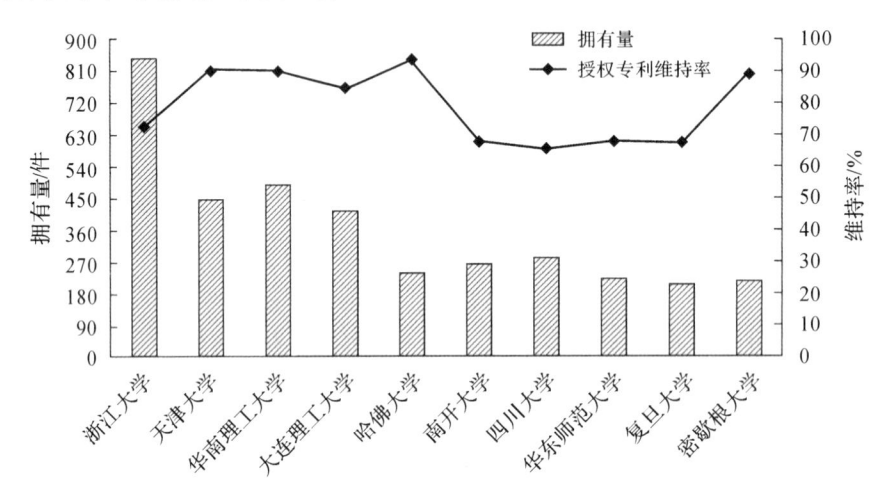

图 8-5 有机精细化学技术领域专利申请量排名前十高校的专利拥有量和维持率

第二节 生物技术领域

尽管生物技术有各种不同的应用领域,但它仍被定义为一个单独的领域。就像有机化学或计算机技术一样,它是一种交叉或通用的技术。该领域对应的 IPC 分类号范围为:C07G+;C07K+;C12M+;C12N+;C12P+;C12Q+;C12R+;C12S+。

基于领域内的专利申请量进行排序,62 所国内外高校在生物技术领域的专利技术创新力参数,如表 8-2 所示。

表 8-2　62 所国内外高校在生物技术领域的专利技术创新力参数

序号	学校	申请量/件	授权量/件	拥有量/件	授权率/%	授权专利维持率/%
1	哈佛大学	2753	666	632	24.20	94.90
2	斯坦福大学	2468	828	762	33.50	92.00
3	浙江大学	2374	1214	895	51.10	73.70
4	宾夕法尼亚大学	2251	656	612	29.10	93.30
5	中国农业大学	1755	919	709	52.40	77.10
6	麻省理工学院	1629	436	422	26.80	96.80
7	约翰斯·霍普金斯大学	1585	429	402	27.10	93.70
8	上海交通大学	1288	551	391	42.80	71.00
9	清华大学	1145	565	512	49.30	90.60
10	东京大学	1139	342	305	30.00	89.20
11	华南理工大学	1062	494	408	46.50	82.60
12	哥伦比亚大学	947	247	203	26.10	82.20
13	杜克大学	928	256	241	27.60	94.10
14	康奈尔大学	887	338	302	38.10	89.30
15	华盛顿大学	860	321	295	37.30	91.90
16	天津大学	849	306	295	36.00	96.40
17	北京大学	824	356	277	43.20	77.80
18	西北农林科技大学	815	336	168	41.20	50.00
19	复旦大学	814	254	154	31.20	60.60
20	中山大学	796	336	250	42.20	74.40
21	耶鲁大学	772	204	191	26.40	93.60
22	厦门大学	756	326	293	43.10	89.90
23	山东大学	744	431	324	57.90	75.20
24	加州理工学院	727	259	244	35.60	94.20
25	吉林大学	701	292	196	41.70	67.10
26	密歇根大学	666	203	193	30.50	95.10
27	牛津大学	632	147	131	23.30	89.10

续 表

序号	学校	申请量/件	授权量/件	拥有量/件	授权率/%	授权专利维持率/%
28	中国海洋大学	601	297	226	49.40	76.10
29	新加坡国立大学	536	95	87	17.70	91.60
30	纽约大学	518	193	183	37.30	94.80
31	四川大学	511	236	186	46.20	78.80
32	武汉大学	506	262	202	51.80	77.10
33	不列颠哥伦比亚大学	491	131	103	26.70	78.60
34	芝加哥大学	467	160	155	34.30	96.90
35	东南大学	440	190	127	43.20	66.80
36	昆士兰大学	407	86	69	21.10	80.20
37	中南大学	399	236	186	59.10	78.80
38	南开大学	396	154	135	38.90	87.70
39	大连理工大学	387	159	135	41.10	84.90
40	南京大学	352	156	92	44.30	59.00
41	哈尔滨工业大学	330	139	108	42.10	77.70
42	重庆大学	310	160	85	51.60	53.10
43	郑州大学	292	138	95	47.30	68.80
44	兰州大学	276	121	87	43.80	71.90
45	同济大学	272	114	70	41.90	61.40
46	华中科技大学	247	123	91	49.80	74.00
47	西安交通大学	232	144	108	62.10	75.00
48	湖南大学	213	120	77	56.30	64.20
49	云南大学	212	77	37	36.30	48.10
50	华东师范大学	194	56	46	28.90	82.10
51	中国科学技术大学	192	104	92	54.20	88.50
52	普林斯顿大学	166	44	44	26.50	100.00
53	北京理工大学	154	57	42	37.00	73.70
54	北京师范大学	134	79	46	59.00	58.20

续 表

序号	学校	申请量/件	授权量/件	拥有量/件	授权率/%	授权专利维持率/%
55	西北工业大学	110	43	23	39.10	53.50
56	北京航空航天大学	72	41	22	56.90	53.70
57	新疆大学	52	21	10	40.40	47.60
58	东北大学	41	17	13	41.50	76.50
59	电子科技大学	40	17	12	42.50	70.60
60	中央民族大学	18	9	8	50.00	88.90
61	国防科技大学	10	4	4	40.00	100.00
62	中国人民大学	7	2	2	28.60	100.00

一、专利的申请、授权与维持分析

图 8-6 从专利申请量、授权量和授权率三个角度综合比较国内外 62 所高校在生物技术领域的情况。在专利申请量上，国外高校相比于国内高校具备相当大的优势，其中哈佛大学专利申请量位居榜首，为 2753 件，斯坦福大学以 2468 件的位居第二，浙江大学以 2374 件的申请量位居第三，同时居国内高校之首。

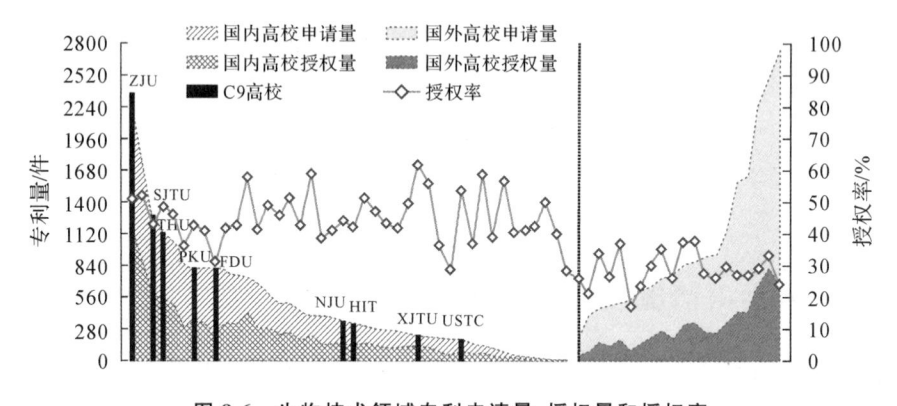

图 8-6 生物技术领域专利申请量、授权量和授权率

在专利授权量上，由于国内高校在该领域的授权率普遍高于国外高校，因此具备一定优势。浙江大学的专利授权量位居榜首，为 1214 件，中国农业大学的授权量为 919 件，均高于申请量领先的斯坦福大学和哈佛大学。

在专利授权率方面,国内42所"双一流"建设高校的平均授权率为45.3%,国外20所高校的平均授权率为37.8%,国内高校中西安交通大学的授权率居首位,达到62.1%,是国外授权率最高的康奈尔大学(38.1%)的1.6倍。

如图8-7所示,在专利拥有量上,申请量排名靠前的五所高校差距不大,浙江大学为895件,斯坦福为762件,中国农业大学为709件,哈佛大学为632件,宾夕法尼亚大学为612件。

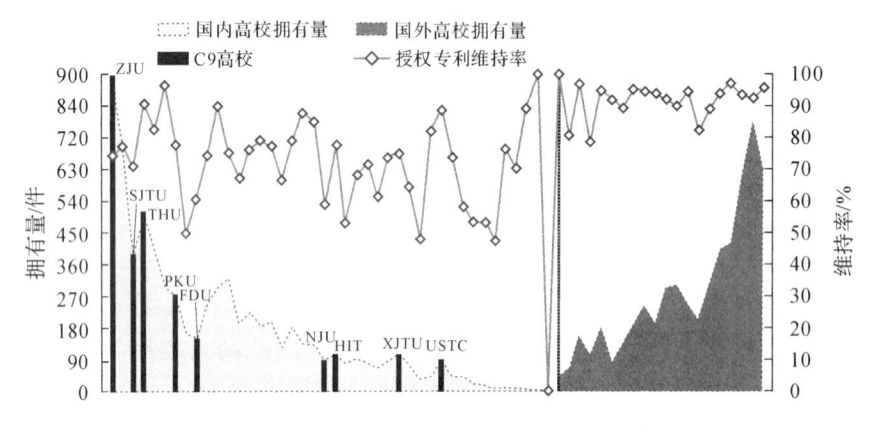

图8-7 生物技术领域专利拥有量和维持率

在专利维持方面,国外高校的授权专利维持率普遍高于国内高校,20所国外高校的授权专利维持率均值为91.6%,除不列颠哥伦比亚大学的维持率为78.6%,其余高校的维持率均超过80%。国内42所"双一流"建设高校的授权专利维持率均值为73.4%,80%以上的高校仅有11所,包含C9高校中的清华大学和中国科学技术大学。另外,云南大学和新疆大学的授权专利维持率不到50%。

二、专利申请量排名前十高校分析

生物技术领域专利申请量排名前十的高校如图8-8所示。该领域内排名前十的高校有六所来自国外,其余四所来自国内,C9高校占据三个席位。其中哈佛大学、斯坦福大学、浙江大学和宾夕法尼亚大学的申请量大于2200件,其余大学申请量在1100—1800件。在专利授权率上,四所国内高校的授权率均高于40%,六所国外高校均低于40%。

图8-9所示是生物技术领域专利申请量排名前十高校的专利拥有量与

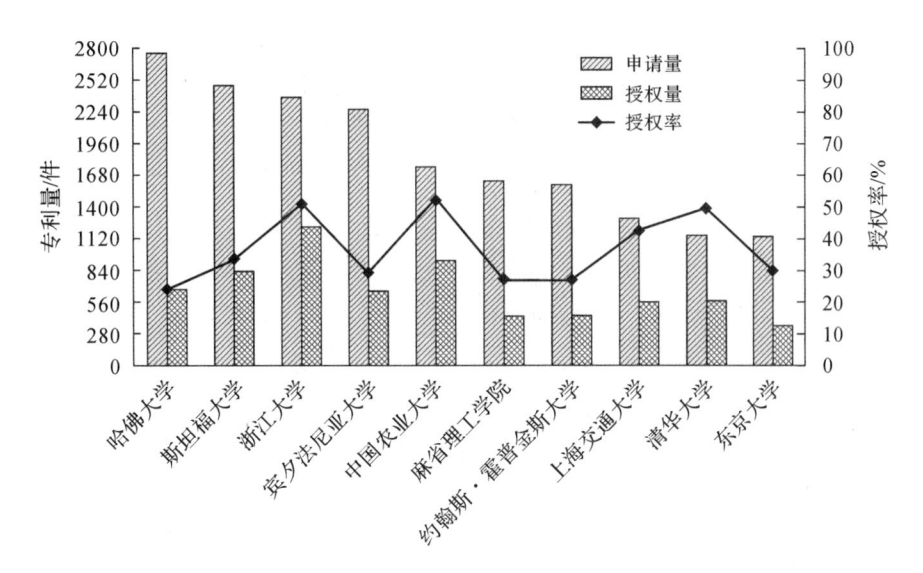

图 8-8　生物材料分析领域专利申请量排名前十高校

专利维持情况。在专利拥有量上,浙江大学以 895 件处于第一梯队;斯坦福大学、中国农业大学、哈佛大学和宾夕法尼亚大学的专利拥有量为 600—800 件,处于第二梯队;其余大学的专利拥有量少于 600 件,处于第三梯队。在授权专利维持率上,五所美国高校均高于 90%,国内高校中仅有清华大学的授权专利维持率高于 90%,其余高校的维持率均在 70%—80%。

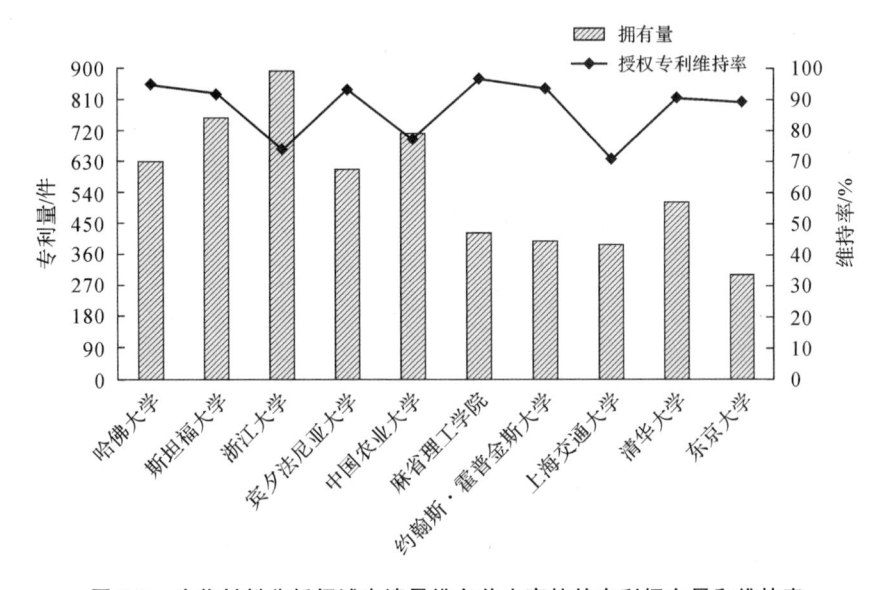

图 8-9　生物材料分析领域申请量排名前十高校的专利拥有量和维持率

第三节 制药领域

制药指的是应用领域,但也包含制药工艺,例如,包含无机活性成分的药物制备。化妆品明确地被排除在该领域之外。领域对应的IPC分类号范围为:A61K6+;A61K9+;A61K31+;A61K33+;A61K35+;A61K36+;A61K38+;A61K39+;A61K41+;A61K45+;A61K47+;A61K48+;A61K49+;A61K50+;A61K51+;A61K101+;A61K103+;A61K125+;A61K127+;A61K129+;A61K131+;A61K133+;A61K135+;A61P+。

基于领域内的专利申请量进行排序,62所国内外高校在制药领域的专利技术创新力参数,如表8-3所示。

表8-3 62所国内外高校在制药领域的专利技术创新力参数

序号	高校名称	申请量/件	授权量/件	拥有量/件	授权率/%	授权专利维持率/%
1	宾夕法尼亚大学	2660	764	718	28.70	94.00
2	约翰斯·霍普金斯大学	2266	551	515	24.30	93.50
3	斯坦福大学	2153	671	621	31.20	92.50
4	哈佛大学	1686	380	355	22.50	93.40
5	浙江大学	1510	732	590	48.50	80.60
6	麻省理工学院	1383	373	357	27.00	95.70
7	密歇根大学	1304	392	362	30.10	92.30
8	复旦大学	1284	393	284	30.60	72.30
9	杜克大学	1203	312	295	25.90	94.60
10	哥伦比亚大学	1201	302	277	25.10	91.70
11	中山大学	1165	526	442	45.20	84.00
12	康奈尔大学	993	325	309	32.70	95.10
13	四川大学	930	441	335	47.40	76.00
14	耶鲁大学	929	241	234	25.90	97.10
15	东京大学	890	298	269	33.50	90.30

续表

序号	高校名称	申请量/件	授权量/件	拥有量/件	授权率/%	授权专利维持率/%
16	北京大学	805	366	300	45.50	82.00
17	华盛顿大学	802	286	265	35.70	92.70
18	吉林大学	772	298	223	38.60	74.80
19	山东大学	769	445	322	57.90	72.40
20	上海交通大学	730	316	214	43.30	67.70
21	纽约大学	725	266	252	36.70	94.70
22	厦门大学	668	271	226	40.60	83.40
23	南京大学	663	230	150	34.70	65.20
24	华南理工大学	620	287	256	46.30	89.20
25	不列颠哥伦比亚大学	600	162	134	27.00	82.70
26	牛津大学	586	135	118	23.00	87.40
27	芝加哥大学	550	171	162	31.10	94.70
28	清华大学	534	202	183	37.80	90.60
29	武汉大学	521	274	228	52.60	83.20
30	天津大学	437	134	124	30.70	92.50
31	加州理工学院	434	160	159	36.90	99.40
32	南开大学	431	174	118	40.40	67.80
33	新加坡国立大学	431	73	61	16.90	83.60
34	东南大学	424	197	148	46.50	75.10
35	郑州大学	400	233	160	58.30	68.70
36	华东师范大学	373	144	114	38.60	79.20
37	昆士兰大学	347	71	60	20.50	84.50
38	中国海洋大学	325	142	117	43.70	82.40
39	华中科技大学	320	140	118	43.80	84.30
40	西安交通大学	313	179	123	57.20	68.70
41	西北农林科技大学	304	91	42	29.90	46.20
42	中国农业大学	297	130	104	43.80	80.00

续 表

序号	高校名称	申请量/件	授权量/件	拥有量/件	授权率/%	授权专利维持率/%
43	兰州大学	296	98	79	33.10	80.60
44	中南大学	247	129	87	52.20	67.40
45	大连理工大学	242	122	98	50.40	80.30
46	同济大学	214	85	52	39.70	61.20
47	哈尔滨工业大学	171	82	65	48.00	79.30
48	湖南大学	171	123	80	71.90	65.00
49	云南大学	154	62	35	40.30	56.50
50	普林斯顿大学	148	44	43	29.70	97.70
51	北京师范大学	144	89	60	61.80	67.40
52	中国科学技术大学	132	72	67	54.50	93.10
53	重庆大学	116	40	20	34.50	50.00
54	北京理工大学	68	29	23	42.60	79.30
55	西北工业大学	42	11	9	26.20	81.80
56	新疆大学	40	22	10	55.00	45.50
57	中央民族大学	26	8	7	30.80	87.50
58	电子科技大学	24	7	3	29.20	42.90
59	东北大学	17	5	5	29.40	100.00
60	北京航空航天大学	14	8	5	57.10	62.50
61	中国人民大学	6	4	3	66.70	75.00
62	国防科技大学	2	1	1	50.00	100.00

一、专利的申请、授权与维持分析

图 8-10 从专利申请量、授权量和授权率三个角度综合比较国内外 62 所高校在制药领域的情况。在专利申请量方面，国外高校较国内高校优势明显。申请量在 1000 件以上的国内高校仅有三所，而国外有八所，且都在美国。宾夕法尼亚大学是专利申请量最多的国外高校，共计 2660 件，是国内排名首位的浙江大学(1510 件)的 1.8 倍。

虽然国外高校申请量基数较大，但国内高校在该领域的授权率普遍高

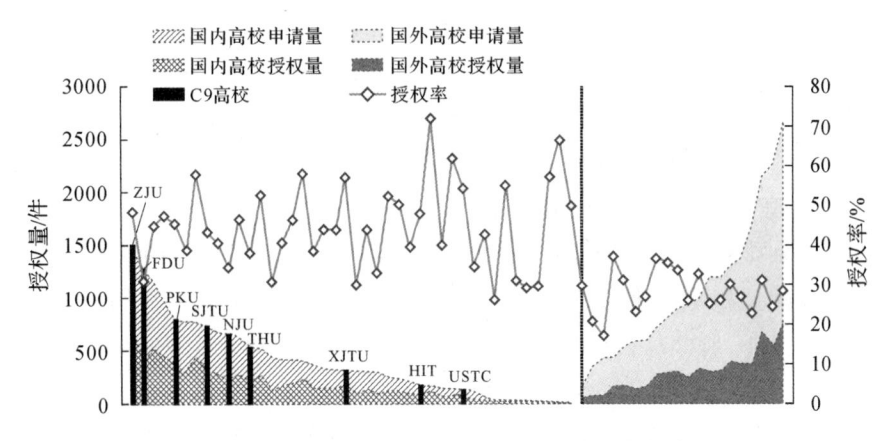

图 8-10 制药领域专利申请量、授权量和授权率

于国外高校,因此在专利授权量上,国内高校和国外高校数量不相上下。浙江大学是授权量最高的国内高校,有 732 件,宾夕法尼亚大学是授权量最高的国外高校,有 764 件,两者实力相当。国外高校的平均授权量(299 件)远高于国内高校(175 件)。

在专利授权率方面,C9 高校在该领域的平均授权率为 44.5%,国内 42 所"双一流"建设高校的平均授权率为 44.6%,国外 20 所高校的平均授权率为 28.2%。国内高校中,湖南大学的授权率最高,达到 71.9%,约是国外授权率最高的加州理工学院(36.9%)的 2 倍。

如图 8-11 所示,在制药领域,国外高校普遍注重专利的维持,优于国内高校。申请量排名第一的宾夕法尼亚大学的授权量和拥有量分别为 764 件

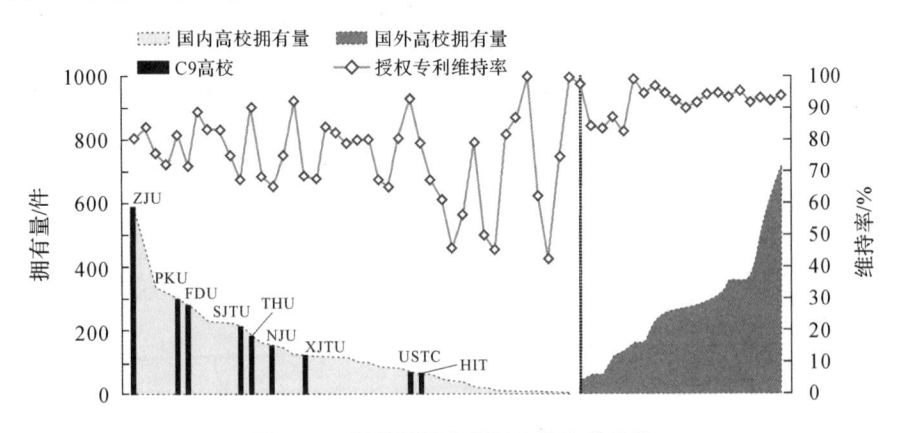

图 8-11 制药领域专利拥有量和维持率

和 718 件,两者数量十分接近。申请量排名国内第一的浙江大学,授权量和拥有量分别为 732 件和 590 件。国外高校的平均拥有量为 278 件,是国内高校(134 件)的 2 倍多。20 所国外高校中专利拥有量在 200 件以上的有 13 所,而 42 所国内高校中仅有 11 所,其中 C9 高校占四所,分别是浙江大学、北京大学、复旦大学、上海交通大学。

在专利维持方面,国外高校授权专利维持率普遍高于国内高校。20 所国外高校的授权专利维持率均值为 92.4%,其中 16 所高校的维持率超过了 90%。国内 42 所"双一流"建设高校的授权专利维持率均值为 75%,维持率在 80% 以上的高校有 18 所,90% 以上的高校仅有 5 所。值得注意的是东北大学和国防科技大学的维持率都达到了 100%,但这两所高校的专利申请量都不足 20 件,其他三所维持率超过 90% 的高校分别是中国科学技术大学、天津大学和清华大学,可见,东北大学和国防科技大学在该领域的专利申请量虽不多,但非常重视领域内技术的知识产权保护。

二、专利申请量排名前十高校分析

制药领域专利申请量排名前十的高校如图 8-12 所示,有八所是美国高校,其余两所是国内的浙江大学和复旦大学。其中宾夕法尼亚大学、约翰斯·霍普金斯大学、斯坦福大学的申请量都在 2000 件以上,其余七所高校

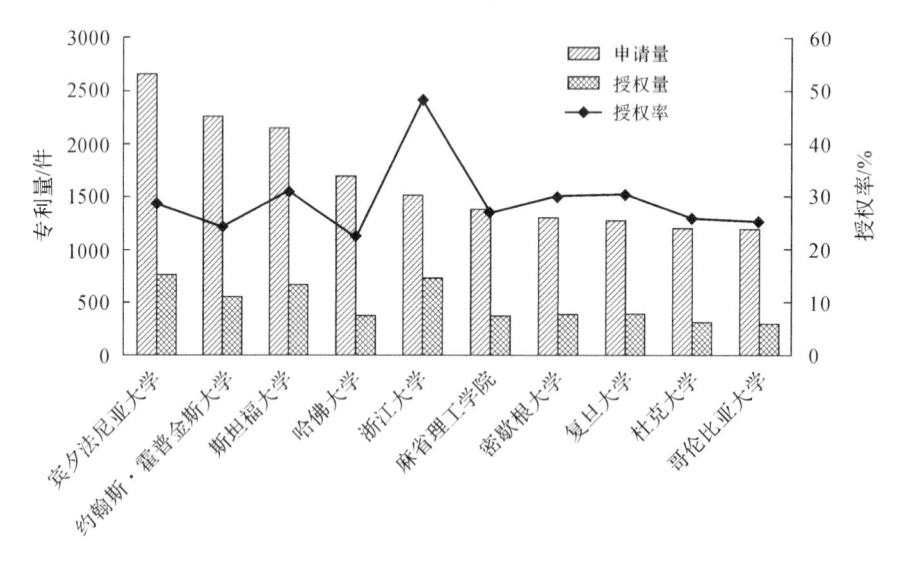

图 8-12 制药领域专利申请量排名前十高校

的申请量在1200—1700件。宾夕法尼亚大学是这个领域中申请专利最多的高校，共计2660件，占该校全部专利申请数的62.7%。这也是与宾夕法尼亚大学制药专业的科研实力相匹配的。从专利的授权量上看，授权量在500件以上的大学有宾夕法尼亚大学、浙江大学、斯坦福大学、约翰斯·霍普金斯大学，其余高校也都在300件以上。从专利授权率来看，浙江大学的授权率远超其他学校，达到48.5%，其他学校的授权率在22%—32%。

图8-13所示是制药领域专利申请量排名前十高校的专利拥有量与专利维持情况。在专利拥有量上，十所高校的平均专利拥有量为437件。十所高校的拥有量分成两个梯队，第一梯队是拥有量在500件以上的四所大学，分别是宾夕法尼亚大学、斯坦福大学、浙江大学和约翰斯·霍普金斯大学，第二梯队是剩余的六所高校，申请量在250—400件。在授权专利维持率上，国外大学的维持率都在90%以上，最高的麻省理工学院达到了95.7%，而浙江大学的维持率为80.6%，复旦大学的维持率仅为72.3%，与国外高校相比差距明显。

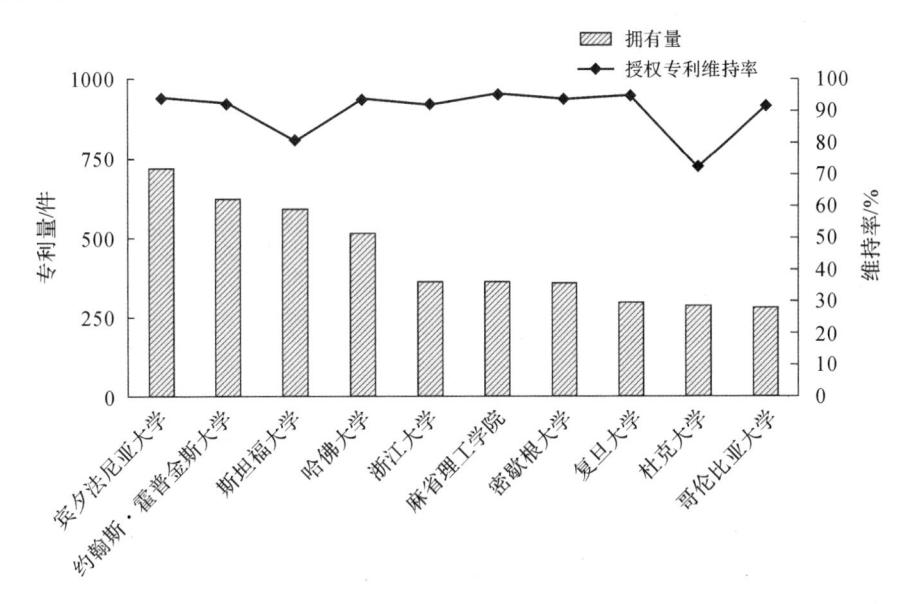

图8-13 制药领域申请量排名前十高校的专利拥有量和维持率

第四节　高分子化学、聚合物领域

高分子化学、聚合物领域主要包括高分子化学方面。本领域对应的 IPC 分类号范围为：C08B+；C08C+；C08F+；C08G+；C08H+；C08K+；C08L+。

基于领域内的专利申请量进行排序，62 所国内外高校在高分子化学、聚合物领域的专利技术创新力参数，如表 8-4 所示。

表 8-4　62 所国内外高校在高分子化学、聚合物领域的专利技术创新力参数

序号	高校名称	申请量/件	授权量/件	拥有量/件	授权率/%	授权专利维持率/%
1	华南理工大学	2209	1194	1086	54.10	91.00
2	四川大学	1207	735	637	60.90	86.70
3	浙江大学	1145	750	634	65.50	84.50
4	天津大学	840	335	319	39.90	95.20
5	吉林大学	615	350	240	56.90	68.60
6	哈尔滨工业大学	563	316	272	56.10	86.10
7	同济大学	554	285	149	51.40	52.30
8	上海交通大学	544	305	206	56.10	67.50
9	清华大学	475	299	279	62.90	93.30
10	大连理工大学	458	222	200	48.50	90.10
11	厦门大学	427	275	246	64.40	89.50
12	中山大学	410	226	188	55.10	83.20
13	山东大学	407	264	201	64.90	76.10
14	东南大学	393	200	137	50.90	68.50
15	复旦大学	352	160	118	45.50	73.80
16	北京理工大学	338	179	138	53.00	77.10
17	西北工业大学	304	133	100	43.80	75.20
18	华中科技大学	298	196	185	65.80	94.40
19	麻省理工学院	297	97	92	32.70	94.80

续　表

序号	高校名称	申请量/件	授权量/件	拥有量/件	授权率/%	授权专利维持率/%
20	东京大学	297	90	80	30.30	88.90
21	南京大学	291	162	119	55.70	73.50
22	西安交通大学	286	166	128	58.00	77.10
23	中南大学	273	177	123	64.80	69.50
24	中国科学技术大学	272	190	181	69.90	95.30
25	武汉大学	242	156	104	64.50	66.70
26	南开大学	213	109	71	51.20	65.10
27	康奈尔大学	195	58	57	29.70	98.30
28	郑州大学	194	120	91	61.90	75.80
29	加州理工学院	167	73	71	43.70	97.30
30	电子科技大学	166	74	55	44.60	74.30
31	北京大学	157	91	76	58.00	83.50
32	重庆大学	146	65	41	44.50	63.10
33	北京航空航天大学	142	88	59	62.00	67.00
34	中国海洋大学	140	77	63	55.00	81.80
35	华东师范大学	118	62	44	52.50	71.00
36	华盛顿大学	115	41	38	35.70	92.70
37	新加坡国立大学	86	16	12	18.60	75.00
38	约翰斯·霍普金斯大学	85	23	22	27.10	95.70
39	湖南大学	82	50	39	61.00	78.00
40	国防科技大学	82	45	42	54.90	93.30
41	兰州大学	80	38	31	47.50	81.60
42	斯坦福大学	76	29	28	38.20	96.60
43	东北大学	74	37	33	50.00	89.20
44	昆士兰大学	73	30	29	41.10	96.70
45	密歇根大学	71	21	16	29.60	76.20
46	新疆大学	67	25	10	37.30	40.00

续 表

序号	高校名称	申请量/件	授权量/件	拥有量/件	授权率/%	授权专利维持率/%
47	哈佛大学	64	13	12	20.30	92.30
48	中国农业大学	59	40	23	67.80	57.50
49	北京师范大学	59	33	27	55.90	81.80
50	西北农林科技大学	56	25	14	44.60	56.00
51	不列颠哥伦比亚大学	55	26	26	47.30	100.00
52	芝加哥大学	47	18	17	38.30	94.40
53	宾夕法尼亚大学	35	17	16	48.60	94.10
54	普林斯顿大学	33	19	18	57.60	94.70
55	哥伦比亚大学	32	13	9	40.60	69.20
56	牛津大学	29	11	11	37.90	100.00
57	耶鲁大学	27	12	12	44.40	100.00
58	云南大学	20	2	0	10.00	/
59	杜克大学	17	4	4	23.50	100.00
60	中国人民大学	13	5	3	38.50	60.00
61	纽约大学	9	4	4	44.40	100.00
62	中央民族大学	2	0	0	0.00	0.00

一、专利的申请、授权与维持分析

图 8-14 从专利申请量、授权量和授权率三个角度综合比较国内外 62 所高校在高分子化学、聚合物领域的情况。在专利申请量方面，国内高校相比于国外高校优势明显，其中华南理工大学专利申请量位居榜首，为 2209 件，是国外并列排名首位高校(东京大学和麻省理工学院)的 7.4 倍，且国内 42 所"双一流"建设高校中的 18 所高校在该领域的申请量高于国外最高申请量(297 件)。C9 高校中，浙江大学的专利申请量最多，为 1145 件，另外，哈尔滨工业大学、上海交通大学的专利申请量也在 500 件以上。

在专利授权量方面，国内高校的优势也同样明显，国内 42 所"双一流"建设高校的平均授权量(197 件)是国外高校平均授权量(31 件)的 6 倍多。国内高校中华南理工大学的授权量最高，为 1194 件，是国外授权量最高高

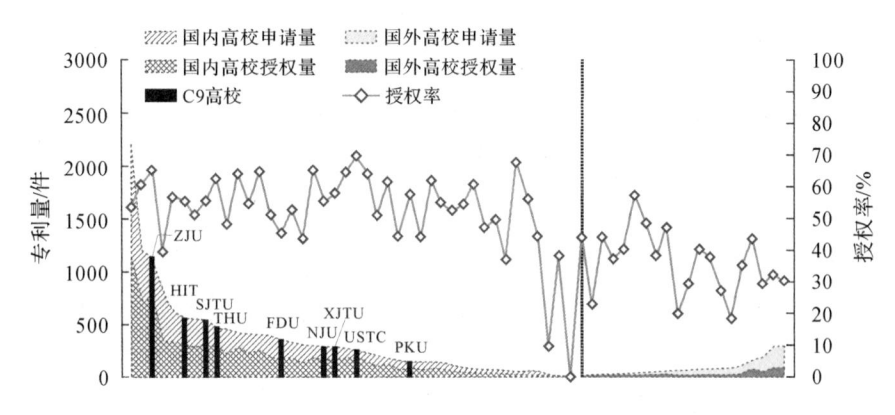

图 8-14　高分子化学、聚合物领域专利申请量、授权量和授权率

校麻省理工学院(97 件)的 12.3 倍,国内 42 所"双一流"建设高校中的 25 所高校在该领域的授权量高于麻省理工学院。

在专利授权率方面,C9 高校在该领域的平均授权率为 58.6%,国内 42 所"双一流"建设高校的平均授权率为 52.5%,国外 20 所高校的平均授权率为 36.5%,国内高校中,中国科学技术大学的授权率最高,为 69.9%,是国外授权率最高的普林斯顿大学(57.6%)的 1.2 倍。

如图 8-15 所示,在高分子化学、聚合物领域的专利拥有量方面,国内高校相比国外高校优势明显。国内高校的平均专利拥有量(160 件)是国外高校平均专利拥有量(29 件)的 5 倍多。国内专利拥有量最多的高校是华南理工大学,数量超过千件,为 1086 件,远高于排名第二的四川大学(637 件),是

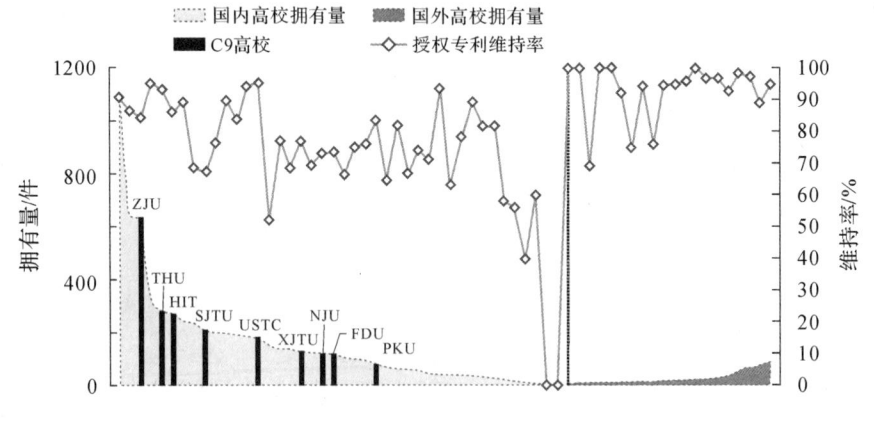

图 8-15　高分子化学、聚合物领域专利拥有量和维持率

国外排名首位的麻省理工学院(92件)的11倍多。国内高校中有23所的专利拥有量高于麻省理工学院。C9高校中拥有量最高的是浙江大学,有634件,另外,拥有200—300件的高校有清华大学、哈尔滨工业大学、上海交通大学,拥有100—300件的有四所高校。

在专利维持方面,国外高校授权专利维持率较国内高校普遍偏高,20所国外高校中,有16所高校的授权专利维持率在90%以上,且有五所高校为100%,维持率最低的哥伦比亚大学也有69.2%。国内42所"双一流"建设高校授权专利维持率均值在75%左右,授权率80%以上的高校有17所,其中90%以上的高校仅有七所。值得一提的是,华南理工大学在申请量遥遥领先于国内其他高校位居榜首的基础上,授权专利的维持率达到了91.0%,可见,华南理工大学在该领域具有很强的技术创新力并非常重视领域内技术的知识产权保护。

二、专利申请量排名前十高校分析

高分子化学、聚合物领域专利申请量排名前十的高校如图8-16所示。领域内排名前十的高校全部来自国内,其中C9高校占据四个席位。在专利申请量上,十所高校专利申请量之和就达到8610件,占62所高校专利申请总量的一半,可见该领域研究技术创新集中度较高,且国内高校技术优势明显。在专利授权率上,浙江大学的授权率最高,为65.5%,天津大学的专利授权率最低,为39.9%,十所高校中仅有三所高校的专利授权率高于60%。

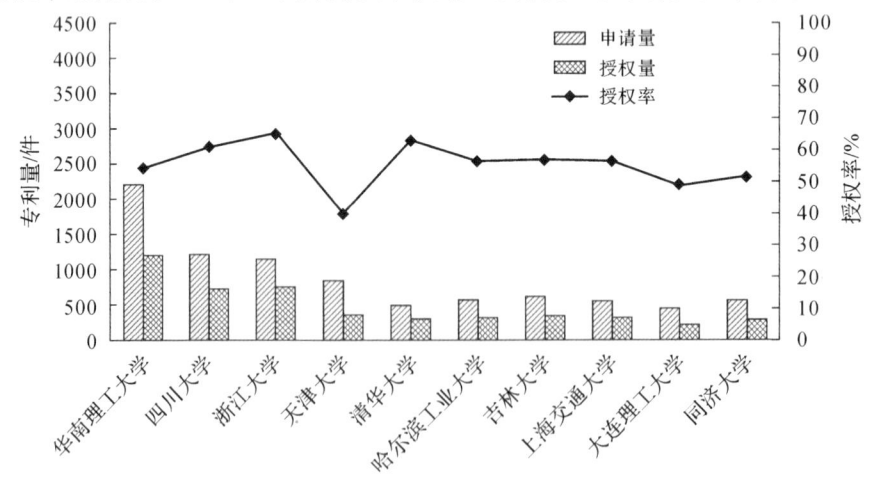

图8-16 高分子化学、聚合物领域专利申请量排名前十高校

图 8-17 所示是高分子化学、聚合物领域专利申请量排名前十高校的专利拥有量与专利维持情况。十所高校的平均专利拥有量为 402 件，形成三个梯队，华南理工大学以 1086 件专利遥遥领先于其他高校，位于第一梯队，是排名第二位的四川大学（637 件）的 1.7 倍，是排名第十位的同济大学的 7.3 倍；四川大学和浙江大学的专利拥有量超过 600 件，位于第二梯队；剩余七所高校位于第三梯队，专利拥有量在 100—300 件。在授权专利维持率上，天津大学、清华大学、华南理工大学、大连理工大学四所高校在 90% 以上，四川大学、哈尔滨工业大学、浙江大学在 80% 以上。

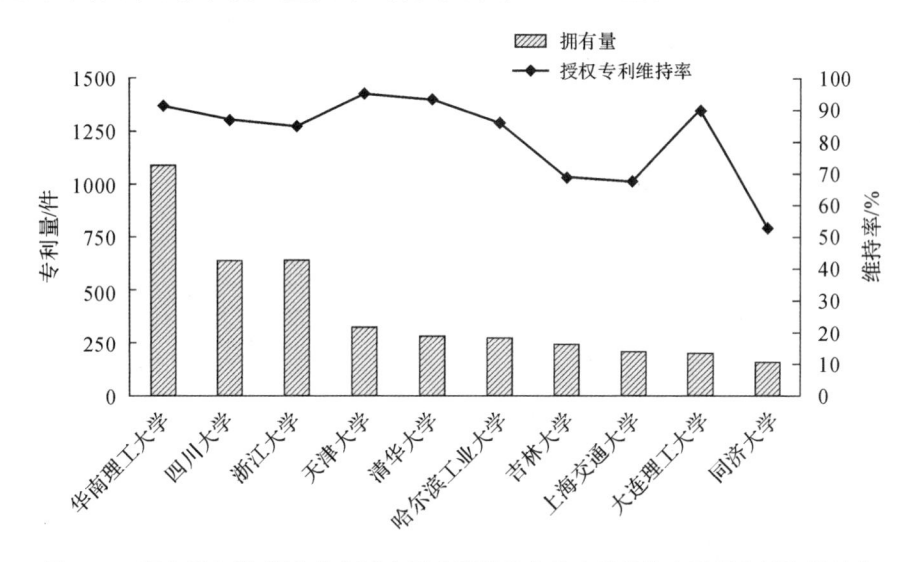

图 8-17 高分子化学、聚合物领域专利申请量排名前十高校的专利拥有量和维持率

第五节 食品化学领域

食品化学领域主要包括食物制备、配制、加工、保存的方法和原材料。本领域对应的 IPC 分类号范围为：A01H+；A21D+；A23B+；A23C+；A23D+；A23F+；A23G+；A23J+；A23K+；A23L+；C12C+；C12F+；C12G+；C12H+；C12J+；C13B10+；C13B20+；C13B30+；C13B35+；C13B40+；C13B50+；C13B99+；C13D+；C13F+；C13J+；C13K+。

基于领域内的专利申请量进行排序，62 所国内外高校在食品化学领域的专利技术创新力参数，如表 8-5 所示。

表 8-5　62 所国内外高校在食品化学领域的专利技术创新力参数

序号	高校名称	申请量/件	授权量/件	拥有量/件	授权率/%	授权专利维持率/%
1	浙江大学	1235	583	373	47.20	64.00
2	中国农业大学	1040	506	368	48.70	72.70
3	华南理工大学	912	370	288	40.60	77.80
4	上海交通大学	491	194	150	39.50	77.30
5	西北农林科技大学	489	166	69	33.90	41.60
6	吉林大学	472	159	121	33.70	76.10
7	中国海洋大学	322	136	97	42.20	71.30
8	四川大学	301	126	94	41.90	74.60
9	天津大学	203	74	66	36.50	89.20
10	哈尔滨工业大学	192	38	24	19.80	63.20
11	中山大学	185	95	58	51.40	61.10
12	山东大学	179	86	57	48.00	66.30
13	清华大学	119	70	50	58.80	71.40
14	康奈尔大学	118	51	48	43.20	94.10
15	兰州大学	111	37	19	33.30	51.40
16	复旦大学	107	40	26	37.40	65.00
17	北京大学	92	51	37	55.40	72.50
18	麻省理工学院	85	31	31	36.50	100.00
19	厦门大学	73	29	20	39.70	69.00
20	郑州大学	64	34	13	53.10	38.20
21	东京大学	64	16	14	25.00	87.50
22	武汉大学	61	25	17	41.00	68.00
23	大连理工大学	60	31	23	51.70	74.20
24	重庆大学	59	25	8	42.40	32.00
25	南京大学	59	24	9	40.70	37.50
26	南开大学	58	17	16	29.30	94.10
27	华东师范大学	53	17	8	32.10	47.10

续　表

序号	高校名称	申请量/件	授权量/件	拥有量/件	授权率/%	授权专利维持率/%
28	华中科技大学	50	23	15	46.00	65.20
29	新疆大学	48	24	10	50.00	41.70
30	西安交通大学	47	19	13	40.40	68.40
31	昆士兰大学	47	17	12	36.20	70.60
32	云南大学	42	8	4	19.00	50.00
33	东南大学	39	12	6	30.80	50.00
34	宾夕法尼亚大学	37	8	7	21.60	87.50
35	中南大学	32	12	2	37.50	16.70
36	北京师范大学	27	13	11	48.10	84.60
37	新加坡国立大学	27	2	2	7.40	100.00
38	斯坦福大学	24	6	6	25.00	100.00
39	中国科学技术大学	20	7	5	35.00	71.40
40	哈佛大学	20	3	3	15.00	100.00
41	约翰斯·霍普金斯大学	19	4	4	21.10	100.00
42	不列颠哥伦比亚大学	19	2	1	10.50	50.00
43	加州理工学院	18	9	9	50.00	100.00
44	湖南大学	17	7	3	41.20	42.90
45	纽约大学	17	5	5	29.40	100.00
46	哥伦比亚大学	16	2	2	12.50	100.00
47	中央民族大学	14	8	7	57.10	87.50
48	芝加哥大学	13	1	1	7.70	100.00
49	华盛顿大学	12	0	0	/	/
50	牛津大学	11	6	5	54.50	83.30
51	同济大学	10	3	3	30.00	100.00
52	东北大学	10	8	5	80.00	62.50
53	杜克大学	10	2	2	20.00	100.00
54	耶鲁大学	9	2	2	22.20	100.00

续　表

序号	高校名称	申请量/件	授权量/件	拥有量/件	授权率/%	授权专利维持率/%
55	电子科技大学	7	4	3	57.10	75.00
56	北京理工大学	7	2	2	28.60	100.00
57	西北工业大学	7	2	2	28.60	100.00
58	密歇根大学	7	2	1	28.60	50.00
59	普林斯顿大学	7	2	2	28.60	100.00
60	北京航空航天大学	2	2	2	100.00	100.00
61	国防科技大学	1	0	0	0.00	0.00
62	中国人民大学	0	0	0	0.00	0.00

一、专利的申请、授权与维持分析

图8-18从专利申请量、授权量和授权率三个角度综合比较国内外62所高校在食品化学领域的情况。在专利申请量方面，国内高校相比于国外高校优势明显，其中浙江大学专利申请量位居榜首，为1235件，是国外排名首位高校（康奈尔大学）的十倍还多，且国内42所"双一流"建设高校中的13所高校在该领域的申请量高于康奈尔大学。国内高校的平均申请量（174件）是国外高校（29件）的六倍。C9高校中，浙江大学表现格外突出，另外，上海交通大学也有491件的申请量，哈尔滨工业大学、清华大学、复旦大学的申请量也在百件以上。

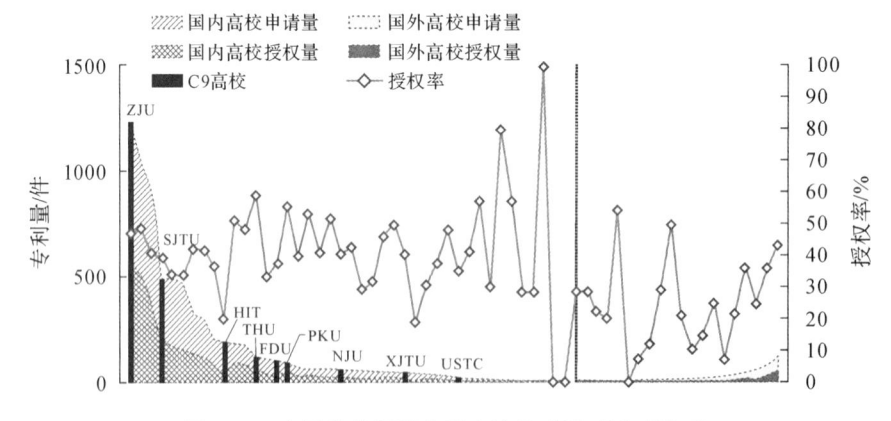

图8-18　食品化学领域专利申请量、授权量和授权率

在专利授权量方面,由于国内高校申请基数较大,且国内高校的授权率普遍较国外高校更高,因此优势明显,排名首位的浙江大学的授权量为583件,同样是康奈尔大学(51件)的11倍还多,国内42所"双一流"建设高校中,12所高校在该领域的授权量高于康奈尔大学。

在专利授权率方面,C9高校在该领域的平均授权率为41.6%,国内42所"双一流"建设高校的平均授权率为41.1%,国外20所高校的平均授权率为24.7%,国内高校中北京航空航天大学和东北大学的授权率居前两位,分别为100%和80%,这两所高校在该领域的专利申请数量非常少,仅分别为两件和十件。另外有八所高校的授权率在50%—60%,国外高校中仅授权率排前两位的牛津大学(54.5%)和加州理工学院(50.0%)在50%及以上。

如图8-19所示,在食品化学领域的专利拥有量方面,国内高校的平均专利拥有量(50.1件)是国外高校平均专利拥有量(7.9件)的六倍多。国内高校中,浙江大学(373件)和中国农业大学(368件)的专利拥有量排名前两位,另外华南理工大学(288件)也接近300件。浙江大学的专利拥有量是国外排名首位高校康奈尔大学(48件)的7.8倍,国内42所"双一流"建设高校中有12所在该领域的拥有量高于康奈尔大学。C9高校中除了浙江大学外,上海交通大学在该领域的专利拥有量也较多,有150件,其余高校在百件以下。

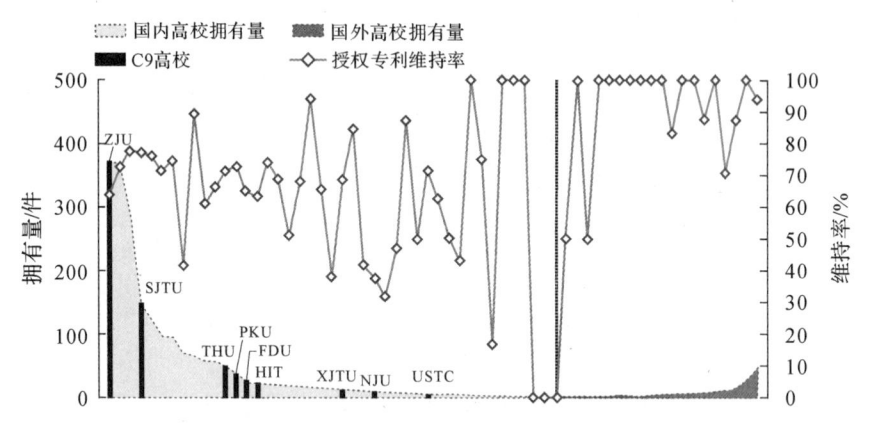

图8-19 食品化学领域专利拥有量和维持率

在专利维持方面,国外高校授权专利维持率较国内高校普遍偏高,20所国外高校中,有12所高校的授权专利维持率为100%,另外,康奈尔大学也达到了94.1%。国内42所"双一流"建设高校中,仅有四所高校的授权专利维持率为100%,而且都是专利申请量十件以内的高校,授权专利维持率在80%以上的高校仅有八所,另外还有八所高校不到50%。可见,国内高校在该领域具有很强的技术创新力,但国外高校更加注重专利的有效维持。

二、专利申请量排名前十高校分析

食品化学领域专利申请量排名前十的高校如图8-20所示。该领域内排名前十的高校全部来自国内,其中C9高校占据三个席位。在专利申请量上,十所高校专利申请量之和占62所高校专利申请总量的71.6%,其中仅排名前两位的浙江大学和中国农业大学申请量总和就达2275件,占62所高校专利申请总量的28.8%,可见该领域研究技术创新集中度较高,且国内高校技术优势明显。在专利授权率上,十所高校的专利授权率都不算高,中国农业大学专利授权率第一,为48.7%,仍未达到50%。除哈尔滨工业大学(19.8%)外,其余高校的专利授权率都在33.7%—48.7%。

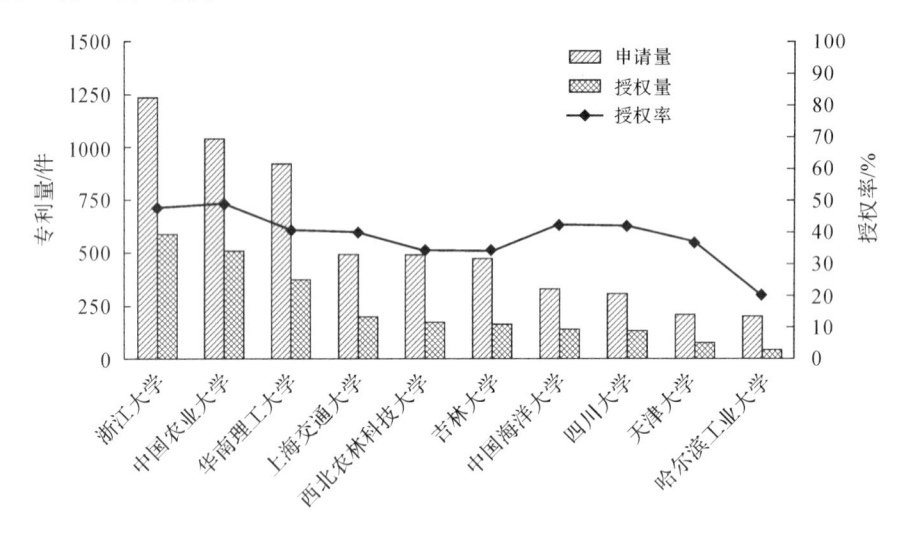

图8-20 食品化学领域专利申请量排名前十高校

图8-21所示是食品化学领域专利申请量排名前十高校的专利拥有量与专利维持情况。十所高校的平均专利拥有量为165件,大体形成三个梯队,浙江大学、中国农业大学、华南理工大学位于第一梯队,浙江大学和中国农业大学的专利拥有量相当,分别为373件和368件,华南理工大学有288件。

上海交通大学和吉林大学位于第二梯队，在 100—150 件。另外五所高校都低于百件，位于第三梯队。在授权专利维持率上，十所高校的授权专利维持率均值为 70.8%，天津大学最高，达到 89.2%，华南理工大学、上海交通大学、吉林大学、四川大学、中国农业大学、中国海洋大学在 70% 以上，另外还有两所高校在 60% 以上。

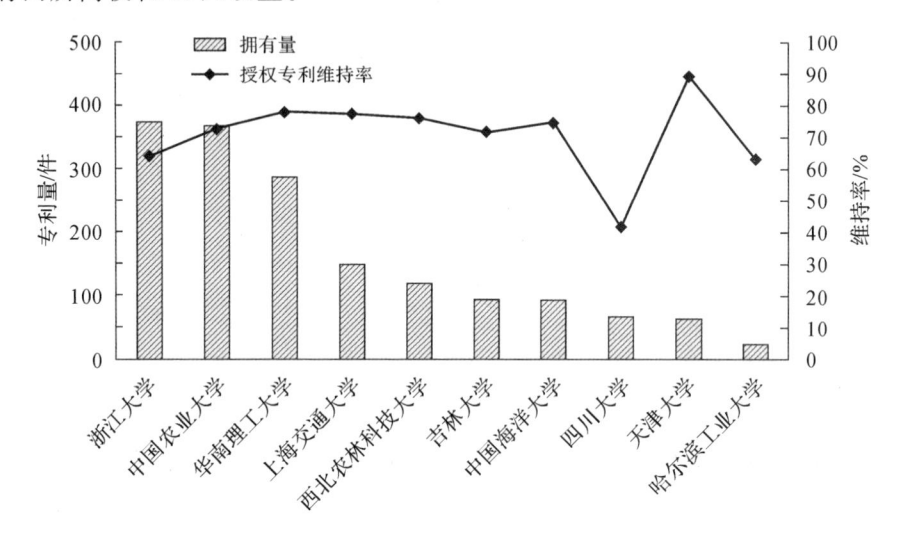

图 8-21　食品化学领域专利申请量排名前十高校的专利拥有量和维持率

第六节　基础材料化学领域

基础材料化学领域主要涵盖除草剂、化肥、涂料、石油、天然气、洗涤剂等典型的大宗化学品。本领域对应的 IPC 分类号范围为：A01N＋；A01P＋；C05B＋；C05C＋；C05D＋；C05F＋；C05G＋；C06B＋；C06C＋；C06D＋；C06F＋；C09B＋；C09C＋；C09D＋；C09F＋；C09G＋；C09H＋；C09J＋；C09K＋；C10B＋；C10C＋；C10F＋；C10G＋；C10H＋；C10J＋；C10K＋；C10L＋；C10M＋；C10N＋；C11B＋；C11C＋；C11D＋；C99Z＋。

基于领域内的专利申请量进行排序，62 所国内外高校在基础材料化学领域的专利技术创新力参数，如表 8-6 所示。

表 8-6　62 所国内外高校在基础材料化学领域的专利技术创新力参数

序号	高校名称	申请量/件	授权量/件	拥有量/件	授权率/%	授权专利维持率/%
1	华南理工大学	1670	835	718	50.00	86.00
2	浙江大学	1133	741	598	65.40	80.70
3	天津大学	838	315	292	37.60	92.70
4	大连理工大学	737	371	315	50.30	84.90
5	东南大学	708	344	263	48.60	76.50
6	清华大学	700	433	358	61.90	82.70
7	中国农业大学	618	358	254	57.90	70.90
8	南开大学	563	262	180	46.50	68.70
9	吉林大学	540	257	173	47.60	67.30
10	四川大学	503	273	207	54.30	75.80
11	上海交通大学	478	266	176	55.60	66.20
12	哈尔滨工业大学	469	229	175	48.80	76.40
13	中山大学	452	215	140	47.60	65.10
14	山东大学	447	257	175	57.50	68.10
15	西北农林科技大学	388	158	77	40.70	48.70
16	麻省理工学院	387	117	108	30.20	92.30
17	中南大学	352	212	161	60.20	75.90
18	厦门大学	337	196	170	58.20	86.70
19	华中科技大学	334	214	180	64.10	84.10
20	北京理工大学	332	170	149	51.20	87.60
21	同济大学	318	153	79	48.10	51.60
22	南京大学	306	124	83	40.50	66.90
23	西安交通大学	291	155	122	53.30	78.70
24	复旦大学	284	101	64	35.60	63.40
25	郑州大学	270	131	74	48.50	56.50
26	哈佛大学	268	59	58	22.00	98.30
27	重庆大学	243	117	80	48.10	68.40

续　表

序号	高校名称	申请量/件	授权量/件	拥有量/件	授权率/%	授权专利维持率/%
28	北京大学	232	110	100	47.40	90.90
29	武汉大学	228	155	115	68.00	74.20
30	东京大学	227	77	64	33.90	83.10
31	湖南大学	206	133	81	64.60	60.90
32	中国科学技术大学	204	131	119	64.20	90.80
33	兰州大学	195	100	68	51.30	68.00
34	东北大学	192	104	95	54.20	91.30
35	西北工业大学	164	49	39	29.90	79.60
36	云南大学	158	53	22	33.50	41.50
37	电子科技大学	152	84	31	55.30	36.90
38	哥伦比亚大学	152	33	28	21.70	84.80
39	康奈尔大学	144	53	50	36.80	94.30
40	中国海洋大学	138	67	53	48.60	79.10
41	加州理工学院	137	57	54	41.60	94.70
42	北京师范大学	134	94	70	70.10	74.50
43	宾夕法尼亚大学	133	50	47	37.60	94.00
44	华东师范大学	123	59	36	48.00	61.00
45	北京航空航天大学	111	71	37	64.00	52.10
46	密歇根大学	111	32	31	28.80	96.90
47	新加坡国立大学	109	26	16	23.90	61.50
48	华盛顿大学	96	38	36	39.60	94.70
49	斯坦福大学	87	30	26	34.50	86.70
50	约翰斯·霍普金斯大学	84	29	28	34.50	96.60
51	昆士兰大学	84	29	25	34.50	86.20
52	芝加哥大学	80	42	42	52.50	100.00
53	新疆大学	76	34	18	44.70	52.90
54	牛津大学	76	20	18	26.30	90.00

续 表

序号	高校名称	申请量/件	授权量/件	拥有量/件	授权率/%	授权专利维持率/%
55	普林斯顿大学	72	38	27	52.80	71.10
56	国防科技大学	60	36	33	60.00	91.70
57	杜克大学	60	16	15	26.70	93.80
58	耶鲁大学	59	19	16	32.20	84.20
59	不列颠哥伦比亚大学	42	12	9	28.60	75.00
60	纽约大学	33	11	11	33.30	100.00
61	中国人民大学	25	13	12	52.00	92.30
62	中央民族大学	14	10	10	71.40	100.00

一、专利的申请、授权与维持分析

图 8-22 从专利申请量、授权量和授权率三个角度综合比较国内外 62 所高校在基础材料化学领域的情况。在专利申请量方面，国内高校相比于国外高校优势明显，其中华南理工大学专利申请量位居榜首，为 1670 件，是国外排名首位高校(麻省理工学院)的 4.3 倍，且国内 42 所"双一流"建设高校中的 15 所高校在该领域的申请量高于麻省理工学院。C9 高校中，浙江大学的专利申请量最多，在全国高校中排名第二，仅次于华南理工大学，为 1133 件。另外，清华大学为 700 件，上海交通大学和哈尔滨工业大学为 400 件以上，中国科学技术大学最少，为 204 件。

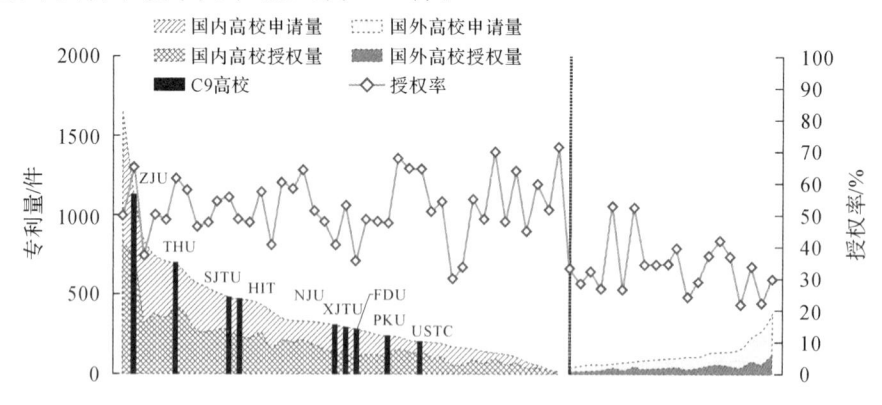

图 8-22 基础材料化学领域专利申请量、授权量和授权率

在专利授权量方面,由于国内高校申请基数较大,且国内高校在该领域的授权率普遍较国外高校更高,因此优势明显,国内排名首位的华南理工大学的授权量为 835 件,是国外排名首位的麻省理工学院(117 件)的七倍多,国内 42 所"双一流"建设高校中的 26 所高校在该领域的授权量高于麻省理工学院。

在专利授权率方面,C9 高校在该领域的平均授权率为 52.5%,国内 42 所"双一流"建设高校的平均授权率也同样为 52.5%,国外 20 所高校的平均授权率为 33.6%。国内高校中中央民族大学的授权率最高,达到 100%,但是中央民族大学在该领域的专利申请量特别小,仅有 10 件。另外北京师范大学的授权率也在 70% 以上,授权率 60%—70% 的高校有九所。国外授权率较高的是普林斯顿大学(52.8%)和芝加哥大学(52.5%),排名前两位,其余高校在 50% 以下。

如图 8-23 所示,在基础材料化学领域的专利拥有量方面,国内高校相比国外高校同样优势明显。国内高校的平均专利拥有量(147.7 件)是国外高校平均专利拥有量(35.5 件)的 4.2 倍。国内高校中拥有量最多的是华南理工大学,有 718 件,约是国外排名首位高校麻省理工学院(108 件)的 7 倍,国内 42 所"双一流"建设高校中有 21 所高校在该领域的拥有量高于麻省理工学院,其中 C9 高校占据六所,分别为浙江大学、清华大学、上海交通大学、哈尔滨工业大学、西安交通大学和中国科学技术大学。

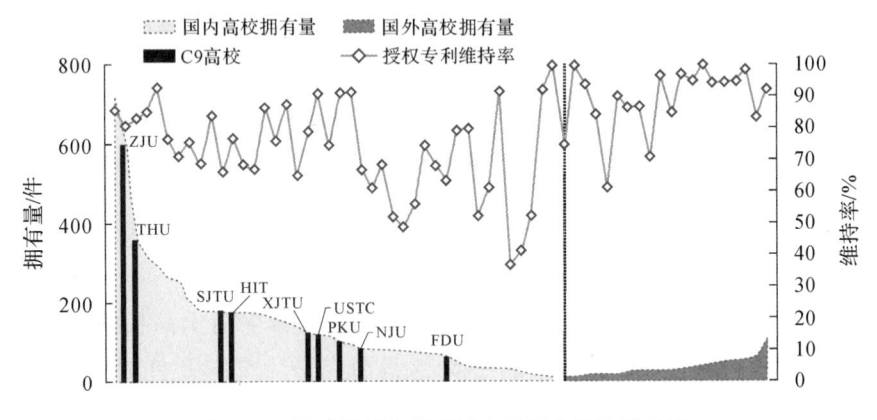

图 8-23 基础材料化学领域专利拥有量和维持率

在专利维持方面,国外高校授权专利维持率较国内高校普遍偏高,20 所国外高校中,有 12 所高校在 90% 以上,五所高校在 80%—90%,国内 42 所

"双一流"建设高校的授权专利维持率均值在 73.1% 左右,80% 以上的高校仅有 14 所,其中 90% 以上的有六所,西北农林科技大学、云南大学、电子科技大学三所高校的授权专利维持率不到 50%。国内高校中授权专利维持率最高的是中央民族大学,达到 100%,但其在该领域的专利申请量特别少,仅有 14 件,90% 以上的六所高校分别是天津大学、中国人民大学、国防科技大学、东北大学、北京大学、中国科学技术大学。

二、专利申请量排名前十高校分析

基础材料化学领域专利申请量排名前十的高校如图 8-24 所示。领域内排名前十的高校全部来自国内,其中 C9 高校占据两个席位。在专利申请量上,十所高校专利申请量之和占 62 所高校专利申请总量的 44.1%,可见该领域研究技术创新集中度较高,且国内高校技术优势明显。在专利授权率上,浙江大学的授权率最高,为 65.4%,天津大学的专利授权率最低,为 37.6%,十所高校中仅有两所高校的专利授权率高于 60%。

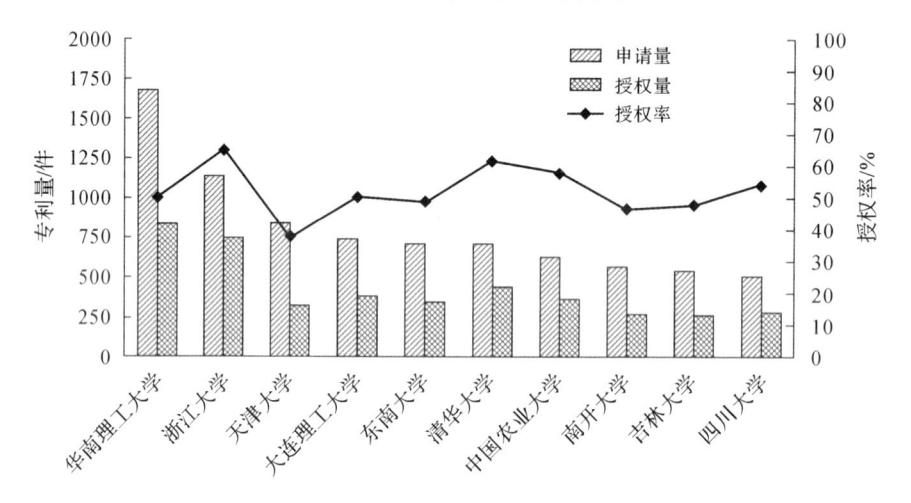

图 8-24 基础材料化学领域专利申请量排名前十高校

图 8-25 所示是基础材料化学领域专利申请量排名前十高校的专利拥有量与专利维持情况。十所高校的平均专利拥有量为 335.8 件,大体形成三个梯队:华南理工大学的专利拥有量最多,为 718 件,高出排名第二的浙江大学(598 件)百件之多,这两所高校位于第一梯队;另外还有六所高校在 200 件以上,位于第二梯队;南开大学和吉林大学位于第三梯队。在授权专利维持率上,十所高校的授权专利维持率均值为 78.6%,天津大学最高,为

92.7%,华南理工大学、大连理工大学、清华大学、浙江大学四所高校在80%以上,南开大学和吉林大学略低。

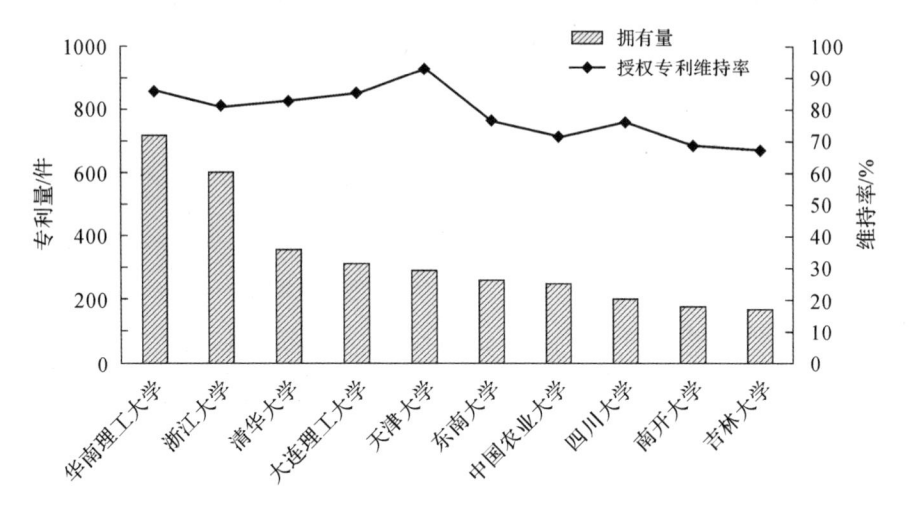

图 8-25 基础材料化学领域专利申请量排名前十高校的专利拥有量和维持率

第七节 材料、冶金领域

材料、冶金领域涵盖了所有类型的金属、陶瓷、玻璃或炼钢工艺。本领域对应的IPC分类号范围为:B22C+;B22D+;B22F+;C01B+;C01C+;C01D+;C01F+;C01G+;C03C+;C04B+;C21B+;C21C+;C21D+;C22B+;C22C+;C22F+。

基于领域内的专利申请量进行排序,62所国内外高校在材料、冶金领域的专利技术创新力参数,如表8-7所示。

表 8-7 62所国内外高校在材料、冶金领域的专利技术创新力参数

序号	高校名称	申请量/件	授权量/件	拥有量/件	授权率/%	授权专利维持率/%
1	中南大学	3757	2268	1879	60.40	82.80
2	东北大学	2830	1668	1457	58.90	87.40
3	哈尔滨工业大学	1766	981	798	55.50	81.30
4	清华大学	1697	986	899	58.10	91.20

续 表

序号	高校名称	申请量/件	授权量/件	拥有量/件	授权率/%	授权专利维持率/%
5	华南理工大学	1676	850	717	50.70	84.40
6	天津大学	1659	602	559	36.30	92.90
7	浙江大学	1638	1059	797	64.70	75.30
8	上海交通大学	1209	655	539	54.20	82.30
9	东南大学	1176	533	419	45.30	78.60
10	大连理工大学	1081	523	422	48.40	80.70
11	西安交通大学	1068	632	481	59.20	76.10
12	吉林大学	971	522	319	53.80	61.10
13	同济大学	947	479	245	50.60	51.10
14	山东大学	884	572	437	64.70	76.40
15	重庆大学	832	480	303	57.70	63.10
16	华中科技大学	822	519	441	63.10	85.00
17	西北工业大学	800	427	350	53.40	82.00
18	四川大学	714	406	312	56.90	76.80
19	郑州大学	529	304	209	57.50	68.80
20	北京航空航天大学	512	339	251	66.20	74.00
21	厦门大学	507	340	300	67.10	88.20
22	电子科技大学	453	212	141	46.80	66.50
23	北京理工大学	446	230	158	51.60	68.70
24	麻省理工学院	396	117	100	29.50	85.50
25	复旦大学	349	138	70	39.50	50.70
26	南京大学	349	168	102	48.10	60.70
27	北京大学	343	208	184	60.60	88.50
28	武汉大学	313	161	120	51.40	74.50
29	湖南大学	302	176	133	58.30	75.60
30	加州理工学院	294	140	127	47.60	90.70
31	东京大学	284	107	97	37.70	90.70

续 表

序号	高校名称	申请量/件	授权量/件	拥有量/件	授权率/%	授权专利维持率/%
32	中国科学技术大学	279	175	161	62.70	92.00
33	国防科技大学	261	151	145	57.90	96.00
34	中山大学	247	111	85	44.90	76.60
35	华东师范大学	242	126	78	52.10	61.90
36	南开大学	198	87	60	43.90	69.00
37	新疆大学	189	64	25	33.90	39.10
38	新加坡国立大学	152	42	34	27.60	81.00
39	兰州大学	134	73	37	54.50	50.70
40	云南大学	121	38	15	31.40	39.50
41	牛津大学	115	21	20	18.30	95.20
42	芝加哥大学	103	72	71	69.90	98.60
43	康奈尔大学	86	34	33	39.50	97.10
44	密歇根大学	79	28	27	35.40	96.40
45	北京师范大学	78	42	27	53.80	64.30
46	不列颠哥伦比亚大学	73	12	12	16.40	100.00
47	昆士兰大学	70	18	16	25.70	88.90
48	哈佛大学	69	19	18	27.50	94.70
49	中国海洋大学	59	24	15	40.70	62.50
50	斯坦福大学	54	15	10	27.80	66.70
51	哥伦比亚大学	51	13	9	25.50	69.20
52	普林斯顿大学	51	24	23	47.10	95.80
53	西北农林科技大学	50	27	8	54.00	29.60
54	中国农业大学	34	25	23	73.50	92.00
55	宾夕法尼亚大学	29	11	11	37.90	100.00
56	华盛顿大学	29	8	6	27.60	75.00
57	约翰斯·霍普金斯大学	25	7	7	28.00	100.00
58	耶鲁大学	24	9	8	37.50	88.90

续 表

序号	高校名称	申请量/件	授权量/件	拥有量/件	授权率/%	授权专利维持率/%
59	中国人民大学	19	9	8	47.40	88.90
60	杜克大学	13	4	4	30.80	100.00
61	纽约大学	9	4	4	44.40	100.00
62	中央民族大学	4	2	1	50.00	50.00

一、专利的申请、授权与维持分析

图 8-26 从专利申请量、授权量和授权率三个角度综合比较国内外 62 所高校在材料、冶金领域的情况。在专利申请量方面，国内高校的平均申请量为 751 件，国外高校平均申请量为 100 件，国内高校相比于国外高校优势明显。国内高校中中南大学专利申请量位居榜首，为 3757 件，是国外排名首位高校（麻省理工学院）的 9.5 倍，且国内 42 所"双一流"建设高校中的 23 所高校在该领域的申请量高于麻省理工学院。C9 高校中，哈尔滨工业大学、清华大学、浙江大学、上海交通大学、西安交通大学五所高校的申请量都在千件以上。

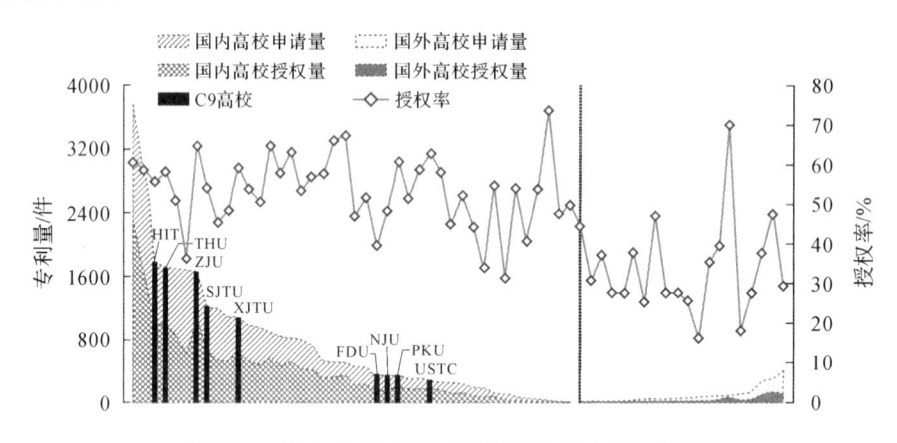

图 8-26 材料、冶金领域专利申请量、授权量和授权率

在专利授权量方面，由于国内高校申请基数较大，且国内高校在该领域的授权率普遍较国外高校更高，因此优势更加明显，国内高校的平均授权量为 414 件，国外高校平均授权量为 35 件。国内高校中中南大学的授权量为 2268 件，是麻省理工学院（117 件）的 19 倍多，国内 42 所"双一流"建设高校

中的31所高校在该领域的授权量高于麻省理工学院。

在专利授权率方面,C9高校在该领域的平均授权率为55.9%,国内42所"双一流"建设高校的平均授权率为53.3%,国外20所高校的平均授权率为34.1%。国内高校中中南大学的授权率居首位,达到60.4%,是国外授权率最高的纽约大学(44.4%)的1.4倍。

如图8-27所示,在材料、冶金领域的专利拥有量方面,国内高校的平均专利拥有量为327件,是国外高校平均专利拥有量(32件)的十倍多。国内高校中中南大学和东北大学的专利拥有量排名前两位,均超过千件,分别为1879件和1457件。国外高校中排名前两位的是加州理工学院(127件)和麻省理工学院(100件),它们也是仅有的不少于百件的两所高校,国内42所"双一流"建设高校中有27所高校在该领域的拥有量高于加州理工学院。国内C9高校中的清华大学、哈尔滨工业大学和浙江大学在该领域的专利拥有量也比较多,分别有899件、798件和797件。

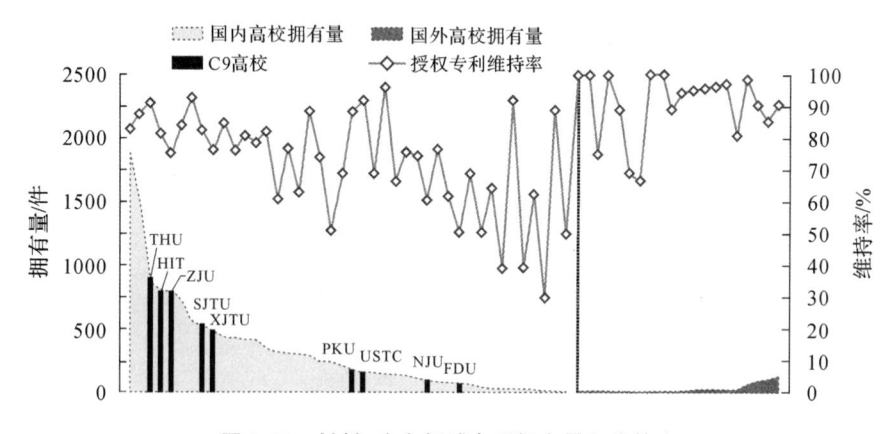

图 8-27 材料、冶金领域专利拥有量和维持率

在专利维持方面,国外高校授权专利维持率较国内高校普遍偏高,国内高校的平均授权专利维持率为72.3%,国外高校的平均授权专利维持率为90.7%。20所国外高校中,17所高校的维持率超过80%,其中四所高校达到100%。国内42所"双一流"建设高校中80%以上的高校仅有16所,其中90%以上的有五所,分别为国防科技大学、天津大学、中国科学技术大学、中国农业大学和清华大学,另外还有三所高校的授权专利维持率不到50%。可见,国内高校在该领域具有很强的技术创新力,但国外高校更加注重专利的有效维持。

二、专利申请量排名前十高校分析

材料、冶金领域专利申请量排名前十的高校如图 8-28 所示。该领域内排名前十的高校全部来自国内,其中 C9 高校占据四个席位。在专利申请量上,十所高校专利申请量之和占 62 所高校专利申请总量的 55.1%,排名第十的大连理工大学的专利申请量也达到了 1081 件,可见该领域研究技术创新集中度较高,且国内高校技术优势明显。在专利授权率上,浙江大学的授权率最高,为 64.7%,天津大学的专利授权率最低,为 36.3%,十所高校中有七所高校的专利授权率高于 50%。

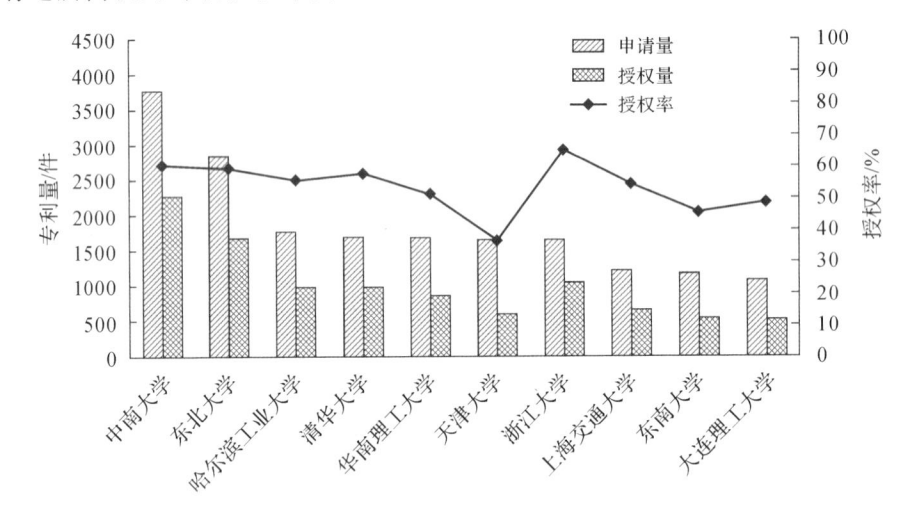

图 8-28　材料、冶金领域专利申请量排名前十高校

图 8-29 所示是材料、冶金领域专利申请量排名前十高校的专利拥有量与授权专利维持情况。十所高校的平均专利拥有量为 849 件,大体形成三个梯队:排名前两位的中南大学(1879 件)和东北大学(1457 件)均超过千件,位于第一梯队;清华大学、哈尔滨工业大学、浙江大学、华南理工大学这四所高校的专利拥有量在 700 件以上,位于第二梯队;剩余四所高校在 400—600 件,位于第三梯队。在授权专利维持率上,十所高校的均值为 83.7%,排名前两位的高校达到了 90% 以上,分别是天津大学(92.9%)和清华大学(91.2%),另外,东北大学、华南理工大学、中南大学、上海交通大学、哈尔滨工业大学、大连理工大学六所高校达到 80% 以上。

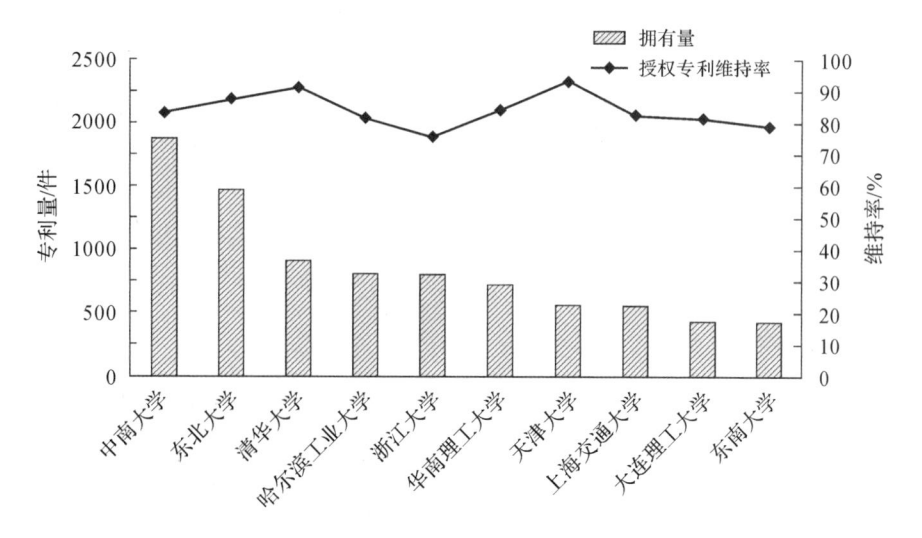

图 8-29 材料、冶金领域专利申请量排名前十高校的专利拥有量和维持率

第八节 表面技术、涂层领域

金属的涂层技术涵盖了电解过程、晶体生长和在表面应用液体的设备等。本领域对应的 IPC 分类号范围为：B05C+；B05D+；B32B+；C23C+；C23D+；C23F+；C23G+；C25B+；C25C+；C25D+；C25F+；C30B+。

基于领域内的专利申请量进行排序，62 所国内外高校在表面技术、涂层领域的专利技术创新力参数，如表 8-8 所示。

表 8-8 62 所国内外高校在表面技术、涂层领域的专利技术创新力参数

序号	高校名称	申请量/件	授权量/件	拥有量/件	授权率/%	授权专利维持率/%
1	哈尔滨工业大学	830	483	393	58.20	81.40
2	清华大学	773	441	400	57.10	90.70
3	中南大学	736	517	443	70.20	85.70
4	华南理工大学	663	377	309	56.90	82.00
5	浙江大学	614	386	302	62.90	78.20
6	天津大学	585	231	208	39.50	90.00

续表

序号	高校名称	申请量/件	授权量/件	拥有量/件	授权率/%	授权专利维持率/%
7	西安交通大学	581	367	294	63.20	80.10
8	山东大学	526	357	278	67.90	77.90
9	东北大学	511	305	250	59.70	82.00
10	上海交通大学	474	270	194	57.00	71.90
11	大连理工大学	444	234	177	52.70	75.60
12	麻省理工学院	425	149	140	35.10	94.00
13	吉林大学	384	220	146	57.30	66.40
14	电子科技大学	384	222	158	57.80	71.20
15	东南大学	329	175	117	53.20	66.90
16	华中科技大学	314	226	183	72.00	81.00
17	北京航空航天大学	306	195	133	63.70	68.20
18	哈佛大学	290	98	92	33.80	93.90
19	北京大学	251	142	124	56.60	87.30
20	同济大学	248	133	81	53.60	60.90
21	西北工业大学	246	135	96	54.90	71.10
22	武汉大学	240	160	105	66.70	65.60
23	四川大学	239	139	92	58.20	66.20
24	南京大学	235	117	86	49.80	73.50
25	重庆大学	232	119	73	51.30	61.30
26	厦门大学	224	149	123	66.50	82.60
27	中山大学	209	93	77	44.50	82.80
28	复旦大学	173	68	39	39.30	57.40
29	芝加哥大学	161	89	87	55.30	97.30
30	密歇根大学	160	62	59	38.80	95.20
31	斯坦福大学	153	42	40	27.50	95.20
32	加州理工学院	152	70	64	46.10	91.40
33	中国科学技术大学	137	84	74	61.30	88.10

续 表

序号	高校名称	申请量/件	授权量/件	拥有量/件	授权率/%	授权专利维持率/%
34	北京理工大学	136	72	54	52.90	75.00
35	郑州大学	134	75	47	56.00	62.70
36	湖南大学	128	76	49	59.40	64.50
37	新加坡国立大学	126	40	38	31.70	95.00
38	南开大学	122	57	38	46.70	66.70
39	北京师范大学	117	77	66	65.80	85.70
40	东京大学	96	31	26	32.30	83.90
41	华东师范大学	90	45	25	50.00	55.60
42	普林斯顿大学	86	31	21	36.00	67.70
43	国防科技大学	79	50	49	63.30	98.00
44	新疆大学	77	40	21	51.90	52.50
45	康奈尔大学	75	25	24	33.30	96.00
46	哥伦比亚大学	62	18	9	29.00	50.00
47	牛津大学	58	18	18	31.00	100.00
48	约翰斯·霍普金斯大学	45	15	15	33.30	100.00
49	宾夕法尼亚大学	43	13	13	30.20	100.00
50	不列颠哥伦比亚大学	41	7	7	17.10	100.00
51	兰州大学	39	26	14	66.70	53.80
52	华盛顿大学	32	13	10	40.60	76.90
53	云南大学	25	13	7	52.00	53.80
54	耶鲁大学	24	13	13	54.20	100.00
55	中国海洋大学	22	13	11	59.10	84.60
56	西北农林科技大学	18	8	4	44.40	50.00
57	杜克大学	13	5	5	38.50	100.00
58	昆士兰大学	12	3	3	25.00	100.00
59	纽约大学	11	5	5	45.50	100.00
60	中国人民大学	10	4	4	40.00	100.00

续表

序号	高校名称	申请量/件	授权量/件	拥有量/件	授权率/%	授权专利维持率/%
61	中国农业大学	7	5	3	71.40	60.00
62	中央民族大学	2	0	0	0.00	0.00

一、专利的申请、授权与维持分析

图 8-30 从专利申请量、授权量和授权率三个角度综合比较国内外 62 所高校在表面技术、涂层领域的情况。在专利申请量方面，国内高校的平均申请量为 283 件，国外高校的平均申请量为 103 件，国内高校相比国外高校优势明显，国内高校中哈尔滨工业大学专利申请量位居榜首，为 830 件，约是国外排名首位高校（麻省理工学院）的 2 倍，国内 42 所"双一流"建设高校中的 11 所高校在该领域的申请量高于麻省理工学院。C9 高校中，哈尔滨工业大学、清华大学、浙江大学、西安交通大学、上海交通大学在该领域的专利申请量在 42 所"双一流"建设高校中排名前十。在专利授权量方面，由于国内高校申请基数较大，且国内高校在该领域的授权率普遍较国外高校更高，因此优势更加明显。排名首位的中南大学的授权量为 517 件，是麻省理工学院（149 件）的 3.5 倍，国内 42 所"双一流"建设高校中的 17 所高校在该领域的授权量高于麻省理工学院。

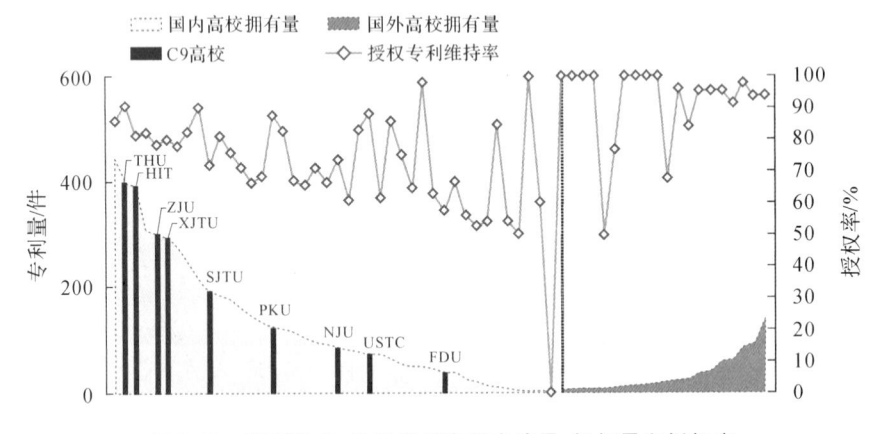

图 8-30 表面技术、涂层领域专利申请量、授权量和授权率

在专利授权率方面，C9 高校在该领域的平均授权率为 56.1%，国内 42 所"双一流"建设高校的平均授权率为 55.5%，国外 20 所高校的平均授

权率为35.7%。国内高校中,华中科技大学(72.0%)、中国农业大学(71.4%)、中南大学(70.2%)的授权率排名前三位,它们也是国内仅有的三所授权率在70%以上的高校;国外高校中,芝加哥大学(55.3%)、耶鲁大学(54.2%)的授权率居前两位,它们也是国外仅有的两所高于50%的高校。

如图8-31所示,在表面技术、涂层领域的专利拥有量方面,国内高校的平均专利拥有量为127件,国外高校的平均专利拥有量为34件。国内高校中,中南大学(443件)和清华大学(400件)的专利拥有量排名前两位,均超过400件,中南大学是国外排名首位的麻省理工学院(140件)的三倍多,国外高校中仅麻省理工学院超过百件,国内42所"双一流"建设高校中有14所高校在该领域的拥有量高于麻省理工学院。

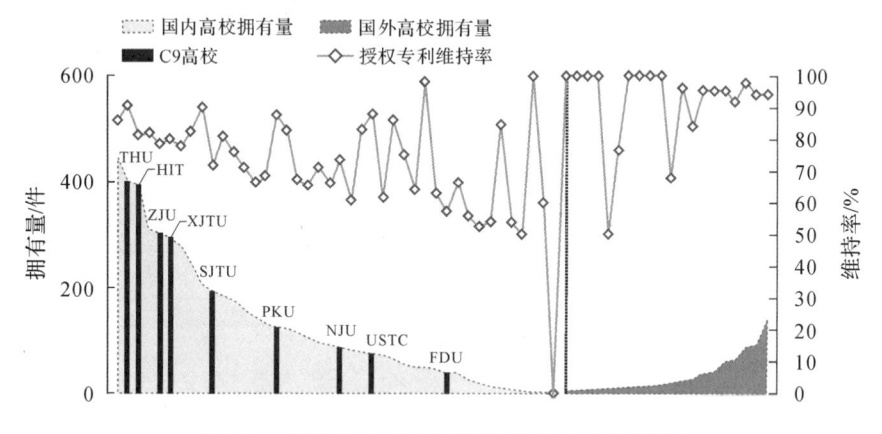

图 8-31　表面技术、涂层领域专利拥有量和维持率

在专利维持方面,国内高校的平均授权专利维持率为71.6%,国外高校的平均授权专利维持率为91.8%,国外高校授权专利维持率较国内高校普遍偏高。20所国外高校中,16所高校的授权专利维持率在90%以上,其中八所高校为100%,哥伦比亚大学的维持率最低(50%),与其他高校差距显著。国内42所"双一流"建设高校中,授权专利维持率在80%以上的高校仅有16所,中国人民大学的授权专利有四件,专利维持率100%,位于国内高校首位,其次是国防科技大学,专利维持率98.0%。C9高校中,清华大学的授权专利维持率最高,为90.7%。

二、专利申请量排名前十高校分析

表面技术、涂层领域专利申请量排名前十的高校如图 8-32 所示。领域内排名前十的高校全部来自国内,其中 C9 高校占据五个席位。在专利申请量上,十所高校专利申请量之和占 62 所高校专利申请总量的 45.1%,可见该领域研究技术创新集中度较高,且国内高校技术优势明显。在专利授权率上,中南大学的授权率最高,为 70.2%,天津大学的授权率最低,为 39.5%,十所高校中仅有四所高校的专利授权率高于 60%。

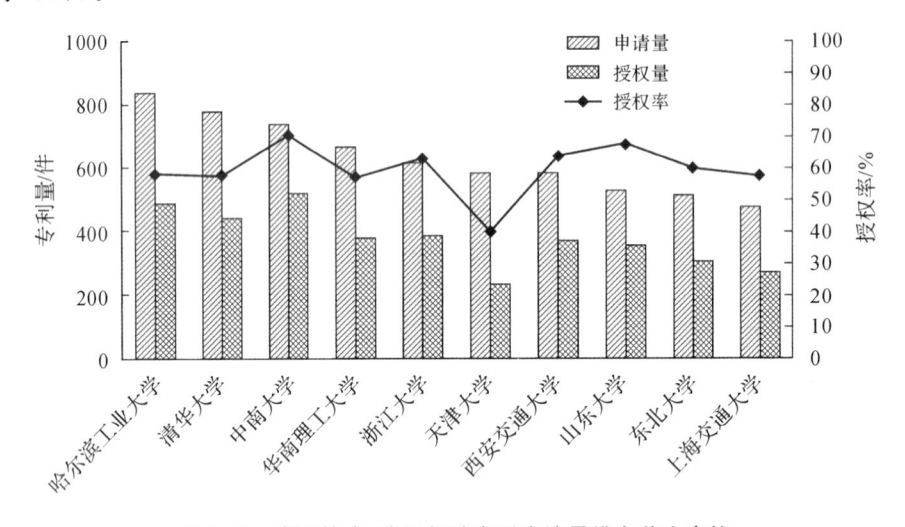

图 8-32 表面技术、涂层领域专利申请量排名前十高校

图 8-33 所示是表面技术、涂层领域专利申请量排名前十高校的专利拥有量与专利维持情况。在专利拥有量上,十所高校的平均专利拥有量为 307 件,大体形成三个梯队:中南大学以 443 件专利领先于其他高校,居首位,另外,清华大学(400 件)和哈尔滨工业大学(393 件)分别排名第二、三位,申请量都在 400 件左右,这三所高校位于第一梯队;华南理工大学、浙江大学、西安交通大学和山东大学的申请量在 300 件左右,位于第二梯队;天津大学和上海交通大学的申请量在 200 件左右,位于第三梯队。在授权专利维持率上,十所高校的授权专利维持率均值为 82.0%,清华大学(90.7%)和天津大学(90.0%)排名前两位,均超过 90%,除浙江大学、山东大学、上海交通大学外,其余高校均在 80% 以上。

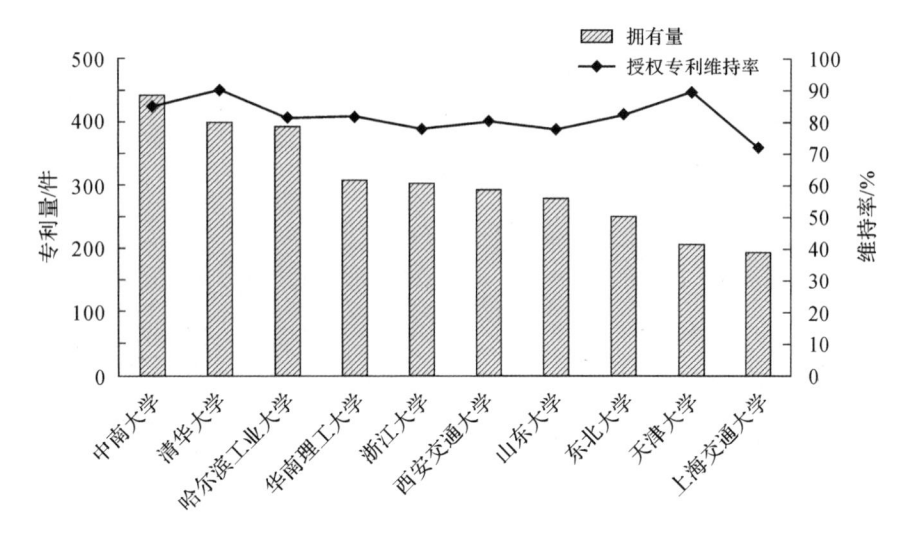

图 8-33 表面技术、涂层领域专利申请量排名前十高校的专利拥有量和维持率

第九节 微观结构和纳米技术领域

微观结构和纳米技术领域涵盖微观结构器件或系统，包括至少一种以其非常小的尺寸为特征的基本元素或结构，它包括具有与尺寸直接相关的特殊属性的纳米结构。本领域对应的 IPC 分类号范围为：B81B+；B81C+；B82B+；B82Y+。

基于领域内的专利申请量进行排序，62 所国内外高校在微观结构和纳米技术领域的专利技术创新力参数，如表 8-9 所示。

表 8-9 62 所国内外高校在微观结构和纳米技术领域的专利技术创新力参数

序号	高校名称	申请量/件	授权量/件	拥有量/件	授权率/%	授权专利维持率/%
1	清华大学	1044	623	572	59.70	91.80
2	东南大学	574	361	218	62.90	60.40
3	浙江大学	537	341	240	63.50	70.40
4	天津大学	501	162	156	32.30	96.30

续 表

序号	高校名称	申请量/件	授权量/件	拥有量/件	授权率/%	授权专利维持率/%
5	上海交通大学	387	224	157	57.90	70.10
6	吉林大学	383	220	130	57.40	59.10
7	麻省理工学院	357	142	135	39.80	95.10
8	哈尔滨工业大学	354	187	160	52.80	85.60
9	华南理工大学	346	138	128	39.90	92.80
10	北京大学	305	201	154	65.90	76.60
11	华中科技大学	285	178	142	62.50	79.80
12	西安交通大学	283	183	133	64.70	72.70
13	中南大学	268	164	150	61.20	91.50
14	复旦大学	258	94	57	36.40	60.60
15	厦门大学	250	144	131	57.60	91.00
16	哈佛大学	249	94	85	37.80	90.40
17	大连理工大学	234	101	88	43.20	87.10
18	电子科技大学	225	117	95	52.00	81.20
19	南京大学	203	83	56	40.90	67.50
20	山东大学	202	133	101	65.80	75.90
21	中国科学技术大学	180	113	97	62.80	85.80
22	同济大学	175	94	48	53.70	51.10
23	北京理工大学	168	85	53	50.60	62.40
24	加州理工学院	167	94	86	56.30	91.50
25	东北大学	163	78	71	47.90	91.00
26	西北工业大学	160	82	68	51.30	82.90
27	康奈尔大学	153	68	65	44.40	95.60
28	新加坡国立大学	134	36	33	26.90	91.70
29	中山大学	130	68	52	52.30	76.50
30	华东师范大学	129	62	39	48.10	62.90
31	斯坦福大学	126	71	62	56.30	87.30

续 表

序号	高校名称	申请量/件	授权量/件	拥有量/件	授权率/%	授权专利维持率/%
32	密歇根大学	123	63	60	51.20	95.20
33	北京航空航天大学	116	71	50	61.20	70.40
34	东京大学	114	40	36	35.10	90.00
35	华盛顿大学	111	48	41	43.20	85.40
36	四川大学	109	53	39	48.60	73.60
37	郑州大学	107	49	35	45.80	71.40
38	重庆大学	106	56	38	52.80	67.90
39	武汉大学	103	66	56	64.10	84.80
40	南开大学	101	38	27	37.60	71.10
41	芝加哥大学	101	59	56	58.40	94.90
42	新疆大学	89	19	3	21.30	15.80
43	耶鲁大学	78	20	20	25.60	100.00
44	湖南大学	75	49	37	65.30	75.50
45	普林斯顿大学	75	39	38	52.00	97.40
46	云南大学	67	20	13	29.90	65.00
47	约翰斯·霍普金斯大学	63	20	20	31.70	100.00
48	兰州大学	53	28	14	52.80	50.00
49	北京师范大学	52	29	15	55.80	51.70
50	牛津大学	51	15	15	29.40	100.00
51	杜克大学	43	19	16	44.20	84.20
52	国防科技大学	40	18	17	45.00	94.40
53	昆士兰大学	40	13	13	32.50	100.00
54	宾夕法尼亚大学	37	18	18	48.60	100.00
55	不列颠哥伦比亚大学	32	9	9	28.10	100.00
56	哥伦比亚大学	30	18	15	60.00	83.30
57	中国海洋大学	19	7	6	36.80	85.70
58	纽约大学	11	6	6	54.50	100.00

续 表

序号	高校名称	申请量/件	授权量/件	拥有量/件	授权率/%	授权专利维持率/%
59	中央民族大学	7	3	2	42.90	66.70
60	中国农业大学	6	4	4	66.70	100.00
61	中国人民大学	6	4	4	66.70	100.00
62	西北农林科技大学	3	1	0	33.30	0

一、专利的申请、授权与维持分析

图 8-34 从专利申请量、授权量和授权率三个角度综合比较国内外 62 所高校在微观结构和纳米技术领域的情况。在专利申请量方面，国内高校的平均申请量为 210 件，国外高校的平均申请量为 105 件，国内高校相比国外高校优势明显。国内高校中，清华大学专利申请量位居榜首，为 1044 件，遥遥领先于国内其他高校，约是国外排名首位高校（麻省理工学院）的近三倍，同时，国内 42 所"双一流"建设高校中的六所高校在该领域的申请量高于麻省理工学院。C9 高校除南京大学和中国科学技术大学外，在国内高校中排名都比较靠前。

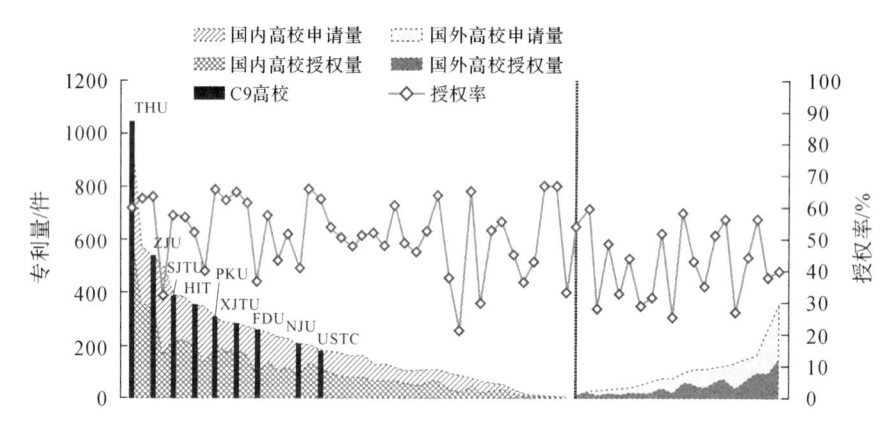

图 8-34 微观结构和纳米技术领域专利申请量、授权量和授权率

在专利授权量方面，由于国内高校申请基数较大，且国内高校在该领域的授权率普遍较国外高校更高，因此优势更加明显。国内高校的平均授权量为 113 件，国外高校平均授权量为 45 件。国内排名最高的清华大学的授权量为 623 件，是国外排名最高的麻省理工学院（142 件）的四倍多，国内 42 所"双一流"建设高校中的 12 所高校在该领域的授权量高于麻省理工学院。

在专利授权率方面，C9高校在该领域的平均授权率为56.1%，国内42所"双一流"建设高校的平均授权率为51.7%，国外20所高校的平均授权率为42.8%。国内高校中，中国农业大学和中国人民大学的授权率并列第一，为66.7%，这两所高校在该领域的专利申请量并不多，都只有六件，排名第三的是北京大学(65.9%)。国外高校中授权率最高的是哥伦比亚大学，为60.0%。

如图8-35所示，在微观结构和纳米技术领域的专利拥有量方面，国内高校的平均专利拥有量为87件，是国外高校的平均专利拥有量(41件)的两倍多。国内高校中，清华大学以572件居首位，遥遥领先于国内其他高校，是排名第二位的浙江大学(240件)的两倍多，是国外排名首位的麻省理工学院(135件)的四倍多，国内42所"双一流"建设高校中有九所在该领域的拥有量高于麻省理工学院。国内高校中除清华大学和浙江大学外，专利拥有量超过100件的高校还有12所，C9高校中有六所超过100件。

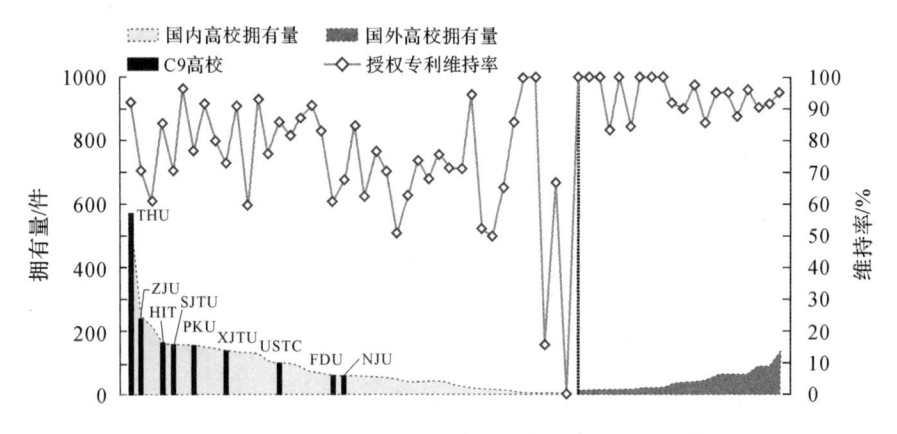

图8-35　微观结构和纳米技术领域专利拥有量和维持率

在专利维持方面，国外高校授权专利维持率较国内高校普遍偏高，20所国外高校的维持率均在80%以上，其中七所高校的维持率为100%。国内42所"双一流"建设高校的授权专利维持率均值在73.0%左右，80%以上的高校仅有16所。C9高校中，清华大学的授权专利维持率最高，为91.8%，其余高校的维持率在60.6%—85.8%。值得一提的是，清华大学在申请量位居榜首的基础上，授权专利的维持率达到91.8%，是C9高校中唯一一所维持率超过90%的高校，可见，清华大学在该领域具有很强的技术创新力并非常重视领域内技术的知识产权保护。

二、专利申请量排名前十高校分析

微观结构和纳米技术领域专利申请量排名前十的高校如图 8-36 所示，有九所国内高校、一所国外高校（麻省理工学院），其中 C9 高校占据五个席位。在专利申请量上，十所高校专利申请量之和占 62 所高校专利申请总量的 43.9%，可见该领域研究技术创新集中度较高，且国内高校技术优势相对明显。国外高校中的麻省理工学院表现同样出色，在排名前十高校中排名第七。在专利授权率上，北京大学最高，为 65.9%，天津大学最低，为 32.3%，十所高校中有三所高校的专利授权率高于 60%。

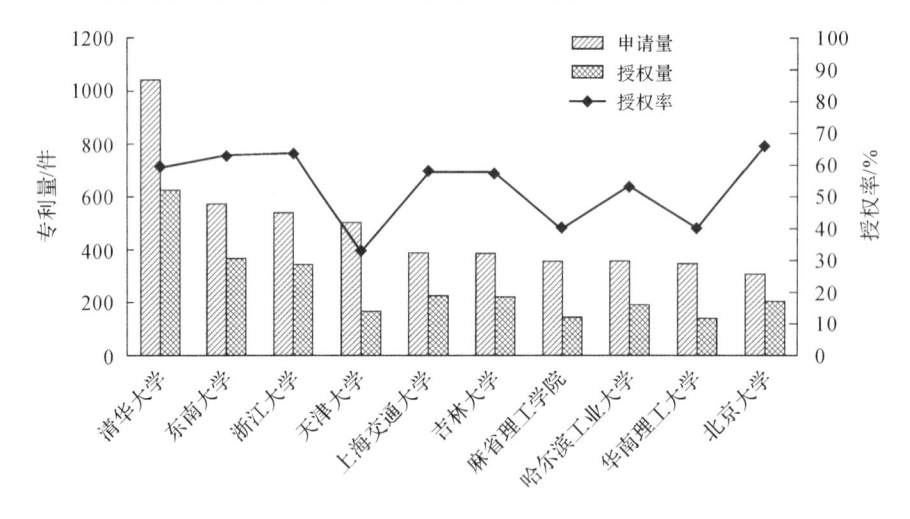

图 8-36 微观结构和纳米技术领域专利申请量排名前十高校

图 8-37 所示是微观结构和纳米技术领域专利申请量排名前十高校的专利拥有量与专利维持情况。在专利拥有量上，十所高校的平均专利拥有量为 205 件，大体形成三个梯队：清华大学以 572 件专利远远领先其他高校，是排名第二位浙江大学（240 件）的两倍多，是排名第十位的华南理工大学的四倍多，位于第一梯队；浙江大学和东南大学在 200 件以上，位于第二梯队，剩余七所高校的专利拥有量差别不大，在 120—160 件，位于第三梯队。在授权专利维持率上，十所高校的均值为 79.8%，天津大学、麻省理工学院、华南理工大学和清华大学四所高校的授权专利维持率都在 90% 以上，另外，哈尔滨工业大学的授权专利维持率为 85.6%，其余高校在 80% 以下。

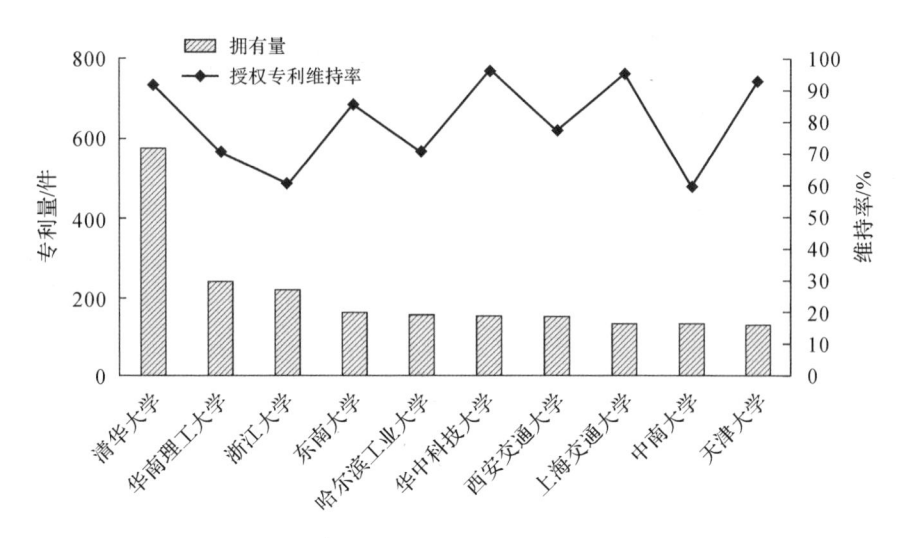

图 8-37 微观结构和纳米技术领域专利申请量排名前十高校的专利拥有量和维持率

第十节 化学工程领域

化学工程领域涵盖了化学和工程的边缘技术,主要指用于化学品工业生产的设备和过程。本领域对应的 IPC 分类号范围为:B01B+;B01D1+;B01D3+;B01D5+;B01D7+;B01D8+;B01D9+;B01D11+;B01D12+;B01D15+;B01D17+;B01D19+;B01D21+;B01D24+;B01D25+;B01D27+;B01D29+;B01D33+;B01D35+;B01D36+;B01D37+;B01D39+;B01D41+;B01D43+;B01D57+;B01D59+;B01D61+;B01D63+;B01D65+;B01D67+;B01D69+;B01D71+;B01F+;B01J+;B01L+;B02C+;B03B+;B03C+;B03D+;B04B+;B04C+;B05B+;B06B+;B07B+;B07C+;B08B+;C14C+;D06B+;D06C+;D06L+;F25J+;F26B+;H05H+。

基于领域内的专利申请量进行排序,62 所国内外高校在化学工程领域的专利技术创新力参数,如表 8-10 所示。

表 8-10 62 所国内外高校在化学工程领域的专利技术创新力参数

序号	高校名称	申请量/件	授权量/件	拥有量/件	授权率/%	授权专利维持率/%
1	浙江大学	2376	1634	1186	68.80	72.60
2	天津大学	1843	822	708	44.60	86.10
3	华南理工大学	1762	937	735	53.20	78.40
4	清华大学	1713	1060	934	61.90	88.10
5	大连理工大学	1266	606	483	47.90	79.70
6	中南大学	1062	694	562	65.30	81.00
7	东南大学	1012	558	370	55.10	66.30
8	哈尔滨工业大学	1010	537	425	53.20	79.10
9	山东大学	919	604	447	65.70	74.00
10	西安交通大学	846	527	413	62.30	78.40
11	四川大学	821	472	363	57.50	76.90
12	南京大学	799	413	307	51.70	74.30
13	麻省理工学院	795	254	248	31.90	97.60
14	吉林大学	749	462	276	61.70	59.70
15	郑州大学	735	482	250	65.60	51.90
16	同济大学	724	381	249	52.60	65.40
17	华中科技大学	711	453	386	63.70	85.20
18	上海交通大学	707	427	314	60.40	73.50
19	厦门大学	658	407	332	61.90	81.60
20	东北大学	588	285	228	48.50	80.00
21	重庆大学	559	304	157	54.40	51.60
22	哈佛大学	553	161	155	29.10	96.30
23	湖南大学	494	310	224	62.80	72.30
24	南开大学	455	201	147	44.20	73.10
25	武汉大学	441	305	214	69.20	70.20
26	复旦大学	441	222	122	50.30	55.00

续 表

序号	高校名称	申请量/件	授权量/件	拥有量/件	授权率/%	授权专利维持率/%
27	中国科学技术大学	407	244	231	60.00	94.70
28	中山大学	381	177	136	46.50	76.80
29	北京大学	332	185	134	55.70	72.40
30	加州理工学院	320	136	121	42.50	89.00
31	华东师范大学	304	138	102	45.40	73.90
32	北京航空航天大学	271	172	120	63.50	69.80
33	中国农业大学	268	204	131	76.10	64.20
34	西北农林科技大学	250	141	45	56.40	31.90
35	兰州大学	240	142	103	59.20	72.50
36	新加坡国立大学	238	50	42	21.00	84.00
37	东京大学	233	84	72	36.10	85.70
38	北京师范大学	219	118	82	53.90	69.50
39	北京理工大学	212	121	81	57.10	66.90
40	斯坦福大学	208	92	83	44.20	90.20
41	康奈尔大学	201	73	62	36.30	84.90
42	中国海洋大学	199	108	76	54.30	70.40
43	西北工业大学	183	84	64	45.90	76.20
44	芝加哥大学	162	97	95	59.90	97.90
45	新疆大学	161	54	26	33.50	48.10
46	牛津大学	157	32	31	20.40	96.90
47	华盛顿大学	148	47	42	31.80	89.40
48	不列颠哥伦比亚大学	137	43	43	31.40	100.00
49	密歇根大学	131	58	56	44.30	96.60
50	电子科技大学	117	64	41	54.70	64.10
51	云南大学	102	36	27	35.30	75.00
52	约翰斯·霍普金斯大学	99	26	26	26.30	100.00
53	哥伦比亚大学	94	39	30	41.50	76.90

续 表

序号	高校名称	申请量/件	授权量/件	拥有量/件	授权率/%	授权专利维持率/%
54	普林斯顿大学	89	33	32	37.10	97.00
55	宾夕法尼亚大学	87	16	16	18.40	100.00
56	昆士兰大学	76	17	10	22.40	58.80
57	杜克大学	57	24	20	42.10	83.30
58	耶鲁大学	57	26	26	45.60	100.00
59	国防科技大学	42	20	16	47.60	80.00
60	中国人民大学	42	21	20	50.00	95.20
61	纽约大学	36	16	15	44.40	93.80
62	中央民族大学	8	3	2	37.50	66.70

一、专利的申请、授权与维持分析

图 8-38 从专利申请量、授权量和授权率三个角度综合比较国内外 62 所高校在化学工程领域的情况。在专利申请量上，国内高校的平均申请量为 629 件，国外高校的平均申请量为 194 件，国内高校相比于国外高校优势明显，其中浙江大学专利申请量位居榜首，为 2376 件，约是国外排名首位高校麻省理工学院(795 件)的三倍，且国内 42 所"双一流"建设高校中的 12 所高校在该领域的申请量高于麻省理工学院。C9 高校中，除浙江大学外，清华大学和哈尔滨工业大学的申请量也在千件以上，北京大学在该领域的申请量最小，仅有 332 件。

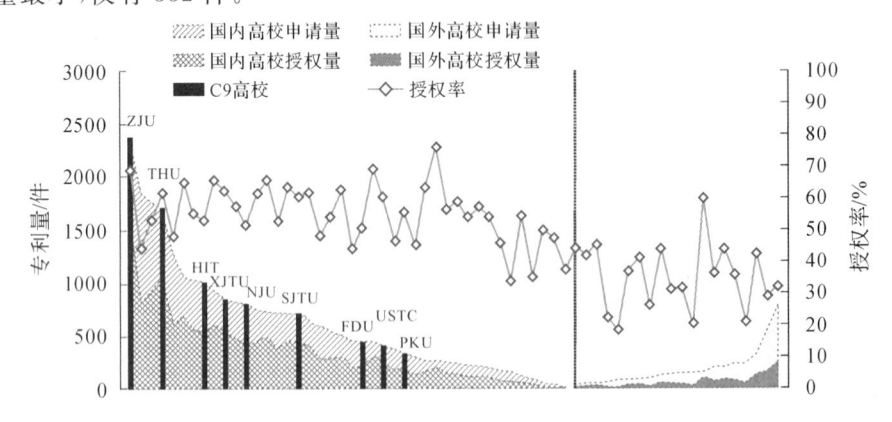

图 8-38 化学工程领域专利申请量、授权量和授权率

在专利授权量上，由于国内高校申请基数较大，且国内高校在该领域的授权率普遍较国外高校更高，因此优势同样明显，浙江大学的授权量为 1634 件，是麻省理工学院（254 件）的六倍多，国内 42 所"双一流"建设高校中的 22 所高校在该领域的授权量高于麻省理工学院。

在专利授权率方面，C9 高校在该领域的平均授权率为 58.2%，国内 42 所"双一流"建设高校的平均授权率为 55.1%，国外 20 所高校的平均授权率为 35.3%，国内高校中，中国农业大学的授权率居首位，达到 76.1%，是国外授权率最高的芝加哥大学（59.9%）的 1.3 倍。

如图 8-39 所示，在化学工程领域的专利拥有量方面，浙江大学是 62 所国内外高校中唯一一所超过 1000 件的高校，是国外排名首位高校麻省理工学院（248 件）的近五倍。国内 42 所"双一流"建设高校中有 18 所高校在该领域的拥有量高于麻省理工学院，除浙江大学外，专利拥有量超过 500 件的高校，还有四所，其中一所是 C9 高校，为拥有量排名第二的清华大学。

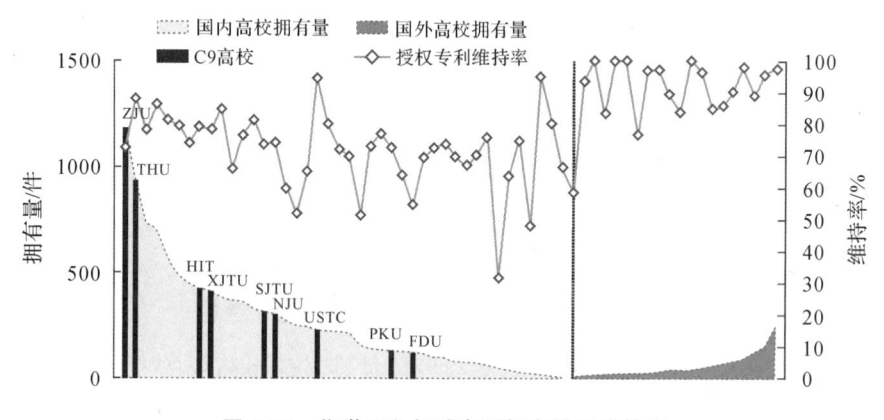

图 8-39　化学工程领域专利拥有量和维持率

在专利维持方面，国外高校授权专利维持率较国内高校普遍偏高，20 所国外高校中 18 所高校的维持率在 80% 以上，其中 12 所高校的维持率在 90% 以上。国内 42 所"双一流"建设高校的授权专利维持率均值为 72.0%，80% 以上的高校仅有九所，另外，新疆大学、西北农林科技大学的授权专利维持率不到 50%。C9 高校中，中国科学技术大学的专利申请量排名第八，但授权专利维持率排名第一，为 94.7%，其次是清华大学（88.1%），其余高校都在 80% 以下。可见，中国科学技术大学、清华大学在该领域具有很强的技术创新力并非常重视领域内技术的知识产权保护。

二、专利申请量排名前十高校分析

化学工程领域专利申请量排名前十的高校如图 8-40 所示。化学工程技术领域专利申请量排名前十的高校全部来自国内,其中 C9 高校占据四个席位。在专利申请量上,十所高校专利申请量之和占 62 所高校专利申请总量的 45.6%,可见该领域研究技术创新集中度较高,且国内高校技术优势明显。在专利授权率上,浙江大学的授权率最高,为 68.8%,天津大学的专利授权率最低,为 44.6%,十所高校中有五所的专利授权率高于 60%。

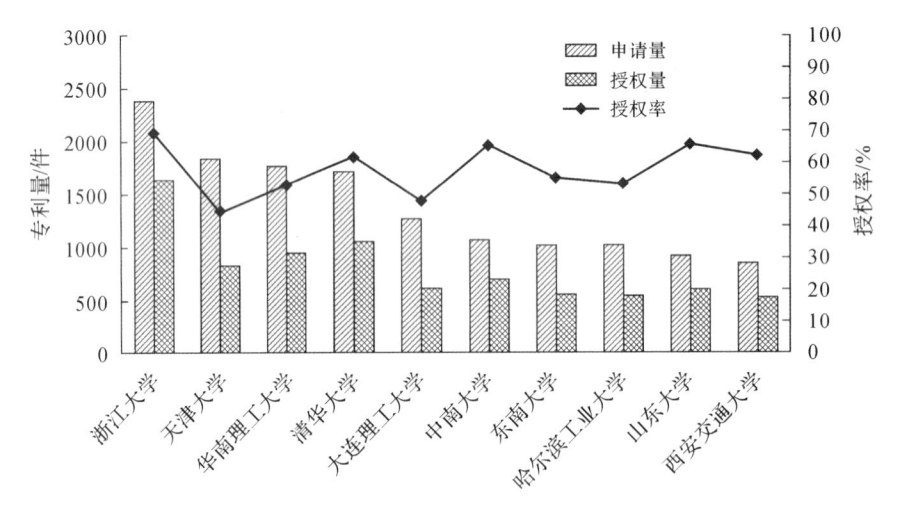

图 8-40 化学工程领域专利申请量排名前十高校

图 8-41 所示是化学工程领域专利申请量排名前十高校的专利拥有量与专利维持情况。十所高校的平均专利拥有量为 626 件,大体形成三个梯队:浙江大学以 1186 件专利领先其他高校,是排名第十位的东南大学的 3.2 倍,处于第一梯队;清华大学、华南理工大学等专利拥有量超过 500 件高校的处于第二梯队;大连理工大学、山东大学等低于 500 件的高校处于第三梯队。在授权专利维持率上,十所高校都在 60% 以上,80% 以上的有三所,分别为排名前三位的清华大学、天津大学和中南大学,十所高校的授权专利维持率均值为 78.4%。

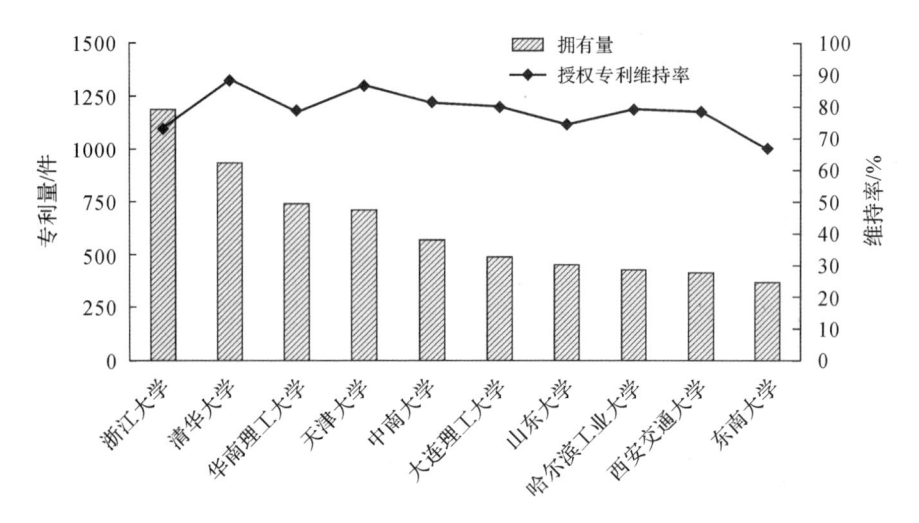

图 8-41　化学工程领域专利申请量排名前十高校的专利拥有量和维持率

第十一节　环境技术

环境技术领域涵盖了各种不同的技术和应用,特别是过滤器、废物处理、水清洗(面积相当大)、气流消声器和排气装置、废物燃烧或消声墙。本领域对应的 IPC 分类号范围为:A62C+;B01D45+;B01D46+;B01D47+;B01D49+;B01D50+;B01D51+;B01D52+;B01D53+;B09B+;B09C+;B65F+;C02F+;E01F8+;F01N+;F23G+;F23J+;G01T+。

基于领域内的专利申请量进行排序,62 所国内外高校在环境技术领域的专利技术创新力参数,如表 8-11 所示。

表 8-11　62 所国内外高校在环境技术领域的专利技术创新力参数

序号	高校名称	申请量/件	授权量/件	拥有量/件	授权率/%	授权专利维持率/%
1	清华大学	1731	967	864	55.86	89.35
2	浙江大学	1727	1200	834	69.48	69.50
3	华南理工大学	1567	841	641	53.67	76.22
4	天津大学	1308	566	410	43.27	72.44
5	同济大学	1299	657	446	50.58	67.88

续 表

序号	高校名称	申请量/件	授权量/件	拥有量/件	授权率/%	授权专利维持率/%
6	哈尔滨工业大学	1173	627	482	53.45	76.87
7	南京大学	1146	656	522	57.24	79.57
8	山东大学	958	616	461	64.30	74.84
9	东南大学	946	514	340	54.33	66.15
10	大连理工大学	762	329	260	43.18	79.03
11	重庆大学	682	392	232	57.48	59.18
12	西安交通大学	681	416	332	61.09	79.81
13	中南大学	661	415	367	62.78	88.43
14	湖南大学	654	386	265	59.02	68.65
15	上海交通大学	647	359	260	55.49	72.42
16	华中科技大学	585	346	299	59.15	86.42
17	四川大学	509	254	183	49.90	72.05
18	郑州大学	451	307	162	68.07	52.77
19	中山大学	395	179	112	45.32	62.57
20	武汉大学	375	234	158	62.40	67.52
21	吉林大学	369	220	120	59.62	54.55
22	北京师范大学	348	189	88	54.31	46.56
23	东北大学	340	166	125	48.82	75.30
24	南开大学	315	117	89	37.14	76.07
25	北京大学	308	191	147	62.01	76.96
26	麻省理工学院	270	106	103	39.26	97.17
27	中国海洋大学	254	128	78	50.39	60.94
28	复旦大学	233	100	51	42.92	51.00
29	中国科学技术大学	228	140	118	61.40	84.29
30	厦门大学	217	118	94	54.38	79.66
31	中国农业大学	173	106	70	61.27	66.04
32	兰州大学	153	70	50	45.75	71.43
33	北京理工大学	152	77	43	50.66	55.84
34	北京航空航天大学	150	84	56	56.00	66.67

续表

序号	高校名称	申请量/件	授权量/件	拥有量/件	授权率/%	授权专利维持率/%
35	华东师范大学	142	70	47	49.30	67.14
36	云南大学	136	61	45	44.85	73.77
37	西北农林科技大学	117	56	21	47.86	37.50
38	新加坡国立大学	95	11	9	11.58	81.82
39	斯坦福大学	87	32	24	36.78	75.00
40	加州理工学院	67	25	24	37.31	96.00
41	西北工业大学	64	30	21	46.88	70.00
42	中国人民大学	55	24	21	43.64	87.50
43	东京大学	53	17	15	32.08	88.24
44	哥伦比亚大学	49	15	11	30.61	73.33
45	康奈尔大学	45	18	17	40.00	94.44
46	密歇根大学	44	18	18	40.91	100.00
47	芝加哥大学	42	27	26	64.29	96.30
48	昆士兰大学	41	9	6	21.95	66.67
49	新疆大学	37	13	6	35.14	46.15
50	纽约大学	36	3	3	8.33	100.00
51	约翰斯·霍普金斯大学	33	11	10	33.33	90.91
52	电子科技大学	31	16	8	51.61	50.00
53	华盛顿大学	28	11	9	39.29	81.82
54	不列颠哥伦比亚大学	28	3	3	10.71	100.00
55	普林斯顿大学	27	12	12	44.44	100.00
56	牛津大学	26	1	1	3.85	100.00
57	耶鲁大学	23	13	13	56.52	100.00
58	哈佛大学	19	3	3	15.79	100.00
59	杜克大学	14	7	7	50.00	100.00
60	宾夕法尼亚大学	12	3	3	25.00	100.00
61	国防科技大学	8	4	4	50.00	100.00
62	中央民族大学	3	1	1	33.33	100.00

一、专利的申请、授权与维持分析

图 8-42 从专利申请量、授权量和授权率三个角度综合比较国内外 62 所高校在环境技术领域的情况。在专利申请量上,国内高校的平均申请量为 526 件,国外高校的平均申请量为 52 件,国内高校相比国外高校优势明显,其中清华大学专利申请量位居榜首,为 1731 件,是国外排名首位的麻省理工学院(270 件)的 6.4 倍,且国内 42 所"双一流"建设高校中的 25 所高校在该领域的申请量高于麻省理工学院。C9 高校中,清华大学、浙江大学、哈尔滨工业大学、南京大学在该领域的申请量均超 1100 件。

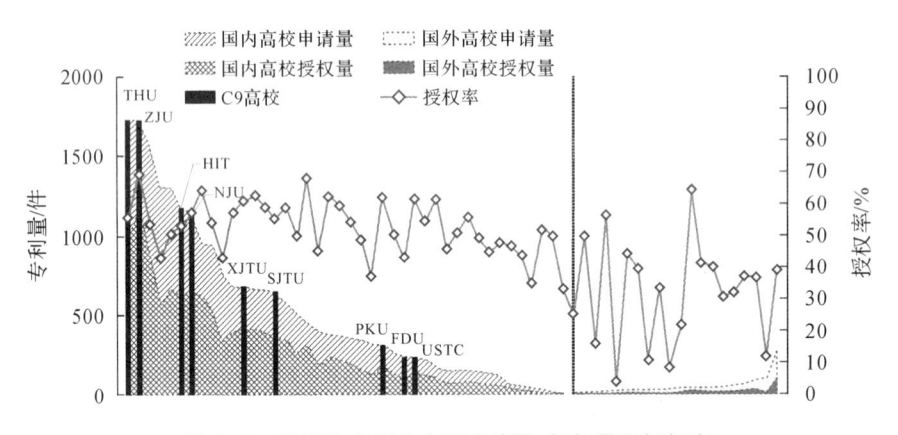

图 8-42 环境技术领域专利申请量、授权量和授权率

在专利授权量上,由于国内高校申请基数较大,且国内高校在该领域的授权率普遍较国外高校更高,因此优势更加明显。浙江大学的授权量最高,为 1200 件,是麻省理工学院(106 件)的 11 倍以上,国内 42 所"双一流"建设高校中有 28 所高校在该领域的授权量高于麻省理工学院。

在专利授权率方面,C9 高校在该领域的平均授权率为 57.7%,国内 42 所"双一流"建设高校的平均授权率为 52.7%,国外 20 所高校的平均授权率为 32.1%,国内高校中浙江大学的授权率居首位,达到 69.5%,是国外授权率最高的芝加哥大学(64.3%)的 1.1 倍。

如图 8-43 所示,在环境技术领域的专利拥有量方面,清华大学的拥有量排名第一(864 件),是国外排名首位高校麻省理工学院(103 件)的八倍多。国内 42 所"双一流"建设高校中有 24 所高校在该领域的拥有量高于麻省理工学院。除清华大学外,专利拥有量超过500件的高校还有三所,其中还有两所C9高校,分别为浙江大学与南京大学。

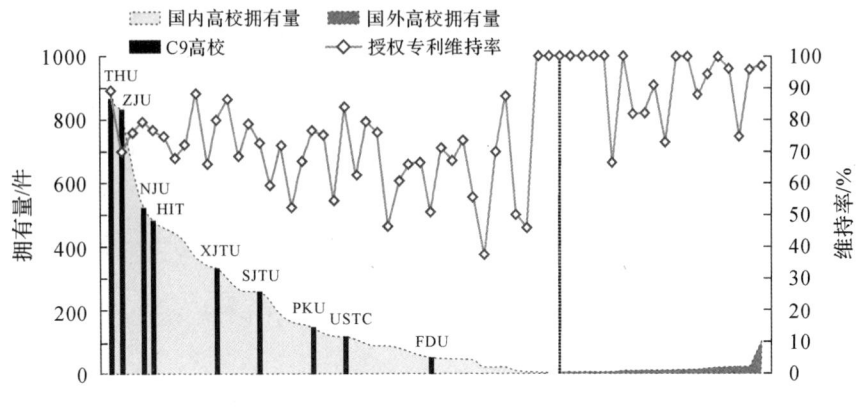

图 8-43 环境技术领域专利拥有量和维持率

在专利维持方面,国外高校授权专利维持率较国内高校普遍偏高,20所国外高校中,除昆士兰大学的66.7%和哥伦比亚大学的73.3%,其余高校的维持率均超过80%,有多达九所高校的维持率为100%。国内42所高校授权专利维持率均值在70%左右,80%以上的高校仅七所,其中,北京师范大学、西北农林科技大学、新疆大学三所高校,授权专利维持率还不到50%。值得一提的是,清华大学在申请量位居榜首的基础上,授权专利的维持率达到了89.4%,可见,清华大学在该领域具有很强的技术创新力并且非常重视领域内技术的知识产权保护。

二、专利申请量排名前十高校分析

环境技术领域专利申请量排名前十的高校如图8-44所示。环境技术领域专利申请量排名前十的高校全部来自国内,其中C9高校占据四个席位。在专利申请量上,十所高校专利申请量之和占62所高校专利申请总量的54.6%,排名第十位的大连理工大学专利申请量也达到了762件,可见该领域研究技术创新集中度较高,且国内高校技术优势明显。在专利授权率上,浙江大学最高,为69.5%,十所高校中仅有两所高校的专利授权率高于60%。

图8-45所示是环境技术领域专利申请量排名前十高校的专利拥有量与专利维持情况。十所高校的平均专利拥有量为526件,大体形成三个梯队:清华大学和浙江大学拥有量接近,均超过800件,处于第一梯队;华南

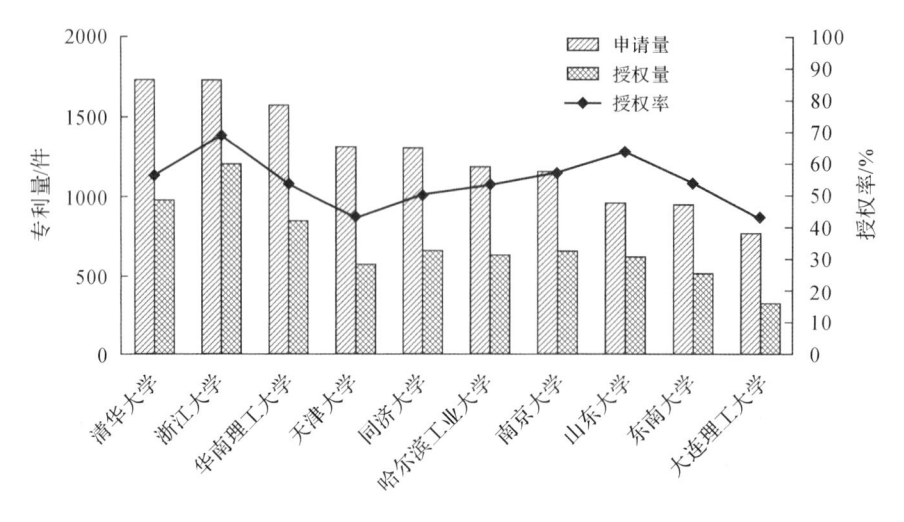

图 8-44 环境技术领域专利申请量排名前十高校

理工大学、南京大学等专利拥有量超过 400 件的高校处于第二梯队；东南大学和大连理工大学的拥有量低于 400 件，处于第三梯队。在授权专利维持率上，除浙江大学、同济大学和东南大学外，其余高校均在 70% 以上，清华大学维持率最高（89.3%），也是十所高校中唯一一所超过 80% 的高校。

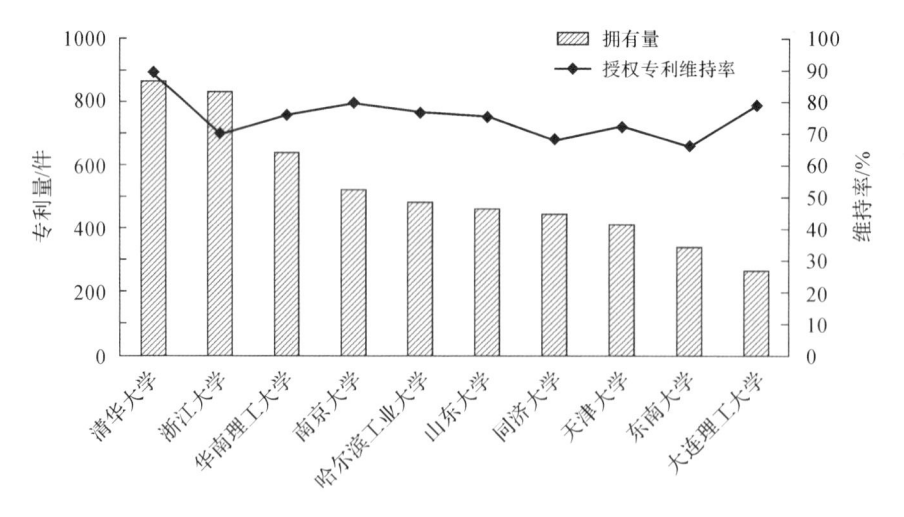

图 8-45 环境技术领域专利申请量排名前十高校的专利拥有量和维持率

第九章 机械工程技术部

机械工程技术部中包含八个子领域,分别是:处理,机械工具,发动机、水泵、涡轮机,纺织和造纸机械,其他专用机器,热处理和设备,机械元件,运输系统。八个子领域的专利申请与授权情况如图9-1所示,其中其他专用机器领域的专利申请量最大,有21950件,而申请量最小的纺织和造纸机械领域仅有4000多件。在专利授权率上,申请量最大的其他专用机器领域授权率最低,仅有56.9%,但由于申请总量大,所以专利授权量仍旧是最大的。另外,纺织和造纸机械领域授权率也低于60%,其余领域授权率均分布在60%—70%,其中机械元件领域授权率最高,为68.1%。在授权专利维持率上,纺织和造纸机械领域最高,为77.7%,和其余领域的66%—72%相比具有一定优势。

总体而言,机械工程技术部各个子领域除了纺织和造纸机械领域具有相对低的授权率和相对高的授权专利维持率,其他领域在授权率和授权专利维持率上都比较接近。

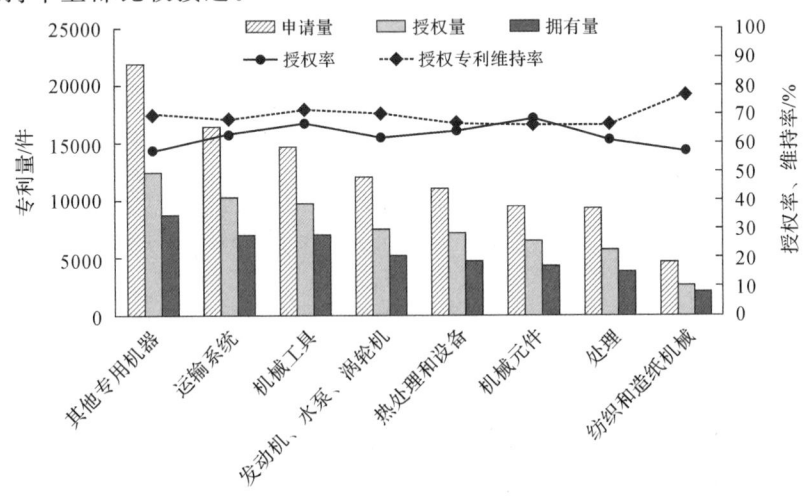

图 9-1 机械工程技术部专利申请与授权情况

第一节 处理领域

处理领域主要包括电梯、起重机或机器人,但也包括包装设备。本领域对应的 IPC 分类号范围为:B25J+;B65B+;B65C+;B65D+;B65G+;B65H+;B66B+;B66C+;B66D+;B66F+;B67B+;B67C+;B67D+。

基于领域内的专利申请量进行排序,62 所国内外高校在处理领域的专利技术创新力参数,如表 9-1 所示。

表 9-1　62 所国内外高校在处理领域的专利技术创新力参数

序号	高校名称	申请量/件	授权量/件	拥有量/件	授权率/%	授权专利维持率/%
1	华南理工大学	787	478	307	60.74	64.23
2	清华大学	750	423	340	56.40	80.38
3	哈尔滨工业大学	683	369	322	54.03	87.26
4	浙江大学	673	487	284	72.36	58.32
5	上海交通大学	433	247	171	57.04	69.23
6	天津大学	418	226	167	54.07	73.89
7	吉林大学	407	290	146	71.25	50.34
8	华中科技大学	364	255	166	70.05	65.10
9	山东大学	308	197	145	63.96	73.60
10	西北农林科技大学	306	177	85	57.84	48.02
11	东南大学	290	182	123	62.76	67.58
12	北京理工大学	280	175	130	62.50	74.29
13	郑州大学	258	207	77	80.23	37.20
14	东北大学	250	161	121	64.40	75.16
15	北京航空航天大学	247	148	94	59.92	63.51
16	大连理工大学	219	126	68	57.53	53.97
17	武汉大学	209	176	83	84.21	47.16
18	西北工业大学	208	121	70	58.17	57.85

续　表

序号	高校名称	申请量/件	授权量/件	拥有量/件	授权率/%	授权专利维持率/%
19	重庆大学	206	112	76	54.37	67.86
20	西安交通大学	195	124	90	63.59	72.58
21	哈佛大学	172	68	67	39.53	98.53
22	同济大学	168	104	67	61.90	64.42
23	四川大学	159	106	65	66.67	61.32
24	中南大学	152	101	74	66.45	73.27
25	麻省理工学院	144	43	42	29.86	97.67
26	电子科技大学	112	62	46	55.36	74.19
27	约翰斯·霍普金斯大学	92	46	46	50.00	100.00
28	中国农业大学	91	67	30	73.63	44.78
29	中国科学技术大学	70	40	37	57.14	92.50
30	中山大学	68	45	13	66.18	28.89
31	湖南大学	65	44	29	67.69	65.91
32	厦门大学	56	44	22	78.57	50.00
33	中国海洋大学	52	32	20	61.54	62.50
34	新疆大学	47	34	12	72.34	35.29
35	华东师范大学	42	35	28	83.33	80.00
36	东京大学	41	14	13	34.15	92.86
37	兰州大学	40	33	24	82.50	72.73
38	南开大学	35	22	22	62.86	100.00
39	斯坦福大学	32	11	10	34.38	90.91
40	新加坡国立大学	30	3	2	10.00	66.67
41	国防科技大学	25	9	8	36.00	88.89
42	北京师范大学	24	21	9	87.50	42.86
43	复旦大学	22	14	8	63.64	57.14
44	南京大学	21	11	6	52.38	54.55
45	康奈尔大学	20	5	4	25.00	80.00

续　表

序号	高校名称	申请量/件	授权量/件	拥有量/件	授权率/%	授权专利维持率/%
46	北京大学	19	11	9	57.89	81.82
47	加州理工学院	16	9	7	56.25	77.78
48	宾夕法尼亚大学	12	3	3	25.00	100.00
49	杜克大学	10	5	5	50.00	100.00
50	密歇根大学	10	5	5	50.00	100.00
51	芝加哥大学	10	6	6	60.00	100.00
52	华盛顿大学	7	4	3	57.14	75.00
53	云南大学	6	6	6	100.00	100.00
54	哥伦比亚大学	4	3	3	75.00	100.00
55	中央民族大学	2	2	2	100.00	100.00
56	牛津大学	2	0	0	0.00	0.00
57	中国人民大学	1	0	0	0.00	0.00
58	昆士兰大学	1	0	0	0.00	0.00
59	不列颠哥伦比亚大学	1	1	1	100.00	100.00
60	耶鲁大学	1	0	0	0.00	0.00
61	纽约大学	1	0	0	0.00	0.00
62	普林斯顿大学	0	0	0	0.00	0.0

一、专利的申请、授权与维持分析

图9-2从专利申请量、授权量和授权率三个角度综合比较国内外62所高校在处理领域的情况。在专利申请量上，国内高校的平均申请量为209件，国外高校的平均申请量为30件，国内高校相比国外高校优势明显，其中华南理工大学专利申请量位居榜首，为787件，是国外排名首位高校哈佛大学(172件)的4.6倍，且国内42所"双一流"建设高校中将近一半高校在该领域的申请量高于哈佛大学。C9高校中，清华大学、哈尔滨工业大学、浙江大学、上海交通大学，在该领域的申请量均超400件。

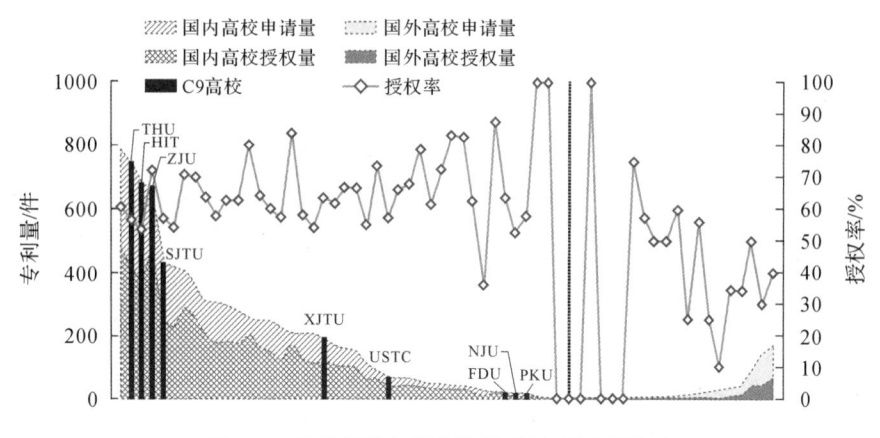

图 9-2 处理领域专利申请量、授权量和授权率

在专利授权量上,由于国内高校申请基数较大,且国内外高校授权率不相上下,因此国内高校相对国外高校仍有明显优势。浙江大学的授权量最高,为 487 件,是哈佛大学(68 件)的七倍以上,国内 42 所"双一流"建设高校中有 23 所高校在该领域的授权量高于哈佛大学。

在专利授权率方面,C9 高校在该领域的平均授权率为 59.4%,国内 42 所"双一流"建设高校的平均授权率为 64.7%,国外 20 所高校的平均授权率为 34.8%,其中国内有两所高校的授权率达到了 100%,国外有一所高校授权率达到了 100%,这几所高校的共同特点是申请量都极小(均不高于六件)。

如图 9-3 所示,在处理领域的专利拥有量方面,清华大学排名第一(340件),约是国外排名首位高校哈佛大学(67 件)的五倍。国内 42 所"双一流"

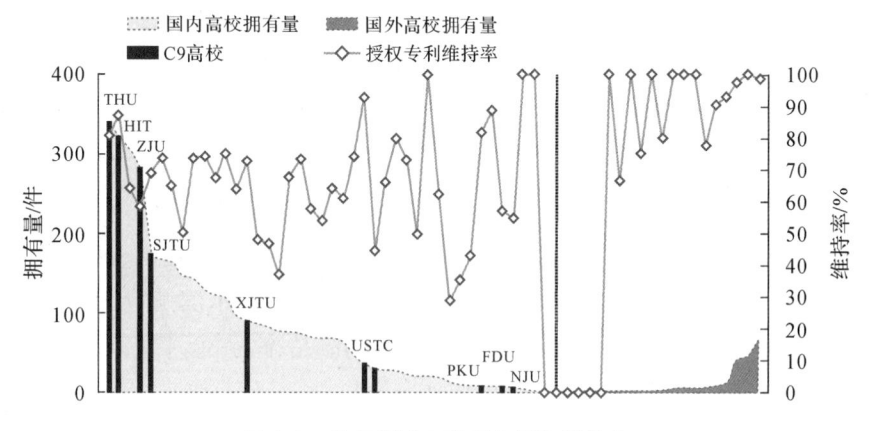

图 9-3 处理领域专利拥有量和维持率

建设高校中有21所高校在该领域的拥有量高于哈佛大学,除清华大学外,专利拥有量超过200件的高校还有三所,其中两所是C9高校,分别为哈尔滨工业大学与浙江大学。

在专利维持方面,国外高校授权专利维持率较国内高校普遍偏高,20所国外高校中有五所在这个领域没有授权专利,有授权专利的高校授权专利维持率均值高达92.0%,除新加坡国立大学的维持率为66.7%,其余高校维持率均超过70%。国内42所"双一流"建设高校的授权专利维持率均值仅有66.3%,80%以上的高校仅有八所,除了一所没有授权专利的高校外,还有六所高校授权专利维持率不到50%。华南理工大学尽管申请量位于榜首,但授权率和授权专利维持率均不到70%。值得一提的是,清华大学在申请量(排名第二)和授权专利的维持率(80.4%)上表现均不俗,可见,清华大学在该领域具有较强的技术创新力并且非常重视该领域内技术的知识产权保护。

二、专利申请量排名前十高校分析

处理领域专利申请量排名前十的高校如图9-4所示。领域内专利申请量排名前十的高校全部来自国内,其中C9高校占据四个席位。在专利申请量上,十所高校专利申请量之和占62所高校专利申请总量的54.7%,排名第十位的西北农林科技大学专利申请量也达到了306件,可见该领域研究技术创新集中度较高,且国内高校技术优势明显。在专利授权率上,浙江大学最高,为72.4%,十所高校中有三所高校的专利授权率高于70%。

图9-5所示是处理领域专利申请量排名前十高校的专利拥有量与专利维持情况。十所高校的平均专利拥有量为213件,大体形成三个梯队:清华大学、哈尔滨工业大学、华南理工大学以及浙江大学拥有量均超过200件,处于第一梯队;上海交通大学、天津大学、华中科技大学、吉林大学、山东大学等高校拥有量为100—200件,处于第二梯队;拥有量低于100件的西北农林科技大学为第三梯队。在授权专利维持率上,除浙江大学、吉林大学和西北农林科技大学外,其余高校均在60%以上,其中哈尔滨工业大学维持率最高(87.3%),排名第二的清华大学授权专利维持率为80.4%。

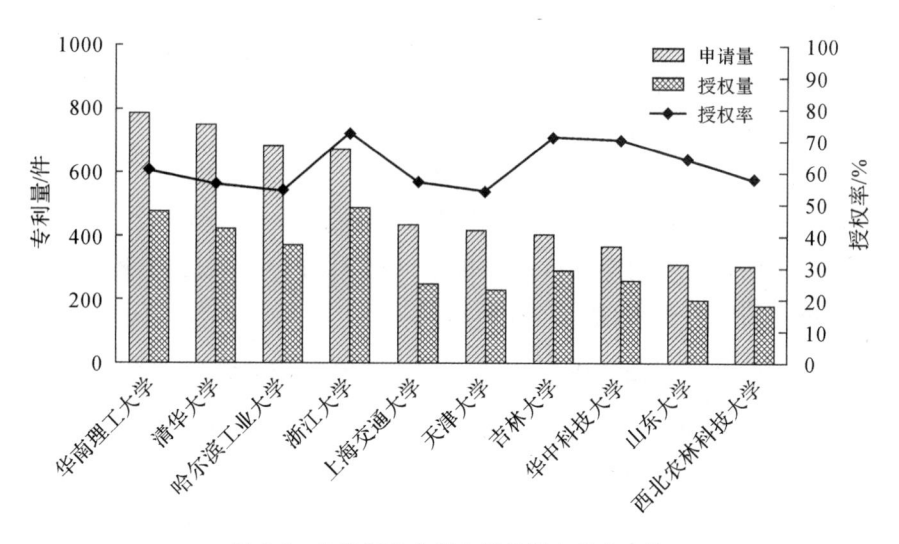

图 9-4 处理领域专利申请量排名前十高校

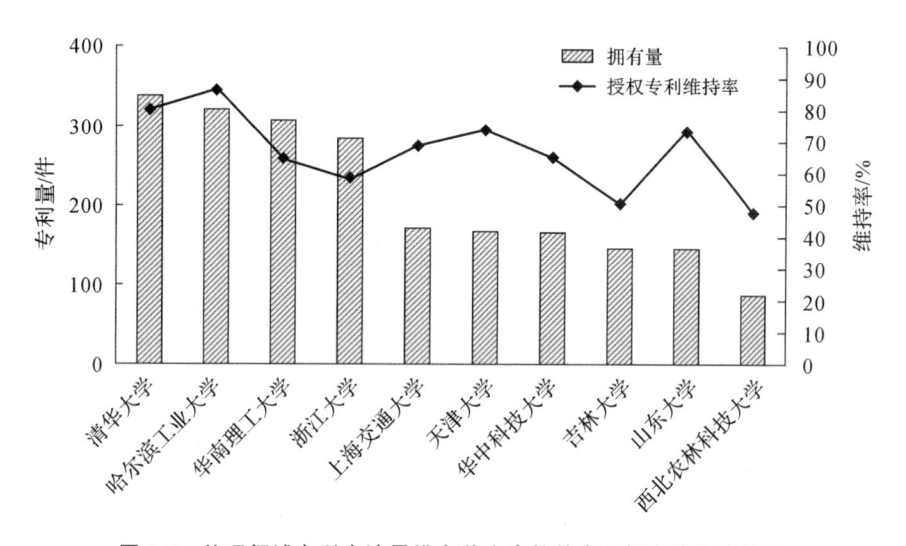

图 9-5 处理领域专利申请量排名前十高校的专利拥有量和维持率

第二节 机械工具领域

机械工具领域的专利申请主要涉及金属的车削、镗孔、磨削、焊接或切割。本领域对应的 IPC 分类号范围为：A62D＋；B21B＋；B21C＋；B21D＋；

B21F+；B21G+；B21H+；B21J+；B21K+；B21L+；B23B+；B23C+；B23D+；B23F+；B23G+；B23H+；B23K+；B23P+；B23Q+；B24B+；B24C+；B24D+；B25B+；B25C+；B25D+；B25F+；B25G+；B25H+；B26B+；B26D+；B26F+；B27B+；B27C+；B27D+；B27F+；B27G+；B27H+；B27J+；B27K+；B27L+；B27M+；B27N+；B30B+。

基于领域内的专利申请量进行排序，62所国内外高校在机械工具领域的专利技术创新力参数，如表9-2所示。

表9-2 62所国内外高校在机械工具领域的专利技术创新力参数

序号	高校名称	申请量/件	授权量/件	拥有量/件	授权率/%	授权专利维持率/%
1	哈尔滨工业大学	1560	1002	827	64.23	82.53
2	上海交通大学	941	575	459	61.11	79.83
3	吉林大学	878	616	351	70.16	56.98
4	华南理工大学	817	561	352	68.67	62.75
5	华中科技大学	779	591	464	75.87	78.51
6	大连理工大学	763	453	376	59.37	83.00
7	天津大学	727	403	319	55.43	79.16
8	西安交通大学	716	543	390	75.84	71.82
9	东北大学	706	469	374	66.43	79.74
10	清华大学	678	460	383	67.85	83.26
11	西北工业大学	676	486	265	71.89	54.53
12	山东大学	672	480	310	71.43	64.58
13	浙江大学	523	418	242	79.92	57.89
14	重庆大学	505	335	209	66.34	62.39
15	中南大学	489	323	272	66.05	84.21
16	北京航空航天大学	430	278	190	64.65	68.35
17	北京理工大学	318	172	131	54.09	76.16
18	湖南大学	282	219	138	77.66	63.01
19	厦门大学	253	201	134	79.45	66.67
20	郑州大学	247	200	90	80.97	45.00

续 表

序号	高校名称	申请量/件	授权量/件	拥有量/件	授权率/%	授权专利维持率/%
21	东南大学	243	145	101	59.67	69.66
22	四川大学	195	113	65	57.95	57.52
23	武汉大学	171	130	84	76.02	64.62
24	同济大学	120	78	54	65.00	69.23
25	西北农林科技大学	92	51	23	55.43	45.10
26	电子科技大学	81	55	27	67.90	49.09
27	中国科学技术大学	67	40	39	59.70	97.50
28	国防科技大学	65	37	34	56.92	91.89
29	中国农业大学	63	50	26	79.37	52.00
30	加州理工学院	59	38	38	64.41	100.00
31	麻省理工学院	54	22	21	40.74	95.45
32	东京大学	45	17	15	37.78	88.24
33	密歇根大学	34	17	17	50.00	100.00
34	兰州大学	32	24	10	75.00	41.67
35	新疆大学	30	23	16	76.67	69.57
36	南开大学	29	18	14	62.07	77.78
37	哈佛大学	29	12	11	41.38	91.67
38	哥伦比亚大学	26	7	5	26.92	71.43
39	北京大学	24	19	10	79.17	52.63
40	南京大学	23	11	8	47.83	72.73
41	复旦大学	21	12	6	57.14	50.00
42	中山大学	21	9	6	42.86	66.67
43	中国海洋大学	18	12	8	66.67	66.67
44	斯坦福大学	18	5	5	27.78	100.00
45	耶鲁大学	17	8	6	47.06	75.00
46	北京师范大学	15	11	5	73.33	45.45
47	康奈尔大学	15	5	5	33.33	100.00

续 表

序号	高校名称	申请量/件	授权量/件	拥有量/件	授权率/%	授权专利维持率/%
48	牛津大学	14	2	2	14.29	100.00
49	约翰斯·霍普金斯大学	14	8	8	57.14	100.00
50	华东师范大学	13	7	3	53.85	42.86
51	不列颠哥伦比亚大学	11	3	1	27.27	33.33
52	云南大学	10	8	3	80.00	37.50
53	昆士兰大学	8	5	5	62.50	100.00
54	新加坡国立大学	7	1	1	14.29	100.00
55	芝加哥大学	5	4	4	80.00	100.00
56	杜克大学	4	1	1	25.00	100.00
57	宾夕法尼亚大学	3	0	0	0.00	0.00
58	华盛顿大学	2	1	1	50.00	100.00
59	普林斯顿大学	2	1	1	50.00	100.00
60	纽约大学	2	0	0	0.00	0.00
61	中央民族大学	0	0	0	0.00	0.00
62	中国人民大学	0	0	0	0.00	0.00

一、专利的申请、授权与维持分析

图 9-6 从专利申请量、授权量和授权率三个角度综合比较国内外 62 所高校在机械工具领域的情况。在专利申请量上，国内外高校差异很大，国内高校的平均申请量为 340 件，国外高校的平均申请量为 18 件。哈尔滨工业大学的专利申请量位居榜首，为 1560 件，是国外排名首位高校（加州理工学院，59 件）的 26 倍多，且国内 42 所"双一流"建设高校中有 29 所高校在该领域的申请量高于加州理工学院。C9 高校中，哈尔滨工业大学、上海交通大学、西安交通大学、清华大学、浙江大学在该领域的申请量均超 500 件。

在专利授权量上，由于国内高校申请基数较大，因此相对国外高校仍有明显优势。哈尔滨工业大学的授权量最高，为 1002 件，是加州理工学院（38 件）的 26 倍以上，国内 42 所"双一流"建设高校中有 27 所高校在该领域的授权量高于哈佛大学。

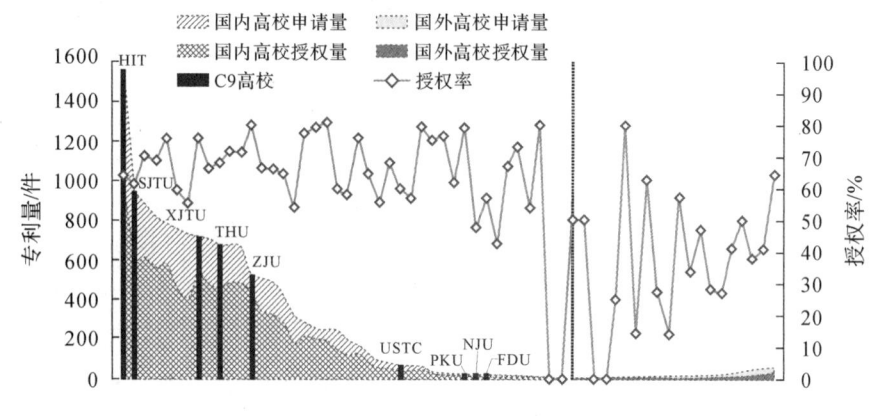

图 9-6 机械工具领域专利申请量、授权量和授权率

在专利授权率方面，C9 高校在该领域的平均值为 65.9%，国内 42 所"双一流"建设高校的平均值为 66.7%，国外 20 所高校的平均值为 37.5%，国内高校中郑州大学的授权率居首位，达到 81.0%，国外高校授权率最高的是芝加哥大学(80.0%)。

如图 9-7 所示，在机械工具领域的专利拥有量方面，哈尔滨工业大学是 62 所国内外高校中唯一一所专利拥有量超过 800 件的高校，约是国外排名首位高校加州理工学院(38 件)的 22 倍。国内 42 所"双一流"建设高校中有 25 所高校在该领域的拥有量高于加州理工学院，除哈尔滨工业大学外，专利拥有量超过 300 件的高校还有十所，其中三所为 C9 高校，分别为上海交通大学、西安交通大学和清华大学。

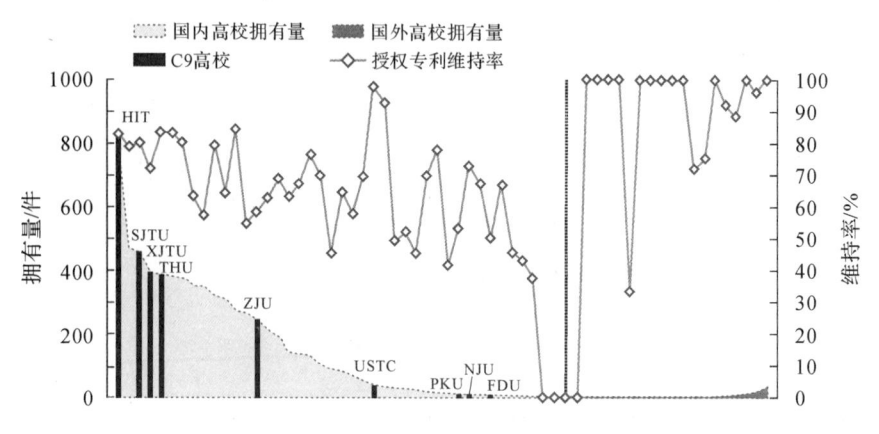

图 9-7 机械工具领域专利拥有量和维持率

在专利维持方面，国外高校授权专利维持率较国内高校普遍偏高，20 所国外高校中，有两所高校在这个领域没有授权专利，有授权专利的高校授权专利维持率均值达到了 92.0%，除不列颠哥伦比亚大学外，其余高校维持率均超过 70%。国内 42 所"双一流"建设高校的授权专利维持率均值为 65.5%，维持率 80% 以上的高校仅有六所，其中中国科学技术大学的授权专利维持率高达 97.5%，表现突出。国内高校中除了两所没有授权专利的高校外，还有七所高校授权专利维持率不到 50%。值得一提的是，哈尔滨工业大学在申请量和授权量均居榜首的情况下，其授权专利维持率也达到了 82.5%，可见，哈尔滨工业大学在该领域具有很强的技术创新力并且非常重视该领域内技术的知识产权保护。

二、专利申请量排名前十高校分析

机械工具领域专利申请量排名前十的高校如图 9-8 所示。该领域内专利申请量排名前十的高校全部来自国内，其中 C9 高校占据四个席位。在专利申请量上，十所高校专利申请量之和占 62 所高校专利申请总量的 58.4%，排名第十位的清华大学专利申请量也达到了 678 件，可见该领域研究技术创新集中度较高，且国内高校技术优势明显。在专利授权率上，华中科技大学最高，为 75.9%，十所高校中有三所高校的专利授权率高于 70%。

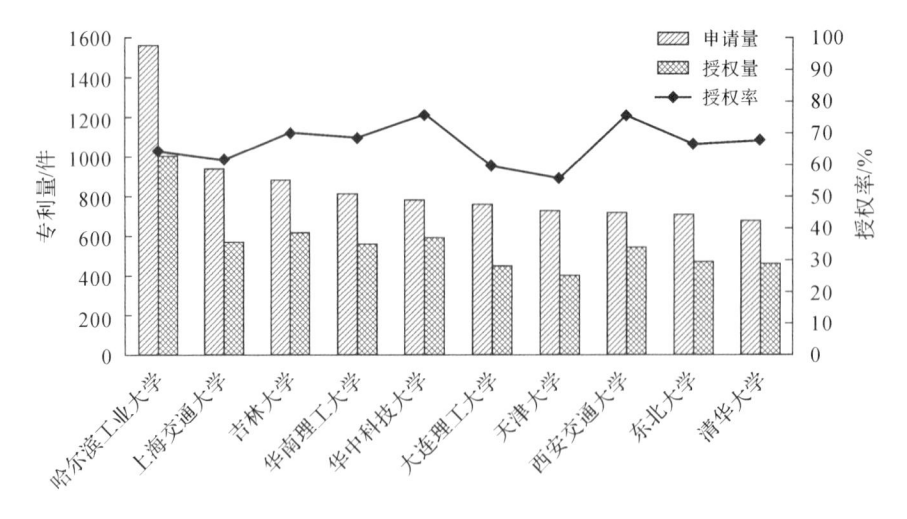

图 9-8　机械工具领域专利申请量排名前十高校

图 9-9 所示是机械工具领域专利申请量排名前十高校的专利拥有量与

专利维持情况。十所高校的平均专利拥有量为 430 件,大体形成三个梯队：哈尔滨工业大学以 827 件专利远远领先其他高校,是排名第二位的华中科技大学的 1.8 倍,处于第一梯队；华中科技大学和上海交通大学专利拥有量超过 400 件,处于第二梯队；其余高校专利拥有量为 300—400 件,处于第三梯队。在授权专利维持率上,除吉林大学和华南理工大学外,其余高校均在 70% 以上,清华大学维持率最高(83.3%),大连理工大学(83.0%)和哈尔滨工业大学(82.5%)分列第二、三位。

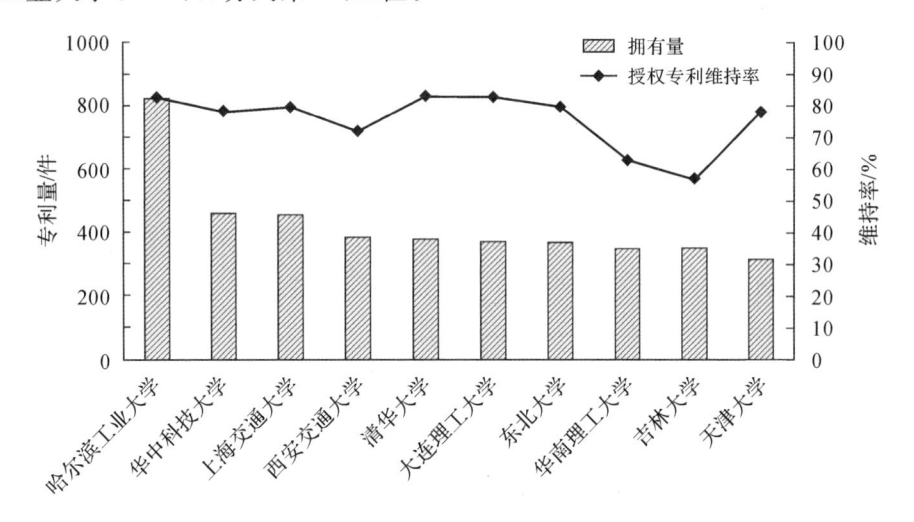

图 9-9 机械工具领域专利申请量排名前十高校的专利拥有量和维持率

第三节 发动机、水泵、涡轮机领域

发动机、水泵、涡轮机领域的专利申请涵盖了所有类型应用的非电动发动机。在数量方面,汽车应用占主导地位。本领域对应的 IPC 分类号范围为：F01B+；F01C+；F01D+；F01K+；F01L+；F01M+；F01P+；F02B+；F02C+；F02D+；F02F+；F02G+；F02K+；F02M+；F02N+；F02P+；F03B+；F03C+；F03D+；F03G+；F03H+；F04B+；F04C+；F04D+；F04F+；F23R+；F99Z+；G21B+；G21C+；G21D+；G21F+；G21G+；G21H+；G21J+；G21K+。

基于领域内的专利申请量进行排序,62 所国内外高校在发动机、水泵、涡轮机领域的专利技术创新力参数，如表 9-3 所示。

表 9-3 62 所国内外高校在发动机、水泵、涡轮机领域的专利技术创新力参数

序号	高校名称	申请量/件	授权量/件	拥有量/件	授权率/%	授权专利维持率/%
1	清华大学	1134	782	701	68.96	89.64
2	西安交通大学	936	628	484	67.09	77.07
3	浙江大学	849	606	417	71.38	68.81
4	天津大学	842	458	350	54.39	76.42
5	上海交通大学	790	375	209	47.47	55.73
6	吉林大学	761	516	258	67.81	50.00
7	西北工业大学	732	375	203	51.23	54.13
8	大连理工大学	658	321	241	48.78	75.08
9	北京航空航天大学	616	428	292	69.48	68.22
10	哈尔滨工业大学	407	232	200	57.00	86.21
11	华南理工大学	374	246	143	65.78	58.13
12	北京理工大学	337	232	159	68.84	68.53
13	华中科技大学	331	247	170	74.62	68.83
14	山东大学	249	186	117	74.70	62.90
15	同济大学	240	136	93	56.67	68.38
16	东南大学	236	154	99	65.25	64.29
17	重庆大学	185	112	63	60.54	56.25
18	麻省理工学院	171	64	56	37.43	87.50
19	国防科技大学	160	106	104	66.25	98.11
20	中国海洋大学	153	103	52	67.32	50.49
21	东北大学	148	98	63	66.22	64.29
22	厦门大学	143	116	93	81.12	80.17
23	四川大学	140	76	51	54.29	67.11
24	武汉大学	127	94	48	74.02	51.06
25	牛津大学	120	59	55	49.17	93.22
26	中国科学技术大学	100	68	58	68.00	85.29

续 表

序号	高校名称	申请量/件	授权量/件	拥有量/件	授权率/%	授权专利维持率/%
27	湖南大学	89	63	44	70.79	69.84
28	中南大学	85	47	37	55.29	78.72
29	西北农林科技大学	76	50	32	65.79	64.00
30	加州理工学院	74	39	34	52.70	87.18
31	东京大学	71	27	21	38.03	77.78
32	中国农业大学	69	48	29	69.57	60.42
33	哈佛大学	63	32	32	50.79	100.00
34	密歇根大学	56	29	29	51.79	100.00
35	郑州大学	55	44	15	80.00	34.09
36	华盛顿大学	47	5	4	10.64	80.00
37	斯坦福大学	43	19	16	44.19	84.21
38	芝加哥大学	43	32	32	74.42	100.00
39	电子科技大学	35	23	14	65.71	60.87
40	中山大学	32	15	7	46.88	46.67
41	北京师范大学	32	24	11	75.00	45.83
42	兰州大学	32	23	15	71.88	65.22
43	北京大学	31	25	19	80.65	76.00
44	复旦大学	14	9	5	64.29	55.56
45	新疆大学	14	13	3	92.86	23.08
46	康奈尔大学	12	5	5	41.67	100.00
47	哥伦比亚大学	11	5	4	45.45	80.00
48	普林斯顿大学	10	4	4	40.00	100.00
49	南京大学	9	4	1	44.44	25.00
50	约翰斯·霍普金斯大学	9	7	7	77.78	100.00
51	杜克大学	8	2	2	25.00	100.00
52	南开大学	7	5	3	71.43	60.00
53	中国人民大学	7	5	4	71.43	80.00

续表

序号	高校名称	申请量/件	授权量/件	拥有量/件	授权率/%	授权专利维持率/%
54	宾夕法尼亚大学	7	1	1	14.29	100.00
55	云南大学	5	1	1	20.00	100.00
56	昆士兰大学	5	1	1	20.00	100.00
57	耶鲁大学	4	3	3	75.00	100.00
58	不列颠哥伦比亚大学	2	1	1	50.00	100.00
59	新加坡国立大学	2	0	0	0.00	0.00
60	华东师范大学	1	0	0	0.00	0.00
61	中央民族大学	1	0	0	0.00	0.00
62	纽约大学	1	0	0	0.00	0.00

一、专利的申请、授权与维持分析

图 9-10 从专利申请量、授权量和授权率三个角度综合比较国内外 62 所高校在发动机、水泵、涡轮机领域的情况。

在专利申请量方面，国内高校相较于国外高校有较大优势，清华大学专利申请量位居榜首，为 1134 件，是国外排名首位高校麻省理工学院（171 件）的 6.6 倍，且国内 42 所"双一流"建设高校中有 17 所高校在该领域的申请量高于麻省理工学院。C9 高校中，清华大学、西安交通大学、浙江大学、上海交通大学、哈尔滨工业大学在该领域的申请量均超 400 件。

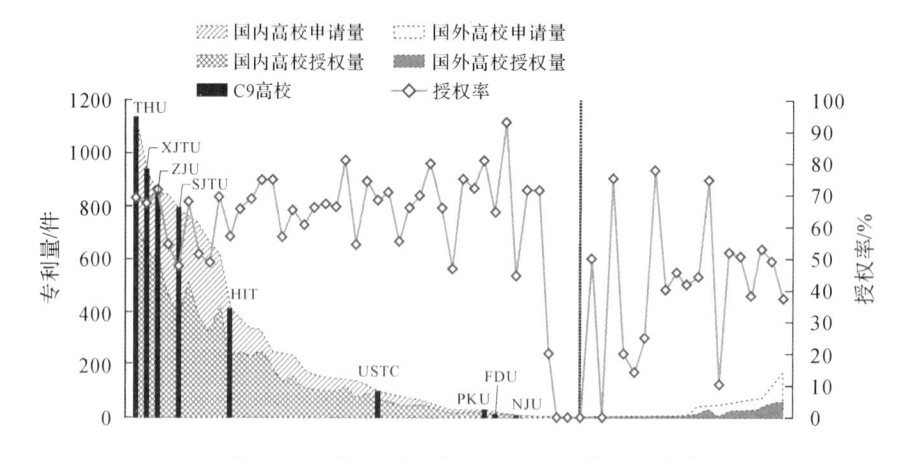

图 9-10 发动机、水泵、涡轮机领域专利申请量、授权量和授权率

在专利授权量方面,由于国内高校申请基数较大,并且国内高校授权率普遍高于国外高校,因此相对国外高校有更明显的优势。清华大学的授权量最高,为782件,是麻省理工学院(64件)的12倍以上,国内42所"双一流"建设高校中有24所高校在该领域的授权量高于麻省理工学院。

在专利授权率方面,C9高校在该领域的平均值为63.3%,国内42所"双一流"建设高校的平均值为61.7%,国外20所高校的平均值为39.9%,国内高校中新疆大学的授权率居首位,达到92.9%,除此之外,厦门大学和北京大学的授权率也达到了80%以上,国外高校授权率最高的是约翰斯·霍普金斯大学(77.8%)。

如图9-11所示,在发动机、水泵、涡轮机领域的专利拥有量方面,清华大学是62所国内外高校中唯一一所专利拥有量超过700件的高校,是国外排名首位高校麻省理工学院(56件)的12.5倍。国内42所"双一流"建设高校中有21所高校在该领域的拥有量高于麻省理工学院,除清华大学外,专利拥有量超过300件的高校还有三所,其中两所为C9高校,分别是西安交通大学与浙江大学。

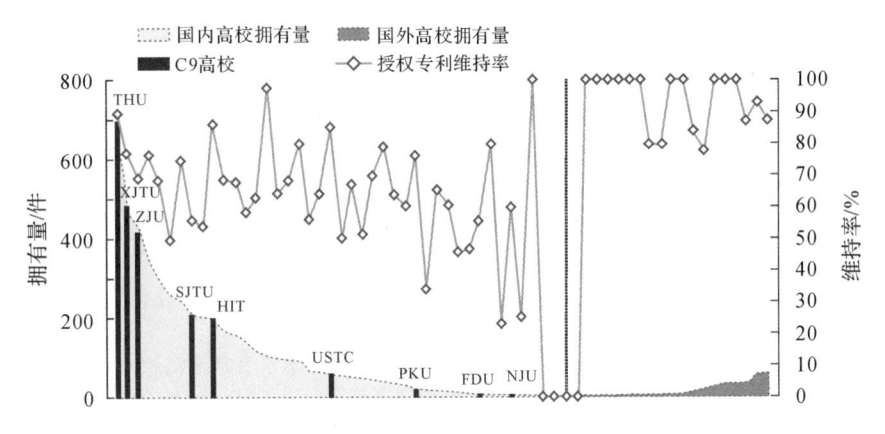

图9-11 发动机、水泵、涡轮机领域专利拥有量和维持率

在专利维持方面,国外高校授权专利维持率较国内高校普遍偏高,20所国外高校中,有两所高校在这个领域没有授权专利,其余高校的授权专利维持率均超过75%,授权专利维持率均值达到了93.9%。国内42所"双一流"建设高校的授权专利维持率均值为64.8%,80%以上的高校仅有七所,其中国防科技大学的授权专利维持率高达98.1%,表现突出。国内高校中除了两所没有授权专利的高校外,还有五所高校授权专利维持率不到50%。值得一提的是,清华大学在申请量和授权量均居榜首的情况下,其授权专利维持率还达到了 89.6%,可见,清华大学在该领域具有很强的技术创新力并且非常重视该领域内技术的知识产权保护。

二、专利申请量排名前十高校分析

发动机、水泵、涡轮机领域专利申请量排名前十的高校如图 9-12 所示。领域内排名前十的高校全部来自国内,其中 C9 高校占据五个席位。在专利申请量上,十所高校专利申请量之和占 62 所高校专利申请总量的 64.4%,排名第十位的哈尔滨工业大学的专利申请量也达到了 407 件,可见该领域研究技术创新集中度较高,且国内高校技术优势明显。在专利授权率上,浙江大学最高,为 71.4%,是十所高校中唯一授权率高于 70% 的高校。

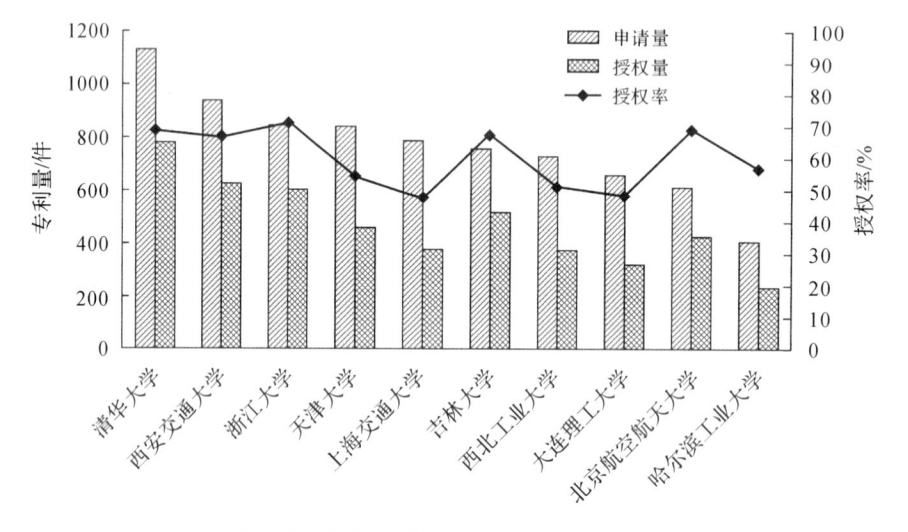

图 9-12 发动机、水泵、涡轮机领域专利申请量排名前十高校

图 9-13 所示是发动机、水泵、涡轮机领域专利申请量排名前十高校的专利拥有量与专利维持情况。十所高校的平均专利拥有量为 336 件,大体形成三个梯队,清华大学以 701 件专利远远领先于其他高校,是排名第二位的西安交通大学的 1.4 倍,处于第一梯队;西安交通大学、浙江大学和天津大学的专利拥有量超过 300 件,处于第二梯队;北京航空航天大学、吉林大学等低于 300 件的高校处于第三梯队。在授权专利维持率上,有两所高校在 80% 以上,分别是清华大学(89.6%)和哈尔滨工业大学(86.2%)。

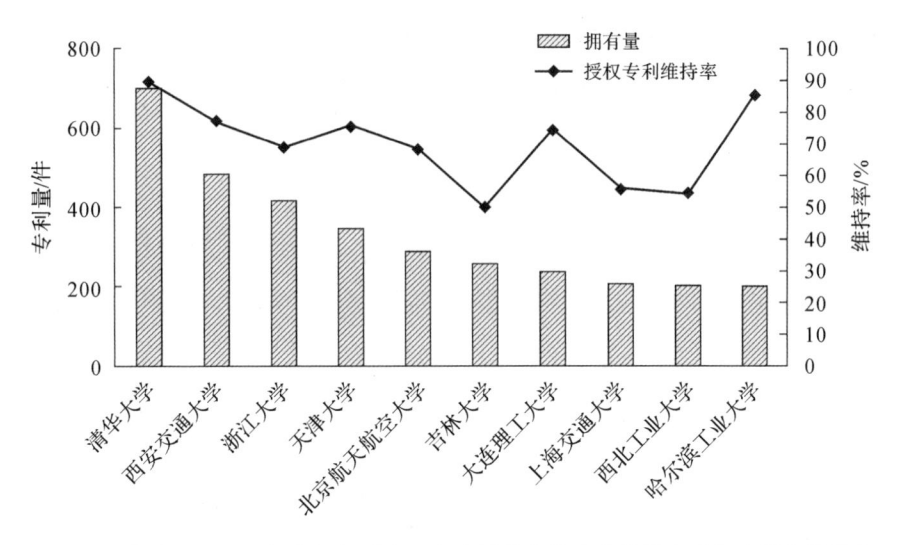

图 9-13　发动机、水泵、涡轮机领域专利申请量排名前十高校的专利拥有量和维持率

第四节　纺织和造纸机械领域

纺织和造纸机械领域包括了用于特定生产目的的机器，纺织机械和食品机械是这些机器中最相关的部分，它们是分开分类的。本领域对应的IPC分类号范围为：A41H+；A43D+；A46D+；B31B+；B31C+；B31D+；B31F+；B41B+；B41C+；B41D+；B41F+；B41G+；B41J+；B41K+；B41L+；B41M+；B41N+；C14B+；D01B+；D01C+；D01D+；D01F+；D01G+；D01H+；D02G+；D02H+；D02J+；D03C+；D03D+；D03J+；D04B+；D04C+；D04G+；D04H+；D05B+；D05C+；D06G+；D06H+；D06J+；D06M+；D06P+；D06Q+；D21B+；D21C+；D21D+；D21F+；D21G+；D21H+；D21J+；D99Z+。

基于领域内的专利申请量进行排序，62所国内外高校在纺织和造纸机械领域的专利技术创新力参数，如表9-4所示。

表 9-4 62 所国内外高校在纺织和造纸机械领域的专利技术创新力参数

序号	高校名称	申请量/件	授权量/件	拥有量/件	授权率/%	授权专利维持率/%
1	华南理工大学	879	494	385	56.20	77.94
2	浙江大学	275	183	134	66.55	73.22
3	四川大学	235	142	113	60.43	79.58
4	清华大学	229	157	142	68.56	90.45
5	哈尔滨工业大学	217	130	121	59.91	93.08
6	厦门大学	171	136	88	79.53	64.71
7	华中科技大学	156	120	105	76.92	87.50
8	吉林大学	153	78	51	50.98	65.38
9	山东大学	146	102	76	69.86	74.51
10	北京大学	136	99	62	72.79	62.63
11	康奈尔大学	119	26	26	21.85	100.00
12	东南大学	107	65	40	60.75	61.54
13	大连理工大学	100	60	58	60.00	96.67
14	麻省理工学院	100	37	37	37.00	100.00
15	天津大学	96	36	34	37.50	94.44
16	郑州大学	95	71	30	74.74	42.25
17	国防科技大学	82	52	43	63.41	82.69
18	西北工业大学	75	37	24	49.33	64.86
19	武汉大学	73	57	41	78.08	71.93
20	复旦大学	71	28	25	39.44	89.29
21	上海交通大学	69	33	25	47.83	75.76
22	北京航空航天大学	66	44	38	66.67	86.36
23	同济大学	65	30	18	46.15	60.00
24	哈佛大学	64	20	20	31.25	100.00
25	北京理工大学	61	35	24	57.38	68.57
26	东京大学	60	24	24	40.00	100.00
27	西安交通大学	58	39	30	67.24	76.92

续　表

序号	高校名称	申请量/件	授权量/件	拥有量/件	授权率/%	授权专利维持率/%
28	中山大学	54	33	25	61.11	75.76
29	密歇根大学	52	29	29	55.77	100.00
30	中南大学	49	28	25	57.14	89.29
31	中国科学技术大学	42	22	19	52.38	86.36
32	重庆大学	37	17	9	45.95	52.94
33	斯坦福大学	34	3	3	8.82	100.00
34	东北大学	32	19	15	59.38	78.95
35	南开大学	31	12	11	38.71	91.67
36	新疆大学	26	16	8	61.54	50.00
37	约翰斯·霍普金斯大学	26	9	9	34.62	100.00
38	湖南大学	24	12	8	50.00	66.67
39	电子科技大学	23	15	13	65.22	86.67
40	昆士兰大学	23	10	10	43.48	100.00
41	兰州大学	20	10	2	50.00	20.00
42	华盛顿大学	16	6	4	37.50	66.67
43	新加坡国立大学	16	8	7	50.00	87.50
44	南京大学	15	10	7	66.67	70.00
45	华东师范大学	14	2	1	14.29	50.00
46	杜克大学	14	5	5	35.71	100.00
47	西北农林科技大学	13	8	1	61.54	12.50
48	中国农业大学	12	10	6	83.33	60.00
49	北京师范大学	12	8	5	66.67	62.50
50	哥伦比亚大学	12	2	2	16.67	100.00
51	中国海洋大学	11	8	6	72.73	75.00
52	中国人民大学	11	6	5	54.55	83.33
53	牛津大学	9	2	2	22.22	100.00
54	芝加哥大学	8	4	4	50.00	100.00

续表

序号	高校名称	申请量/件	授权量/件	拥有量/件	授权率/%	授权专利维持率/%
55	加州理工学院	8	4	4	50.00	100.00
56	宾夕法尼亚大学	8	2	2	25.00	100.00
57	中央民族大学	7	4	4	57.14	100.00
58	不列颠哥伦比亚大学	6	1	1	16.67	100.00
59	纽约大学	6	2	2	33.33	100.00
60	普林斯顿大学	4	1	1	25.00	100.00
61	云南大学	1	0	0	0.00	0.00
62	耶鲁大学	1	0	0	0.00	0.00

一、专利的申请、授权与维持分析

图 9-14 从专利申请量、授权量和授权率三个角度综合比较国内外 62 所高校在纺织和造纸机械领域的情况。在专利申请量方面,国内高校的平均值为 96 件,国外高校平均值为 29 件,国内高校相比国外高校有一定优势,其中华南理工大学专利申请量位居榜首,为 879 件,远高于排名第二的浙江大学(275 件),是国外排名首位的康奈尔大学(119 件)的 7.4 倍,且国内 42 所"双一流"建设高校中的十所高校在该领域的申请量高于康奈尔大学。C9 高校在这个领域并没有展现出特别大的优势,仅浙江大学、清华大学和哈尔滨工业大学的申请量超 200 件。

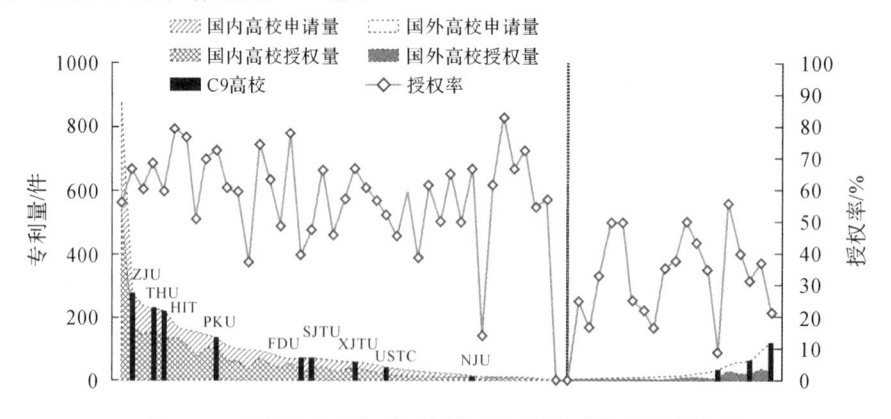

图 9-14 纺织和造纸机械领域专利申请量、授权量和授权率

在专利授权量方面，由于国内高校申请基数较大，且国内高校在该领域的授权率普遍较国外高校更高，因此优势更加明显，华南理工大学的授权量为494件，是麻省理工学院(37件)的13倍以上，国内42所"双一流"建设高校中的17所高校在该领域的授权量高于麻省理工学院。

在专利授权率方面，C9高校在该领域的平均值为60.2%，国内42所"双一流"建设高校的平均值为57.8%，国外20所高校的平均值为31.7%，国内高校中，中国农业大学的授权率居首位，达到83.3%，是国外授权率最高的密歇根大学(55.8%)的1.5倍。

如图9-15所示，在纺织和造纸机械领域的专利拥有量方面，华南理工大学是62所国内外高校中唯一一所专利拥有量超过300件的高校，是国外排名首位高校麻省理工学院(37件)的十倍以上。国内42所"双一流"建设高校中有15所高校在该领域的拥有量高于麻省理工学院，除华南理工大学外，其余高校专利拥有量均不超过200件，拥有量超过100件的高校还有四所，其中三所为C9高校，分别是浙江大学、清华大学与哈尔滨工业大学。

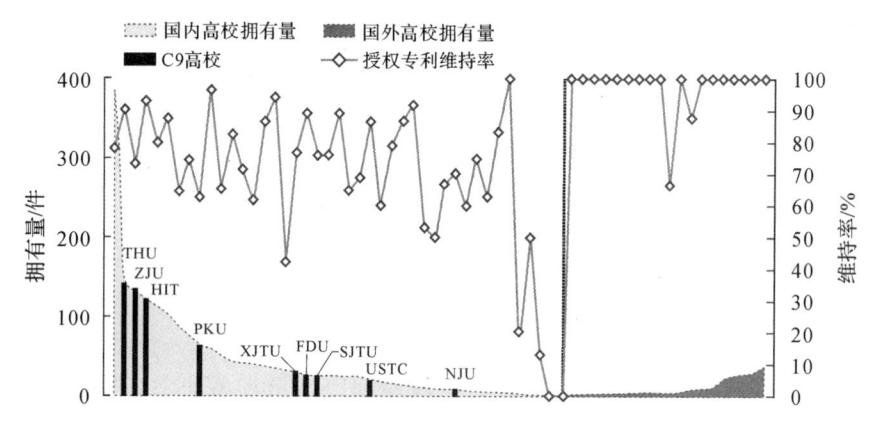

图 9-15　纺织和造纸机械领域专利拥有量和维持率

在专利维持方面，国外高校授权专利维持率较国内高校明显偏高，20所国外高校中，耶鲁大学在该领域没有授权专利，华盛顿大学和新加坡国立大学的维持率分别为66.7%和87.5%，其余高校的维持率均为100%，国外高校授权专利维持率均值高达97.6%。国内42所"双一流"建设高校的授权专利维持率均值为72.4%，80%以上的高校有14所，其中郑州大学、兰州大学和西北农林科技大学三所高校，授权专利维持率不到50%。华南理工大学的申请量和授权量均位居榜首，授权专利维持率为77.9%，还有提升的空间,尽管如此,华南理工大学的专利拥有量(385件)仍然高出第二名清华大学(142件)很多,体现了华南理工大学在该领域的主导地位。

二、专利申请量排名前十高校分析

纺织和造纸机械领域专利申请量排名前十的高校如图9-16所示。领域内排名前十的高校全部来自国内,其中C9高校占据四个席位。在专利申请量上,十所高校专利申请量之和占62所高校专利申请总量的56.0%,排名第十位的北京大学专利申请量也达到了136件。在专利授权率上,厦门大学最高,为79.5%,十所高校中有七所高校的专利授权率高于60%,其中三所高于70%。

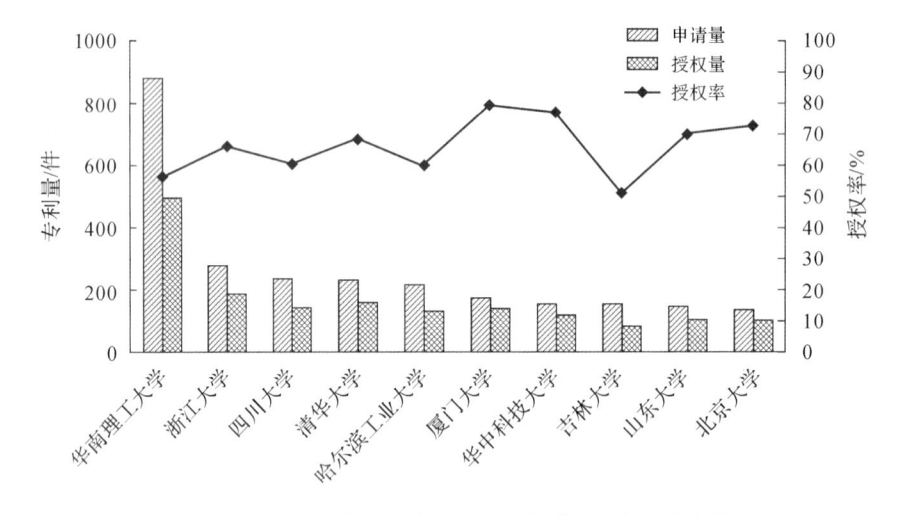

图9-16 纺织和造纸机械领域专利申请量排名前十高校

图9-17所示是纺织和造纸机械领域专利申请量排名前十高校的专利拥有量与专利维持情况。十所高校的平均专利拥有量为128件,华南理工大学以385件专利远远领先于其他高校,是排名第二位的清华大学的2.7倍,拥有绝对优势;清华大学、浙江大学等专利拥有量超过100件的高校处于中间梯队;厦门大学、山东大学等高校拥有量低于100件,处于第三梯队。在授权专利维持率上,排名第一和第二的分别是哈尔滨工业大学(93.1%)和清华大学(90.5%),十所高校中有三所低于70%。

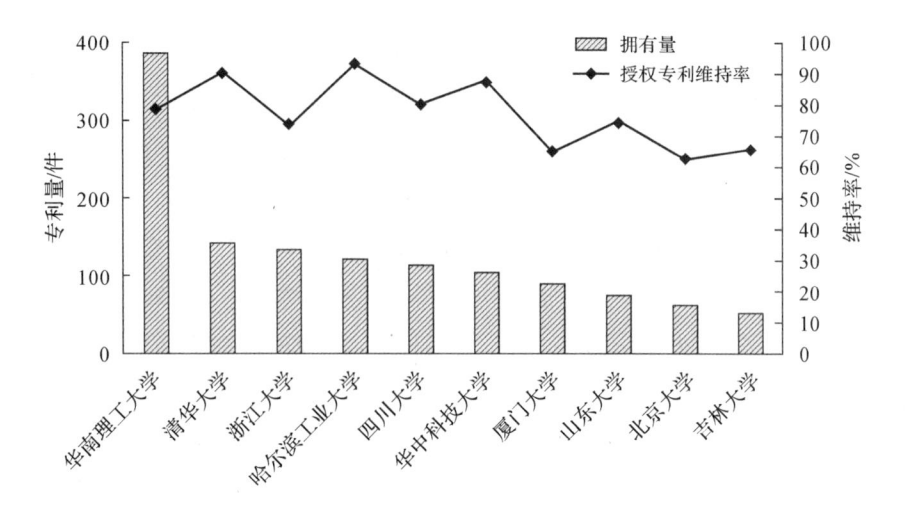

图 9-17 纺织和造纸机械领域专利申请量排名前十高校的专利拥有量和维持率

第五节 其他专用机器领域

机械工程其他专用机器领域主要包括农业、林业、畜牧业、狩猎、诱捕、化学、冶金、武器、弹药和爆破等领域涉及的专用机器。该领域对应的 IPC 分类号范围为：A01B＋；A01C＋；A01D＋；A01F＋；A01G＋；A01J＋；A01K＋；A01L＋；A01M＋；A21B＋；A21C＋；A22B＋；A22C＋；A23N＋；A23P＋；B02B＋；B28B＋；B28C＋；B28D＋；B29B＋；B29C＋；B29D＋；B29K＋；B29L＋；B33Y＋；B99Z＋；C03B＋；C08J＋；C12L＋；C13B5＋；C13B15＋；C13B25＋；C13B45＋；C13C＋；C13G＋；C13H＋；F41A＋；F41B＋；F41C＋；F41F＋；F41G＋；F41H＋；F41J＋；F42B＋；F42C＋；F42D＋。

基于领域内的专利申请量进行排序，62 所国内外高校在其他专用机器领域的专利技术创新力参数，如表 9-5 所示。

表 9-5 62 所国内外高校在其他专用机器领域的专利技术创新力参数

序号	高校名称	申请量/件	授权量/件	拥有量/件	授权率/%	授权专利维持率/%
1	浙江大学	1833	1188	810	64.81	68.18
2	中国农业大学	1755	1237	757	70.48	61.20

续表

序号	高校名称	申请量/件	授权量/件	拥有量/件	授权率/%	授权专利维持率/%
3	西北农林科技大学	1730	1014	378	58.61	37.28
4	华南理工大学	1617	883	665	54.61	75.31
5	吉林大学	998	602	383	60.32	63.62
6	四川大学	881	511	377	58.00	73.78
7	哈尔滨工业大学	723	390	324	53.94	83.08
8	山东大学	626	427	309	68.21	72.37
9	西安交通大学	620	397	326	64.03	82.12
10	上海交通大学	581	308	217	53.01	70.45
11	华中科技大学	570	345	303	60.53	87.83
12	天津大学	568	221	199	38.91	90.05
13	清华大学	555	340	310	61.26	91.18
14	中南大学	477	294	216	61.64	73.47
15	同济大学	449	256	146	57.02	57.03
16	东南大学	430	217	144	50.47	66.36
17	北京理工大学	418	256	177	61.24	69.14
18	大连理工大学	409	211	176	51.59	83.41
19	中国海洋大学	408	240	160	58.82	66.67
20	郑州大学	401	269	156	67.08	57.99
21	中山大学	394	205	130	52.03	63.41
22	麻省理工学院	355	112	108	31.55	96.43
23	武汉大学	351	230	162	65.53	70.43
24	西北工业大学	345	171	115	49.57	67.25
25	北京航空航天大学	305	191	150	62.62	78.53
26	厦门大学	281	168	116	59.79	69.05
27	重庆大学	275	167	106	60.73	63.47
28	兰州大学	242	127	77	52.48	60.63
29	东京大学	209	60	53	28.71	88.33

续　表

序号	高校名称	申请量/件	授权量/件	拥有量/件	授权率/%	授权专利维持率/%
30	东北大学	208	126	87	60.58	69.05
31	哈佛大学	208	49	48	23.56	97.96
32	复旦大学	205	101	71	49.27	70.30
33	斯坦福大学	173	86	79	49.71	91.86
34	中国科学技术大学	172	117	108	68.02	92.31
35	华东师范大学	152	92	64	60.53	69.57
36	北京大学	148	78	65	52.70	83.33
37	湖南大学	147	85	63	57.82	74.12
38	南京大学	143	72	54	50.35	75.00
39	电子科技大学	133	57	38	42.86	66.67
40	南开大学	131	58	38	44.27	65.52
41	康奈尔大学	115	45	44	39.13	97.78
42	密歇根大学	105	43	43	40.95	100.00
43	国防科技大学	104	55	51	52.88	92.73
44	加州理工学院	104	32	30	30.77	93.75
45	北京师范大学	100	57	36	57.00	63.16
46	云南大学	99	49	31	49.49	63.27
47	新疆大学	98	57	30	58.16	52.63
48	华盛顿大学	89	34	30	38.20	88.24
49	约翰斯·霍普金斯大学	73	26	22	35.62	84.62
50	新加坡国立大学	63	13	9	20.63	69.23
51	哥伦比亚大学	52	19	14	36.54	73.68
52	耶鲁大学	49	19	19	38.78	100.00
53	杜克大学	48	9	9	18.75	100.00
54	宾夕法尼亚大学	46	14	14	30.43	100.00
55	牛津大学	43	13	12	30.23	92.31
56	纽约大学	28	8	8	28.57	100.00

续 表

序号	高校名称	申请量/件	授权量/件	拥有量/件	授权率/%	授权专利维持率/%
57	普林斯顿大学	27	8	8	29.63	100.00
58	昆士兰大学	26	7	7	26.92	100.00
59	芝加哥大学	26	14	13	53.85	92.86
60	不列颠哥伦比亚大学	17	6	5	35.29	83.33
61	中国人民大学	9	2	2	22.22	100.00
62	中央民族大学	3	1	1	33.33	100.00

一、专利的申请、授权与维持分析

图 9-18 从专利申请量、授权量和授权率三个角度综合比较国内外 62 所高校在其他专用机器领域的情况。国内高校的平均申请量为 478 件，国外高校的平均申请量为 93 件，国内高校相比国外高校优势明显，国内排名第一的浙江大学专利申请量为 1833 件，是国外排名首位高校（麻省理工学院）的 5.2 倍，且国内 42 所"双一流"建设高校中的 21 所高校在该领域的申请量高于麻省理工学院，其中 C9 高校占了五所，申请量均在 500 件以上。

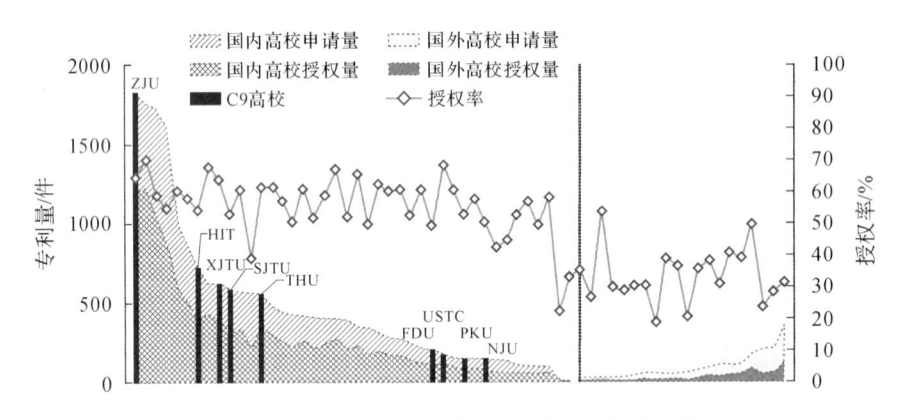

图 9-18 其他专用机器领域专利申请量、授权量和授权率

在专利授权量方面，由于国内高校申请基数较大，且国内高校在该领域的授权率普遍较国外高校更高，因此优势更加明显。在专利授权量上，中国农业大学反超浙江大学，排名第一，授权量为 1237 件，是国外排名首位高校（麻省理工学院）的 11 倍之多，且国内 42 所"双一流"建设高校中 29 所高校

在该领域的授权量高于麻省理工学院。

在专利授权率方面,C9 高校在该领域的平均值为 57.5%,国内 42 所"双一流"建设高校的平均值为 55.6%,国外 20 所高校的平均值为 33.4%。国内高校中,中国农业大学的授权率居首位,达到 70.5%,是国外授权率最高的芝加哥大学(53.9%)的 1.3 倍。

如图 9-19 所示,在其他专用机器领域的专利拥有量方面,浙江大学(810件)位列 62 所高校之首,浙江大学的拥有量约是国外排名首位高校麻省理工学院(108 件)的八倍。国内 42 所"双一流"建设高校中有 25 所高校在该领域的拥有量高于麻省理工学院,除浙江大学外,专利拥有量超过 500 件的高校,还有两所,为中国农业大学(757 件)和华南理工大学(665 件)。

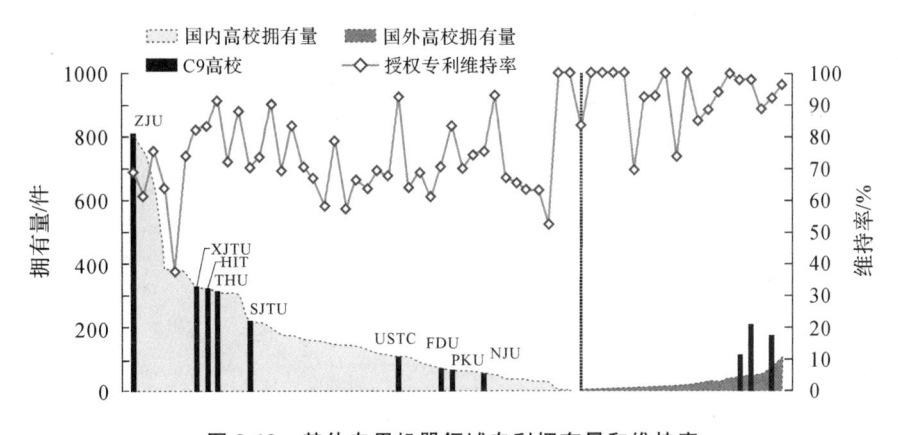

图 9-19 其他专用机器领域专利拥有量和维持率

在专利维持方面,国外高校授权专利维持率普遍高于国内高校,20 所国外高校授权专利维持率均值为 92.5%,除哥伦比亚大学(73.7%)和新加坡国立大学(69.2%)外,其余高校的维持率均超过 80%,其中普林斯顿大学、纽约大学和密歇根大学等五所高校的维持率达到了 100%,哈佛大学和康奈尔大学的维持率接近,分别为 98.0% 和 97.8%。国内 42 所"双一流"建设高校的授权专利维持率均值为 72.4%,维持率在 80% 以上的高校仅有 11 所,其中五所为 C9 高校。在 C9 高校中,中国科学技术大学的维持率最高,达到了 92.3%,其次为清华大学,维持率为 91.2%。国内 42 所"双一流"建设高校在该领域中,仅西北农林科技大学有超过 50% 的授权专利失效。

二、专利申请量排名前十高校分析

其他专用机器领域专利申请量排名前十的高校如图 9-20 所示。领域内排名前十的高校全部来自国内,其中四所为 C9 高校。在专利申请量上,十所高校专利申请量之和为 62 所高校专利申请总量的 51.8%,可见该领域研究技术集中度较高,且国内高校技术优势明显。在专利授权率上,中国农业大学最高,为 70.5%,上海交通大学的专利授权率最低,为 53.0%,十所高校中有五所高校的专利授权率在 60% 及以上。

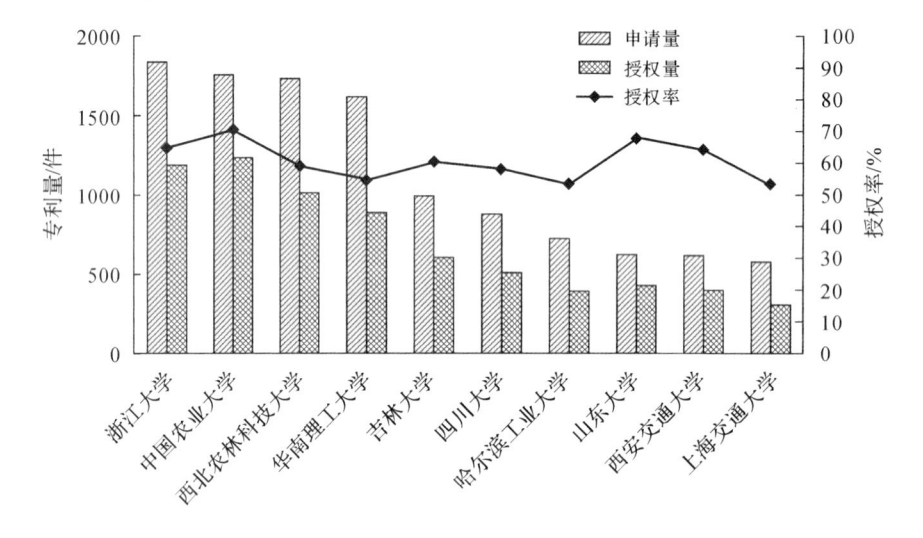

图 9-20 其他专用机器领域专利申请量排名前十高校

图 9-21 是其他专用机器领域专利申请量排名前十高校的专利拥有量与专利维持情况。十所高校的平均专利拥有量为 455 件,排名前十高校的专利拥有量呈现明显的两极分化,浙江大学、中国农业大学和华南理工大学的专利拥有量超过 500 件,其余七所高校如吉林大学、西北农林科技大学等专利拥有量均低于 400 件。在授权专利维持率上,排名前三位的高校分别为哈尔滨工业大学、西安交通大学和华南理工大学,十所高校的授权专利维持率均值为 68.7%,其中哈尔滨工业大学和西安交通大学的授权专利维持率超过 80%,十所高校中有六所高校的维持率在 70% 以上。

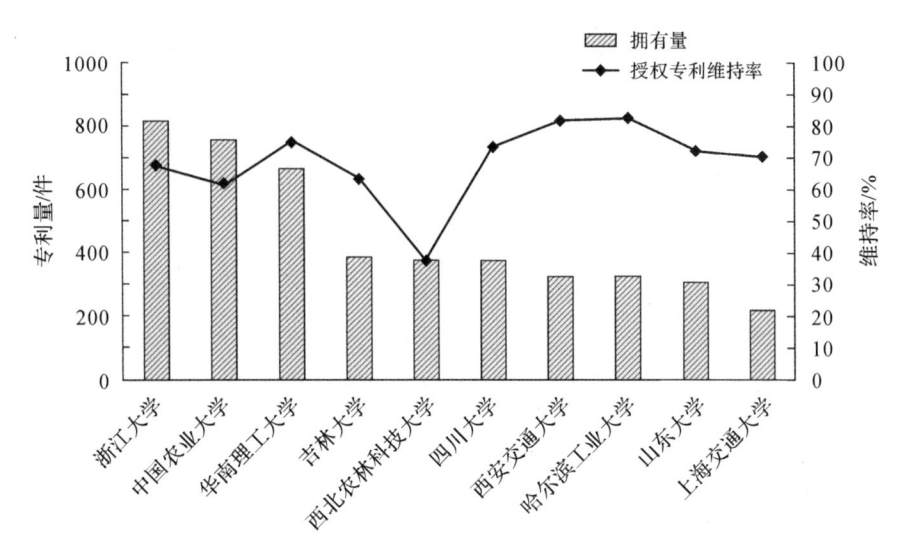

图 9-21 其他专用机器领域专利申请量排名前十高校的专利拥有量和维持率

第六节 热处理和设备领域

机械工程热处理和设备领域主要包括蒸汽产生、燃烧、加热、制冷、冷却或热交换等技术和设备。本领域对应的 IPC 分类号范围为：F22B+；F22D+；F22G+；F23B+；F23C+；F23D+；F23H+；F23K+；F23L+；F23M+；F23N+；F23Q+；F24B+；F24C+；F24D+；F24F+；F24H+；F24J+；F24S+；F24T+；F24V+；F25B+；F25C+；F27B+；F27D+；F28B+；F28C+；F28D+；F28F+；F28G+。

基于领域内的专利申请量进行排序，62 所国内外高校在热处理和设备领域的专利技术创新力参数，如表 9-6 所示。

表 9-6　62 所国内外高校在热处理和设备领域的专利技术创新力参数

序号	高校名称	申请量/件	授权量/件	拥有量/件	授权率/%	授权专利维持率/%
1	西安交通大学	1152	775	595	67.27	76.77
2	清华大学	995	649	534	65.23	82.28
3	东南大学	906	603	367	66.56	60.86

续表

序号	高校名称	申请量/件	授权量/件	拥有量/件	授权率/%	授权专利维持率/%
4	浙江大学	846	628	288	74.23	45.86
5	天津大学	756	435	306	57.54	70.34
6	华南理工大学	750	510	295	68.00	57.84
7	山东大学	602	440	314	73.09	71.36
8	上海交通大学	541	338	259	62.48	76.63
9	重庆大学	445	304	169	68.31	55.59
10	哈尔滨工业大学	418	253	210	60.53	83.00
11	华中科技大学	394	263	177	66.75	67.30
12	大连理工大学	368	225	161	61.14	71.56
13	郑州大学	359	273	99	76.04	36.26
14	同济大学	312	170	136	54.49	80.00
15	东北大学	228	136	94	59.65	69.12
16	中南大学	200	133	77	66.50	57.89
17	吉林大学	159	101	55	63.52	54.46
18	中国科学技术大学	141	100	71	70.92	71.00
19	北京航空航天大学	140	89	68	63.57	76.40
20	湖南大学	130	89	50	68.46	56.18
21	麻省理工学院	129	33	32	25.58	96.97
22	西北工业大学	111	65	36	58.56	55.38
23	四川大学	107	63	34	58.88	53.97
24	中山大学	76	44	30	57.89	68.18
25	西北农林科技大学	73	35	10	47.95	28.57
26	北京理工大学	70	45	23	64.29	51.11
27	厦门大学	61	47	36	77.05	76.60
28	武汉大学	61	56	27	91.80	48.21
29	北京大学	61	40	30	65.57	75.00
30	东京大学	50	19	19	38.00	100.00

续　表

序号	高校名称	申请量/件	授权量/件	拥有量/件	授权率/%	授权专利维持率/%
31	牛津大学	37	12	12	32.43	100.00
32	中国农业大学	31	24	16	77.42	66.67
33	南京大学	29	15	13	51.72	86.67
34	电子科技大学	29	19	10	65.52	52.63
35	新疆大学	29	21	8	72.41	38.10
36	新加坡国立大学	28	3	3	10.71	100.00
37	中国海洋大学	25	17	10	68.00	58.82
38	哥伦比亚大学	23	7	6	30.43	85.71
39	复旦大学	21	12	9	57.14	75.00
40	哈佛大学	19	5	5	26.32	100.00
41	斯坦福大学	15	4	4	26.67	100.00
42	加州理工学院	15	8	8	53.33	100.00
43	国防科技大学	13	6	6	46.15	100.00
44	云南大学	13	8	8	61.54	100.00
45	约翰斯·霍普金斯大学	13	4	4	30.77	100.00
46	密歇根大学	13	0	0	0.00	0.00
47	芝加哥大学	12	8	8	66.67	100.00
48	兰州大学	10	7	4	70.00	57.14
49	不列颠哥伦比亚大学	10	3	3	30.00	100.00
50	华东师范大学	9	5	4	55.56	80.00
51	南开大学	9	4	3	44.44	75.00
52	北京师范大学	6	5	4	83.33	80.00
53	华盛顿大学	6	2	2	33.33	100.00
54	康奈尔大学	6	3	3	50.00	100.00
55	普林斯顿大学	5	2	1	40.00	50.00
56	杜克大学	2	1	1	50.00	100.00
57	昆士兰大学	2	0	0	0.00	0.00

续　表

序号	高校名称	申请量/件	授权量/件	拥有量/件	授权率/%	授权专利维持率/%
58	中国人民大学	1	0	0	0.00	0.00
59	纽约大学	1	0	0	0.00	0.00
60	中央民族大学	0	0	0	0.00	0.00
61	宾夕法尼亚大学	0	0	0	0.00	0.00
62	耶鲁大学	0	0	0	0.00	0.00

一、专利的申请、授权与维持分析

图 9-22 从专利申请量、授权量和授权率三个角度综合比较国内外 62 所高校在热处理和设备领域的情况。在专利申请量方面，国内高校相比于国外高校优势明显，国内高校的平均申请量为 254 件，国外高校的平均申请量为 19 件，国内高校整体实力相比国外高校优势明显，其中西安交通大学专利申请量位居榜首，为 1152 件，是国外排名首位高校（麻省理工学院）的 8.9 倍，且国内 42 所"双一流"建设高校中的 20 所高校在该领域的申请量高于麻省理工学院。C9 高校的平均申请量为 467 件，除西安交通大学、清华大学、浙江大学和上海交通大学外，其余五所高校的专利申请量均低于国内均值。

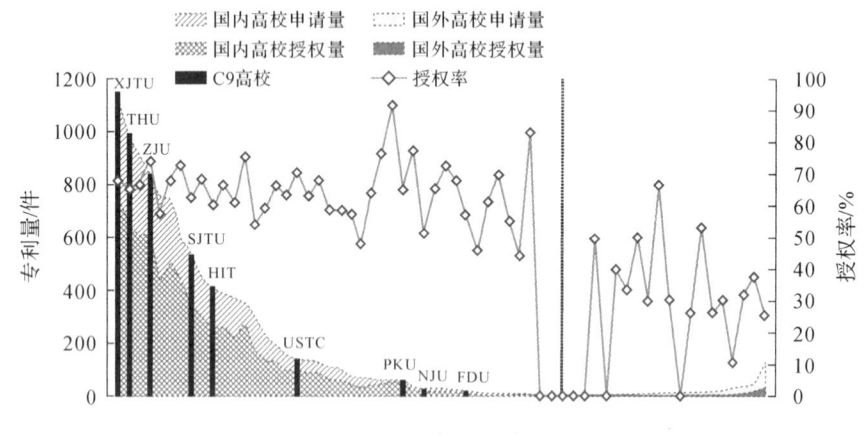

图 9-22　热处理和设备领域专利申请量、授权量和授权率

在专利授权量方面，由于国内高校申请基数较大，且国内高校在该领域

的授权率普遍较国外高校更高,因此优势更加明显。西安交通大学的授权量是 775 件,是麻省理工学院(33 件)的 23.5 倍,国内 42 所"双一流"建设高校中的 28 所高校在该领域的授权量高于麻省理工学院。

在专利授权率方面,C9 高校在该领域的平均授权率为 65.4%,国内 42 所"双一流"建设高校的平均授权率为 63.2%,国外 20 所高校的平均授权率为 30.23%,国内高校中武汉大学的授权率居首位,达到 91.8%,是国外授权率最高的芝加哥大学(66.7%)的 1.4 倍。

如图 9-23 所示,在热处理和设备领域专利拥有量方面,62 所国内外高校中西安交通大学的拥有量位居首位,为 595 件,约是国外排名首位高校麻省理工学院(32 件)的 19 倍。国内 42 所"双一流"建设高校中有 23 所高校在该领域的拥有量高于麻省理工学院,除西安交通大学外,专利拥有量超过 500 件的还有清华大学(534 件)。

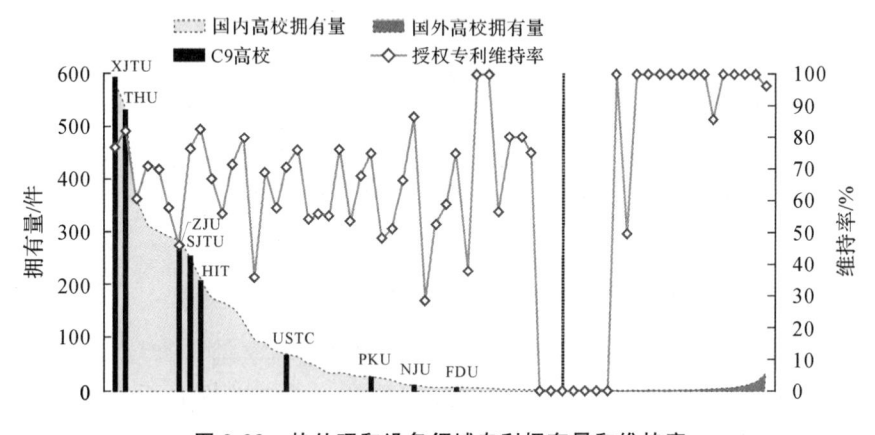

图 9-23　热处理和设备领域专利拥有量和维持率

在专利维持方面,国外高校授权专利维持率普遍高于国内高校,20 所国外高校中,哈佛大学、康奈尔大学和斯坦佛大学等 12 所高校的维持率达到了 100%,平均维持率达到了 95.5%。国内 42 所"双一流"建设高校的授权专利维持率均值仅为 66.2%,80% 及以上的仅有八所,其中,武汉大学、浙江大学、新疆大学、郑州大学和西北农林科技大学五所高校,授权专利维持率不到 50%。

二、专利申请量排名前十高校分析

机械工程热处理和设备领域专利申请量排名前十的高校如图 9-24 所

示。领域内排名前十的高校全部来自国内,其中 C9 高校占据五个席位。在专利申请量上,十所高校专利申请量之和占 62 所高校专利申请总量的 66.9%,排名第十位的哈尔滨工业大学的专利申请量也达到了 418 件,可见该领域研究技术创新集中度较高,且国内高校技术优势明显。在专利授权率上,浙江大学的授权率最高,为 74.2%,天津大学的专利授权率最低,为 57.5%,十所高校中除了天津大学外,其他高校的专利授权率均在 60% 以上。

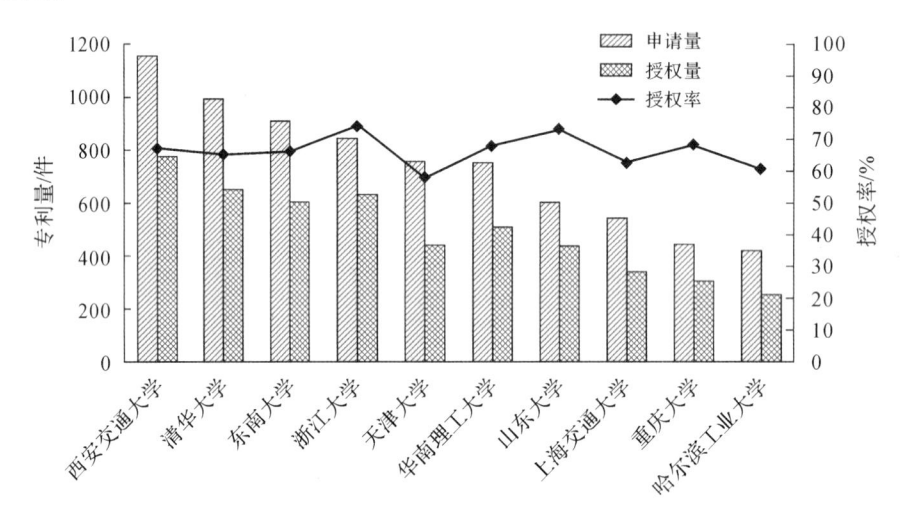

图 9-24 热处理和设备领域专利申请量排名前十高校

图 9-25 所示是热处理和设备领域专利申请量排名前十高校的专利拥有量与专利维持情况。在专利拥有量上,十所高校的平均值为 334 件,大体形成三个梯队:西安交通大学和清华大学的专利拥有量均在 500 件以上,远远领先其他高校,处于第一梯队,西安交通大学(595 件)的拥有量是排名第三位的东南大学的 1.6 倍;东南大学、山东大学、天津大学等专利拥有量超过 200 件的高校处于第二梯队;重庆大学则处于第三梯队,专利拥有量仅为 169 件。在授权专利维持率上,排名前三位的高校分别为哈尔滨工业大学、清华大学、西安交通大学,十所高校的授权专利维持率均值为 68.1%,其中两所高校的维持率超过 80%,除华南理工大学、重庆大学和浙江大学外,其余高校均在 70% 以上。

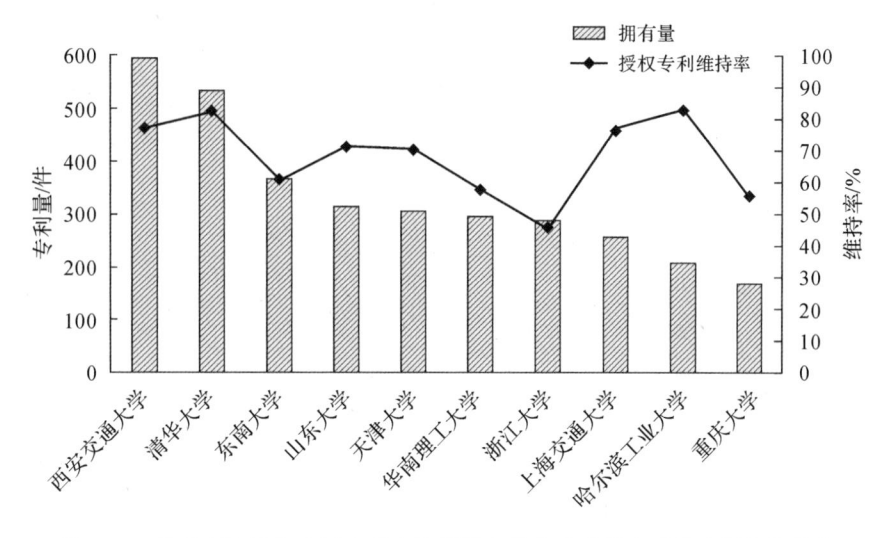

图 9-25　热处理和设备领域专利申请量排名前十高校的专利拥有量和维持率

第七节　机械元件领域

机械工程机械元件领域涵盖流体回路元件、接头、轴、联轴器、阀门、管道系统或机械控制装置，主要是机器的工程元素，如接头或联轴器。该领域对应的 IPC 分类号范围为：F15B+；F15C+；F15D+；F16B+；F16C+；F16D+；F16F+；F16G+；F16H+；F16J+；F16K+；F16L+；F16M+；F16N+；F16P+；F16S+；F16T+；F17B+；F17C+；F17D+；G05G+。

基于领域内的专利申请量进行排序，62 所国内外高校在机械元件领域的专利技术创新力参数，如表 9-7 所示。

表 9-7　62 所国内外高校在机械元件领域的专利技术创新力参数

序号	高校名称	申请量/件	授权量/件	拥有量/件	授权率/%	授权专利维持率/%
1	浙江大学	866	663	386	76.56	58.22
2	吉林大学	862	615	320	71.35	52.03
3	哈尔滨工业大学	577	400	347	69.32	86.75
4	华南理工大学	523	341	206	65.20	60.41

续 表

序号	高校名称	申请量/件	授权量/件	拥有量/件	授权率/%	授权专利维持率/%
5	清华大学	508	305	260	60.04	85.25
6	北京航空航天大学	471	366	241	77.71	65.85
7	西安交通大学	469	333	224	71.00	67.27
8	重庆大学	426	280	158	65.73	56.43
9	天津大学	340	197	145	57.94	73.60
10	同济大学	331	223	161	67.37	72.20
11	大连理工大学	307	193	143	62.87	74.09
12	北京理工大学	306	216	159	70.59	73.61
13	上海交通大学	304	226	168	74.34	74.34
14	四川大学	296	170	109	57.43	64.12
15	华中科技大学	281	218	149	77.58	68.35
16	东南大学	265	176	105	66.42	59.66
17	山东大学	247	182	115	73.68	63.19
18	西北工业大学	214	131	84	61.21	64.12
19	东北大学	210	165	121	78.57	73.33
20	中南大学	184	134	90	72.83	67.16
21	郑州大学	154	123	60	79.87	48.78
22	湖南大学	128	98	65	76.56	66.33
23	哈佛大学	119	46	46	38.66	100.00
24	西北农林科技大学	116	70	32	60.34	45.71
25	麻省理工学院	104	40	39	38.46	97.50
26	中国海洋大学	98	69	45	70.41	65.22
27	武汉大学	78	66	35	84.62	53.03
28	厦门大学	76	53	33	69.74	62.26
29	中国农业大学	76	69	26	90.79	37.68
30	加州理工学院	69	38	30	55.07	78.95
31	国防科技大学	67	42	37	62.69	88.10

续表

序号	高校名称	申请量/件	授权量/件	拥有量/件	授权率/%	授权专利维持率/%
32	电子科技大学	47	26	17	55.32	65.38
33	中国科学技术大学	43	32	23	74.42	71.88
34	密歇根大学	41	15	13	36.59	86.67
35	东京大学	39	16	15	41.03	93.75
36	牛津大学	28	12	9	42.86	75.00
37	复旦大学	24	13	10	54.17	76.92
38	中山大学	24	18	12	75.00	66.67
39	华盛顿大学	21	7	6	33.33	85.71
40	南京大学	18	13	7	72.22	53.85
41	斯坦福大学	18	9	9	50.00	100.00
42	芝加哥大学	16	8	8	50.00	100.00
43	兰州大学	15	11	5	73.33	45.45
44	新疆大学	15	13	6	86.67	46.15
45	不列颠哥伦比亚大学	15	4	3	26.67	75.00
46	康奈尔大学	14	6	6	42.86	100.00
47	北京大学	11	5	4	45.45	80.00
48	约翰斯·霍普金斯大学	11	7	7	63.64	100.00
49	新加坡国立大学	10	0	0	0.00	0.00
50	华东师范大学	9	4	4	44.44	100.00
51	哥伦比亚大学	8	3	3	37.50	100.00
52	南开大学	7	3	2	42.86	66.67
53	宾夕法尼亚大学	5	3	3	60.00	100.00
54	北京师范大学	4	3	1	75.00	33.33
55	耶鲁大学	3	0	0	0.00	0.00
56	中国人民大学	2	2	1	100.00	50.00
57	云南大学	2	2	0	100.00	0.00
58	昆士兰大学	2	0	0	0.00	0.00

续 表

序号	高校名称	申请量/件	授权量/件	拥有量/件	授权率/%	授权专利维持率/%
59	纽约大学	2	0	0	0.00	0.00
60	中央民族大学	1	0	0	0.00	0.00
61	普林斯顿大学	1	1	1	100.00	100.00
62	杜克大学	0	0	0	0.00	0.00

一、专利的申请、授权与维持分析

图 9-26 从专利申请量、授权量和授权率三个角度综合比较国内外 62 所高校在机械元件领域的情况。在专利申请量方面，国内高校的平均申请量为 214 件，国外高校的平均申请量为 26 件，国内高校整体实力相比于国外高校优势明显，其中浙江大学申请量位居榜首，为 866 件，是国外排名首位高校（哈佛大学）的 7.3 倍，且国内 42 所"双一流"建设高校中的 22 所高校在该领域的申请量高于哈佛大学。C9 高校的平均申请量为 333 件，除了中国科学技术大学、复旦大学、南京大学、北京大学外，其余五所高校的专利申请量均高于国内均值。

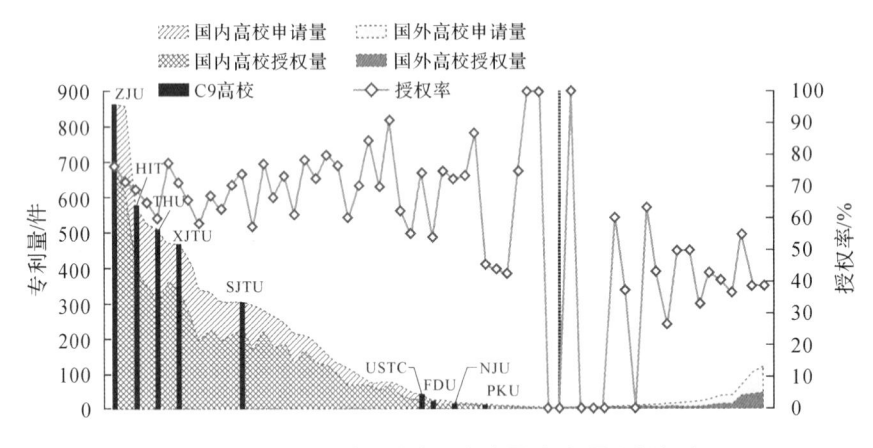

图 9-26 机械元件领域专利申请量、授权量和授权率

在专利授权量方面，由于国内高校申请基数较大，且国内高校在该领域的授权率普遍较国外高校更高，因此优势更加明显。浙江大学的授权量为 663 件，是哈佛大学（46 件）的 14 倍以上，且国内 42 所"双一流"建设高校中的 22 所高校在该领域的拥有量高于哈佛大学。

在专利授权率方面，C9 高校在该领域的平均值为 66.4%，国内 42 所"双一流"建设高校的平均值为 68.4%，国外 20 所高校的平均值为 37.7%，国内高校中，授权率居首位的为中国人民大学、云南大学，国外高校中授权率最高的为普林斯顿大学，均达到 100%。

如图 9-27 所示，在机械元件领域的专利拥有量方面，浙江大学为 386 件，是国外排名首位高校哈佛大学(46 件)的八倍之多。国内 42 所"双一流"建设高校中有 22 所高校在该领域的拥有量高于哈佛大学，除浙江大学外，专利拥有量超过 300 件的高校还有哈尔滨工业大学和吉林大学。

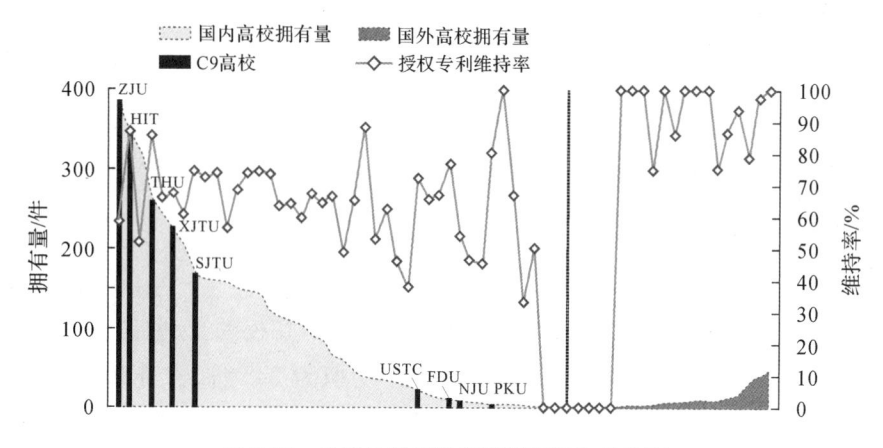

图 9-27 机械元件领域专利拥有量和维持率

在专利维持方面，国外高校授权专利维持率较国内高校普遍偏高，20 所国外高校中，哈佛大学、康奈尔大学和斯坦福大学等八所高校的维持率达到了 100%，国外高校的平均维持率达到 92.8%。国内 42 所"双一流"建设高校的授权专利维持率均值为 64.6%，80% 及以上的高校仅有六所，六所高校中，有三所为 C9 高校，分别为哈尔滨工业大学、清华大学和北京大学；除去授权量为零的高校，国内 42 所"双一流"建设高校在该领域有六所高校的授权专利维持率不到 50%。

二、专利申请量排名前十高校分析

机械工程机械元件领域专利申请量排名前十的高校如图 9-28 所示。领域内排名前十的高校全部来自国内，其中 C9 高校占据四个席位。在专利申请量上，十所高校专利申请量之和占 62 所高校专利申请总量的 56.4%，可见该领域研究技术集中度较高，且国内高校技术优势明显。在专利授权率上，北京航空航天大学最高，为 77.7%，天津大学最低，为 57.9%，十所高校中除了天津大学外，其他高校的专利授权率均在 60% 以上。

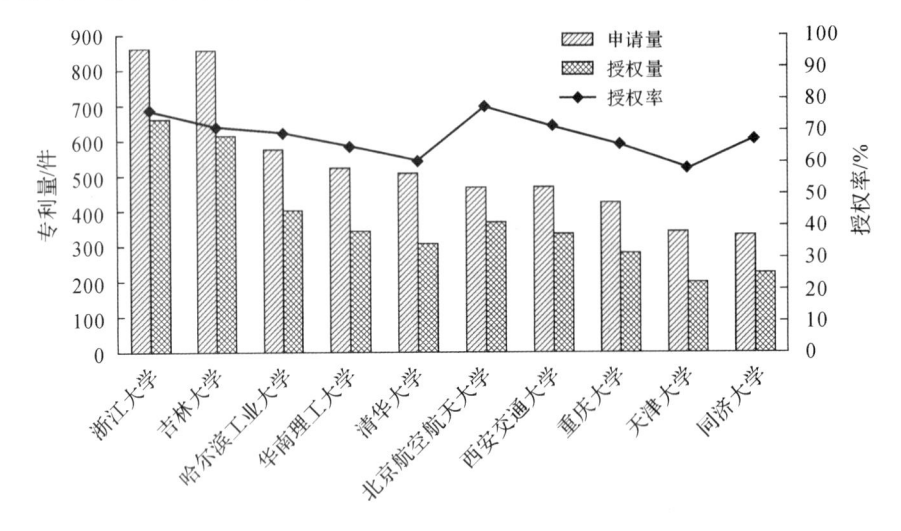

图 9-28　机械元件领域专利申请量排名前十高校

图 9-29 是机械元件领域专利申请量排名前十高校的专利拥有量与专利维持情况。在专利拥有量上，十所高校的平均值为 245 件，大体形成三个梯队：浙江大学、哈尔滨工业大学、吉林大学的专利拥有量在 300 件以上，处于第一梯队；清华大学、北京航空航天大学、西安交通大学和华南理工大学的

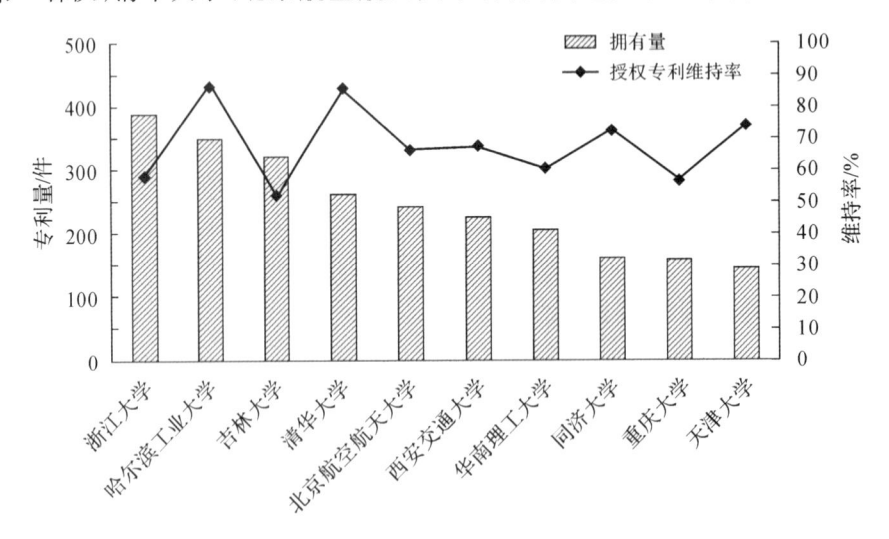

图 9-29　机械元件领域专利申请量排名前十高校的专利拥有量和维持率

专利拥有量在200—300件，处于第二梯队；同济大学、重庆大学、天津大学这三所高校则处于第三梯队，专利拥有量在100—200件，浙江大学的拥有量是排名第十位的天津大学的2.7倍。在授权专利维持率上，十所高校中只有四所高校的维持率在70%以上，分别为哈尔滨工业大学、清华大学、天津大学和同济大学。

第八节　运输系统领域

机械工程运输系统领域涵盖所有类型的运输技术和应用，以汽车技术为主导，包括了铁路交通和空中交通。该领域对应的IPC分类号范围为：B60B+；B60C+；B60D+；B60F+；B60G+；B60H+；B60J+；B60K+；B60L+；B60M+；B60N+；B60P+；B60Q+；B60R+；B60S+；B60T+；B60V+；B60W+；B61B+；B61C+；B61D+；B61F+；B61G+；B61H+；B61J+；B61K+；B61L+；B62B+；B62C+；B62D+；B62H+；B62J+；B62K+；B62L+；B62M+；B63B+；B63C+；B63G+；B63H+；B63J+；B64B+；B64C+；B64D+；B64F+；B64G+。

基于领域内的专利申请量进行排序，62所国内外高校在运输系统领域的专利技术创新力参数，如表9-8所示。

表9-8　62所国内外高校在运输系统领域的专利技术创新力参数

序号	高校名称	申请量/件	授权量/件	拥有量/件	授权率/%	授权专利维持率/%
1	吉林大学	2490	1750	956	70.28	54.63
2	北京航空航天大学	1045	673	484	64.40	71.92
3	西北工业大学	1039	568	333	54.67	58.63
4	浙江大学	985	703	495	71.37	70.41
5	哈尔滨工业大学	952	553	483	58.09	87.34
6	北京理工大学	896	527	404	58.82	76.66
7	清华大学	821	545	474	66.38	86.97
8	同济大学	722	466	325	64.54	69.74
9	华南理工大学	714	447	271	62.61	60.63

续　表

序号	高校名称	申请量/件	授权量/件	拥有量/件	授权率/%	授权专利维持率/%
10	上海交通大学	677	410	304	60.56	74.15
11	大连理工大学	560	361	242	64.46	67.04
12	天津大学	415	197	146	47.47	74.11
13	重庆大学	405	243	163	60.00	67.08
14	东南大学	352	188	134	53.41	71.28
15	山东大学	328	198	151	60.37	76.26
16	国防科技大学	291	184	175	63.23	95.11
17	中南大学	285	193	152	67.72	78.76
18	西北农林科技大学	278	142	55	51.08	38.73
19	中国海洋大学	264	165	123	62.50	74.55
20	华中科技大学	247	169	122	68.42	72.19
21	西安交通大学	236	148	91	62.71	61.49
22	湖南大学	232	167	97	71.98	58.08
23	东北大学	226	159	71	70.35	44.65
24	郑州大学	201	172	57	85.57	33.14
25	厦门大学	191	139	100	72.77	71.94
26	麻省理工学院	184	75	74	40.76	98.67
27	武汉大学	171	130	56	76.02	43.08
28	中国农业大学	149	113	47	75.84	41.59
29	电子科技大学	128	75	48	58.59	64.00
30	四川大学	127	65	34	51.18	52.31
31	密歇根大学	122	36	35	29.51	97.22
32	加州理工学院	82	37	37	45.12	100.00
33	东京大学	77	35	33	45.45	94.29
34	中山大学	71	44	36	61.97	81.82
35	中国科学技术大学	69	48	40	69.57	83.33
36	复旦大学	54	33	27	61.11	81.82

续 表

序号	高校名称	申请量/件	授权量/件	拥有量/件	授权率/%	授权专利维持率/%
37	北京大学	40	23	13	57.50	56.52
38	华东师范大学	30	11	6	36.67	54.55
39	南京大学	29	19	17	65.52	89.47
40	哈佛大学	25	12	12	48.00	100.00
41	新疆大学	23	19	14	82.61	73.68
42	斯坦福大学	19	7	6	36.84	85.71
43	兰州大学	16	9	5	56.25	55.56
44	新加坡国立大学	15	3	2	20.00	66.67
45	牛津大学	14	8	8	57.14	100.00
46	宾夕法尼亚大学	14	6	5	42.86	83.33
47	北京师范大学	13	11	10	84.62	90.91
48	约翰斯·霍普金斯大学	11	5	5	45.45	100.00
49	南开大学	10	4	3	40.00	75.00
50	华盛顿大学	10	5	5	50.00	100.00
51	昆士兰大学	8	2	2	25.00	100.00
52	云南大学	5	5	3	100.00	60.00
53	芝加哥大学	5	3	3	60.00	100.00
54	纽约大学	5	3	3	60.00	100.00
55	康奈尔大学	3	1	1	33.33	100.00
56	中国人民大学	2	1	1	50.00	100.00
57	普林斯顿大学	2	1	0	50.00	0.00
58	不列颠哥伦比亚大学	1	1	1	100.00	100.00
59	中央民族大学	0	0	0	0.00	0.00
60	杜克大学	0	0	0	0.00	0.00
61	哥伦比亚大学	0	0	0	0.00	0.00
62	耶鲁大学	0	0	0	0.00	0.00

一、专利的申请、授权与维持分析

图 9-30 从专利申请量、授权量和授权率三个角度综合比较国内外 62 所高校在运输系统领域的情况。在专利申请量方面,国内高校的平均申请量为 376 件,国外高校的平均申请量为 30 件,国内高校整体实力相比国外高校优势明显,其中吉林大学专利申请量位居榜首,为 2490 件,是国外排名首位高校(麻省理工学院)的 13.5 倍,且国内 42 所"双一流"建设高校中的 25 所高校在该领域的申请量高于麻省理工学院。C9 高校的平均申请量为 429 件,在该领域的申请量最大的为浙江大学,为 985 件,申请量超过 500 件的还有哈尔滨工业大学和清华大学。

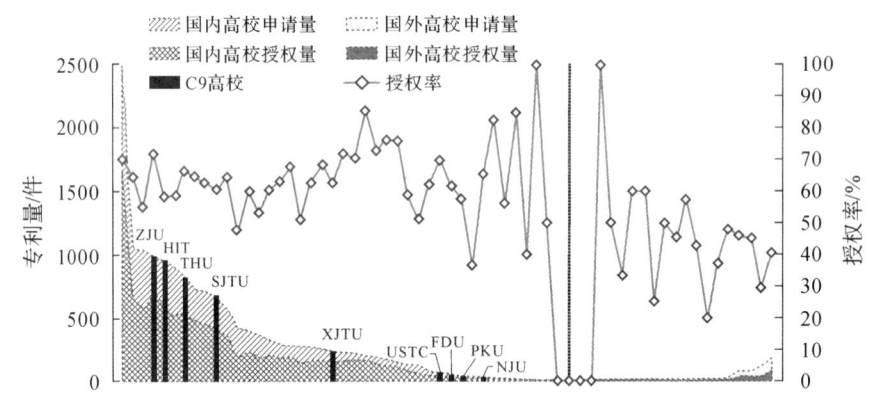

图 9-30 运输系统领域专利申请量、授权量和授权率

在专利授权量方面,由于国内高校申请基数较大,且国内高校在该领域的授权率普遍较国外高校更高,因此优势更加明显。吉林大学的授权量为 1750 件,是麻省理工学院(75 件)的 23 倍以上,国内 42 所"双一流"建设高校中有 27 所高校在该领域的授权量高于麻省理工学院。

在专利授权率方面,C9 高校在该领域的平均授权率为 63.6%,国内 42 所"双一流"建设高校的平均授权率为 68.9%,国外 20 所高校的平均授权率为 46.4%。其中,国内高校云南大学和国外高校哥伦比亚大学的授权率居首位,均达到 100%。

如图 9-31 所示,在运输系统领域的专利拥有量方面,62 所国内外高校中,吉林大学的专利拥有量为 956 件,远远领先其他高校,约是排名第二的浙江大学(495 件)的两倍,约是国外排名首位高校麻省理工学院(74 件)的

13倍。除吉林大学和浙江大学外，专利拥有量超过400件的高校还有四所，其中两所为C9高校，分别为哈尔滨工业大学和清华大学。

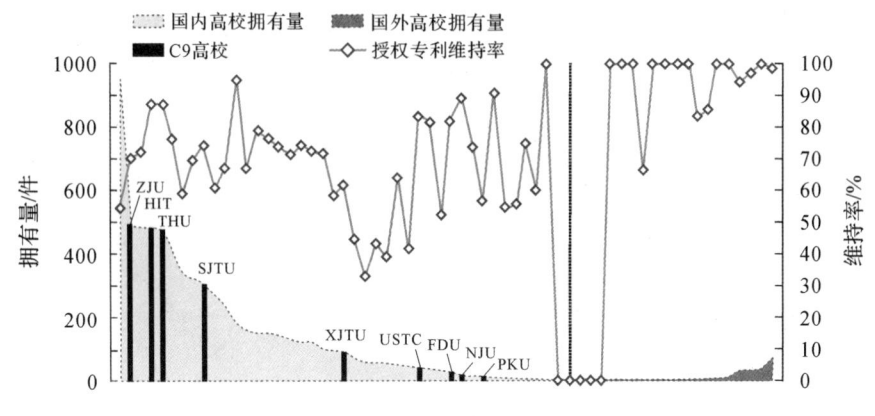

图 9-31　运输系统领域专利拥有量和维持率

在专利维持方面，国外高校授权专利维持率普遍高于国内高校，20所国外高校中，有50%的高校维持率达到了100%，包括哈佛大学、牛津大学和康奈尔大学等十所高校，平均授权专利维持率为89.8%。国内42所"双一流"建设高校的授权专利维持率均值为68.3%，在80%及以上的仅有九所，其中五所为C9高校，分别为南京大学、哈尔滨工业大学、清华大学、中国科学技术大学和复旦大学。五所高校的授权专利维持率不到50%，最低的为郑州大学(33.1%)。

二、专利申请量排名前十高校分析

运输系统领域专利申请量排名前十的高校如图9-32所示。领域内排名前十的高校全部来自国内，其中C9高校占据四个席位。在专利申请量上，十所高校专利申请量之和为62所高校专利申请总量的63.1%，可见该领域研究技术集中度较高，且国内高校技术优势明显。在专利授权率上，浙江大学的授权率最高，为71.4%，西北工业大学的授权率最低，为54.7%，十所高校中有七所高校的专利授权率均在60%以上。

图9-33是运输系统领域专利申请量排名前十高校的专利拥有量与专利维持情况。十所高校的平均专利拥有量为453件，大体形成三个梯队：吉林大学以956件专利远远领先其他高校，是排名第二位的华南理工大学的2.0倍，是排名第十位的华南理工大学的3.5倍，处于第一梯队；浙江大学、北京

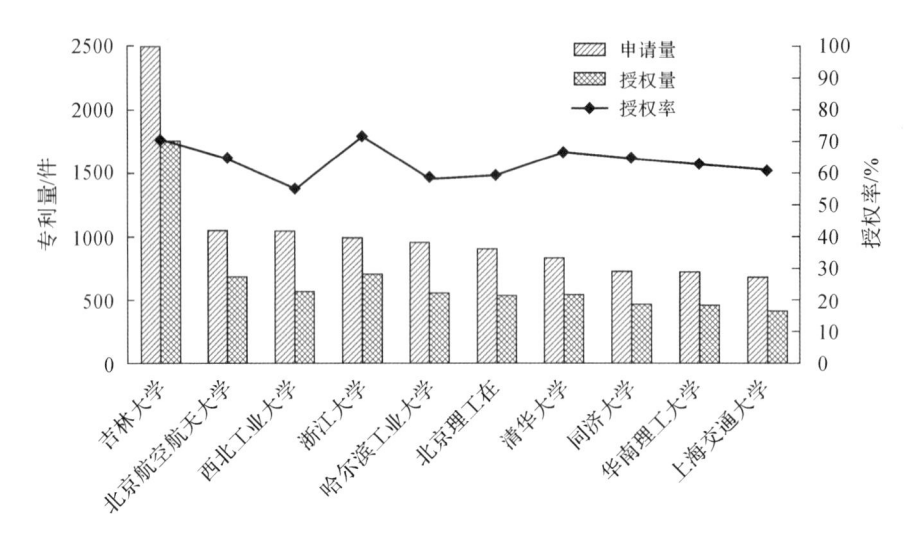

图 9-32 运输系统领域专利申请量排名前十高校

航空航天大学、哈尔滨工业大学等专利拥有量超过 400 件的高校处于第二梯队；西北工业大学、同济大学等低于 400 件的高校处于第三梯队。在授权专利维持率上，排名前三位的高校分别为哈尔滨工业大学、清华大学和北京理工大学，十所高校的授权专利维持率均值为 71.1%，其中两所高校的授权专利维持率超过 80%，除西北工业大学、吉林大学外，其余高校均在 60% 以上。

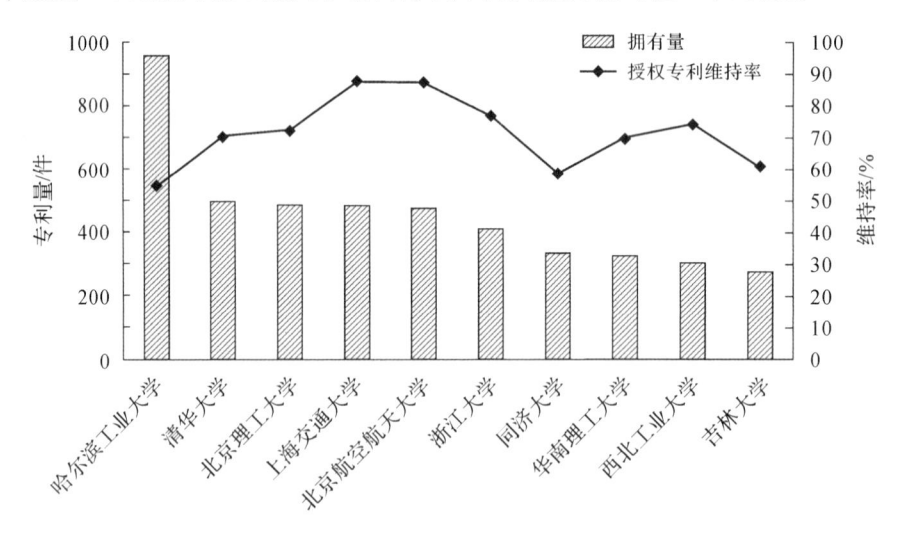

图 9-33 运输系统领域专利申请量排名前十高校的专利拥有量和维持率

第十章 其他领域

其他领域中包含三个子领域,分别是:家具、游戏,其他生活消费品和土木工程。三个子领域的专利申请与授权情况如图 10-1 所示,其中土木工程领域的专利申请量最大(20487 件),占专利申请总量的 3.6%。家具、游戏和其他生活消费品的专利申请量接近,分别为 3623 件和 3543 件,只占了专利申请总量的 0.6%,几乎是土木工程领域专利申请量的六分之一。在专利授权率上,土木工程、家具、游戏和其他生活消费品三个子领域的授权率都比较接近,分别为 65.9%、69.6% 和 64.6%。在授权专利维持率上,土木工程的维持率最高,为 67.1%,家具、游戏和其他生活消费品的维持率在 50% 左右。

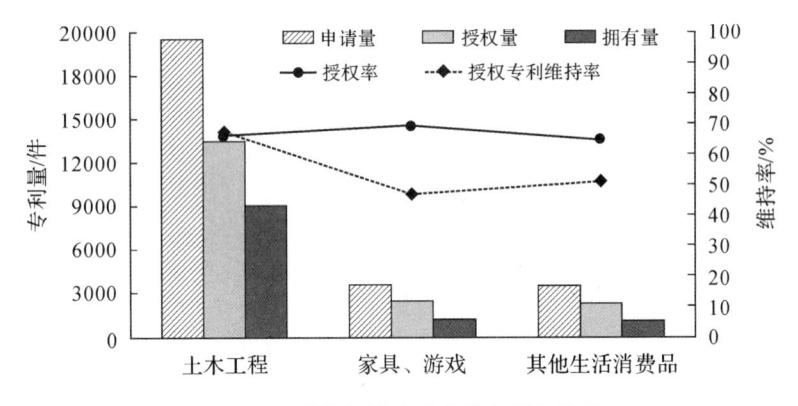

图 10-1 其他领域专利申请与授权情况

第一节 家具、游戏领域

家具、游戏领域主要包括家具,家庭用的物品或设备,运动、游戏和娱乐活动装备等,代表了消费品的主要部分。其他消费品是许多不同技术的混合,占比都很低。本领域对应的 IPC 分类号范围为:A47B+;A47C+;A47D+;A47F+;A47G+;A47H+;A47J+;A47K+;A47L+;A63B+;A63C+;A63D+;A63F+;A63G+;A63H+;A63J+;A63K+。

基于领域内的专利申请量进行排序,62 所国内外高校在家具、游戏领域的专利技术创新力参数,如表 10-1 所示。

表 10-1　62 所国内外高校在家具、游戏领域的专利技术创新力参数

序号	高校名称	申请量/件	授权量/件	拥有量/件	授权率/%	授权专利维持率/%
1	浙江大学	452	366	78	80.97	21.31
2	四川大学	261	148	31	56.70	20.95
3	吉林大学	247	196	126	79.35	64.29
4	华南理工大学	241	161	98	66.80	60.87
5	武汉大学	224	216	75	96.43	34.72
6	郑州大学	207	171	71	82.61	41.52
7	西北农林科技大学	140	75	34	53.57	45.33
8	东南大学	136	79	38	58.09	48.10
9	重庆大学	118	87	36	73.73	41.38
10	上海交通大学	98	62	40	63.27	64.52
11	东北大学	97	74	41	76.29	55.41
12	天津大学	93	45	32	48.39	71.11
13	西安交通大学	85	71	33	83.53	46.48
14	哈尔滨工业大学	79	50	34	63.29	68.00
15	清华大学	79	50	43	63.29	86.00
16	西北工业大学	70	41	10	58.57	24.39
17	山东大学	69	50	25	72.46	50.00
18	华中科技大学	64	47	24	73.44	51.06
19	北京理工大学	63	41	22	65.08	53.66
20	电子科技大学	58	38	10	65.52	26.32
21	同济大学	52	30	17	57.69	56.67

续表

序号	高校名称	申请量/件	授权量/件	拥有量/件	授权率/%	授权专利维持率/%
22	大连理工大学	51	30	21	58.82	70.00
23	厦门大学	46	36	17	78.26	47.22
24	湖南大学	45	39	18	86.67	46.15
25	中南大学	40	29	17	72.50	58.62
26	中国海洋大学	36	28	9	77.78	32.14
27	中山大学	34	21	17	61.76	80.95
28	北京大学	31	20	17	64.52	85.00
29	兰州大学	31	30	18	96.77	60.00
30	新疆大学	29	25	9	86.21	36.00
31	哈佛大学	29	7	7	24.14	100.00
32	北京航空航天大学	28	13	9	46.43	69.23
33	华东师范大学	26	17	7	65.38	41.18
34	中国农业大学	26	17	8	65.38	47.06
35	北京师范大学	21	11	10	52.38	90.91
36	密歇根大学	20	9	8	45.00	88.89
37	复旦大学	19	7	4	36.84	57.14
38	麻省理工学院	17	11	11	64.71	100.00
39	南京大学	16	12	8	75.00	66.67
40	昆士兰大学	16	8	8	50.00	100.00
41	牛津大学	15	9	8	60.00	88.89
42	约翰斯·霍普金斯大学	15	5	2	33.33	40.00
43	国防科技大学	13	8	8	61.54	100.00
44	中国科学技术大学	12	7	6	58.33	85.71
45	斯坦福大学	12	4	4	33.33	100.00
46	纽约大学	10	2	2	20.00	100.00
47	康奈尔大学	9	5	3	55.56	60.00
48	宾夕法尼亚大学	6	1	1	16.67	100.00

续表

序号	高校名称	申请量/件	授权量/件	拥有量/件	授权率/%	授权专利维持率/%
49	新加坡国立大学	6	0	0	0.00	0.00
50	加州理工学院	5	5	5	100.00	100.00
51	东京大学	5	1	1	20.00	100.00
52	哥伦比亚大学	4	2	2	50.00	100.00
53	中央民族大学	3	1	1	33.33	100.00
54	南开大学	3	1	1	33.33	100.00
55	云南大学	3	2	2	66.67	100.00
56	杜克大学	3	0	0	0.00	0.00
57	中国人民大学	2	1	1	50.00	100.00
58	华盛顿大学	1	0	0	0.00	0.00
59	不列颠哥伦比亚大学	1	1	0	100.00	0.00
60	耶鲁大学	1	0	0	0.00	0.00
61	芝加哥大学	0	0	0	0.00	0.00
62	普林斯顿大学	0	0	0	0.00	0.00

一、专利的申请、授权与维持分析

图 10-2 从专利申请量、授权量和授权率三个角度综合比较国内外 62 所高校在家具、游戏领域的情况。在专利申请量方面，国内高校的平均申请量为 82 件，国外高校的平均申请量为九件，国内高校整体实力相比国外高校优势明显，其中浙江大学专利申请量位居榜首，为 452 件，是国外排名首位高校哈佛大学（29 件）的 15.6 倍。国内 42 所"双一流"建设高校中，29 所高校在该领域的申请量高于哈佛大学。C9 高校的平均申请量为 97 件，除浙江大学、上海交通大学、西安交通大学外，其余六所高校的专利申请量均低于国内均值。

在专利授权量方面，由于国内高校申请基数较大，且国内高校在该领域的授权率普遍较国外高校更高，因此优势更加明显。浙江大学授权量为 366 件，是麻省理工学院（11 件）的 33 倍以上，国内 42 所"双一流"建设高校中的 34 所高校在该领域的授权量高于麻省理工学院。

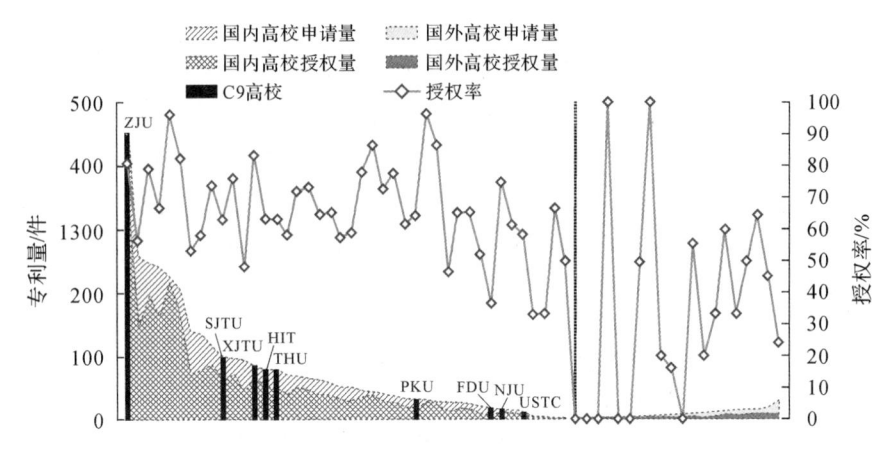

图 10-2　家具、游戏领域专利申请量、授权量和授权率

在专利授权率方面，C9 高校在该领域的平均授权率为 65.4%，国内 42 所"双一流"建设高校的平均授权率为 65.9%，国外 20 所高校的平均授权率为 37.4%，国内高校中兰州大学的授权率居首位，达到 96.8%，而国外授权率最高的加州理工学院则达到 100%。

如图 10-3 所示，在家具、游戏领域的专利拥有量方面，吉林大学是 62 所国内外高校中唯一一所专利拥有量超过 100 件的高校，约是国外排名首位高校麻省理工学院（11 件）的 12 倍。国内 42 所"双一流"建设高校中有 26 所高校在该领域的拥有量高于麻省理工学院，除吉林大学外，专利拥有量超过 50 件的高校，还有四所，其中有一所为 C9 高校，即浙江大学，拥有量 78 件，排名第三。

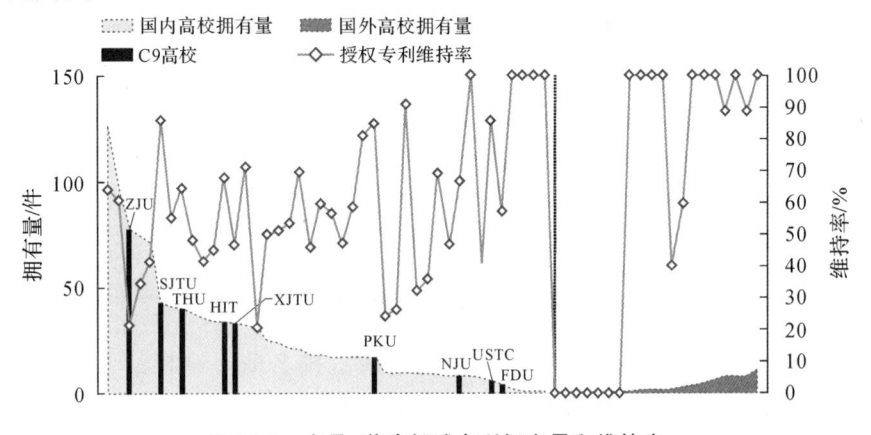

图 10-3　家具、游戏领域专利拥有量和维持率

在专利维持方面,国外高校授权专利维持率较国内高校普遍偏高,20所国外高校中,哈佛大学、麻省理工学院和斯坦佛大学等九所高校的维持率达到了100%,平均授权专利维持率为84.1%。国内42所"双一流"建设高校的授权专利维持率在80%及以上的仅有十所高校,有三所为C9高校,分别为清华大学、中国科学技术大学和北京大学。国内42所"双一流"建设高校在该领域有16所高校的授权专利维持率不到50%,维持率最低的为四川大学,只有21.0%。

二、专利申请量排名前十高校分析

家具、游戏领域申请量排名前十的高校如图10-4所示。领域内排名前十的高校全部来自国内,其中C9高校只占据两个席位,分别为浙江大学和上海交通大学。在专利申请量上,十所高校专利申请量之和为62所高校专利申请总量的58.6%,排名首位的浙江大学的专利申请量是排名第二的四川大学的1.7倍,可见该领域研究技术集中度较高,且国内高校技术优势明显。在专利授权率上,武汉大学最高,达到96.4%,十所高校中有七所高校的授权率在60%以上。

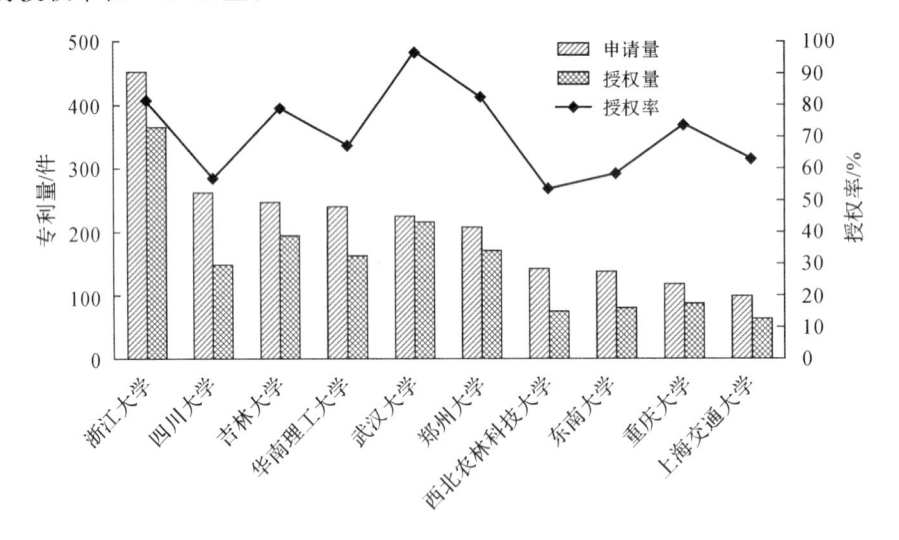

图10-4 家具、游戏领域专利申请量排名前十高校

图10-5所示是家具、游戏领域专利申请量排名前十高校的专利拥有量与专利维持情况。十所高校的平均专利拥有量为63件,大体形成三个梯队:吉林大学以126件专利领先其他高校,是排名第二位的华南理工大学的

1.3倍,是排名第十位的四川大学的4.1倍,处于第一梯队;华南理工大学、浙江大学等专利拥有量超过50件的高校处于第二梯队;上海交通大学、东南大学等低于50件的高校处于第三梯队。在授权专利维持率上,排名前三位的高校分别为上海交通大学、吉林大学、华南理工大学,授权专利维持率超过60%,其余高校的维持率均不到50%,十所高校的授权专利维持率均值为44.3%。

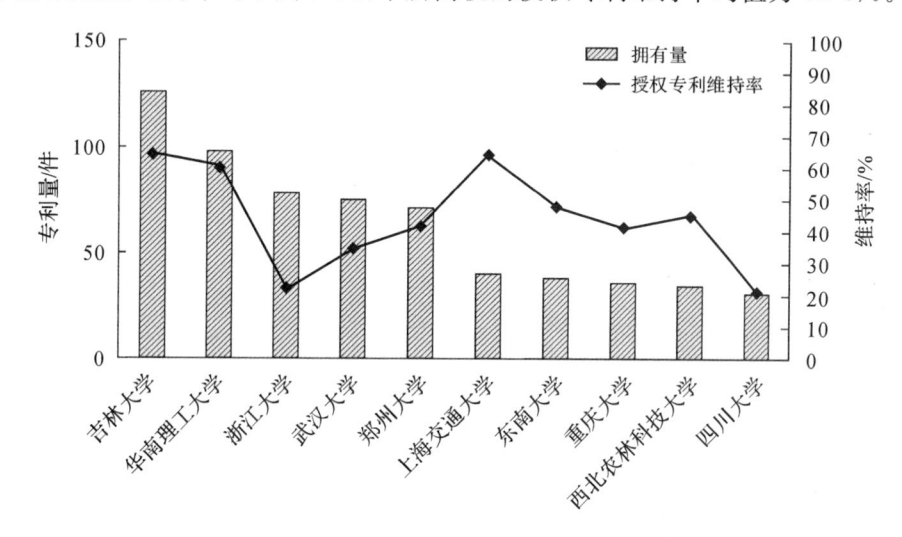

图 10-5　家具、游戏领域专利申请量排名前十高校的专利拥有量和维持率

第二节　其他生活消费品领域

其他生活消费品主要代表较低研究密集型的子领域,主要包括烟草、服装、办公用品、纺织物的处理和洗涤、乐器、声学、制冷或冷却、热泵系统、冰的制造或储存以及气体的液化或固化等领域。本领域对应的IPC分类号范围为:A24B+;A24C+;A24D+;A24F+;A41B+;A41C+;A41D+;A41F+;A41G+;A42B+;A42C+;A43B+;A43C+;A44B+;A44C+;A45B+;A45C+;A45D+;A45F+;A46B+;A62B+;A99Z+;B42B+;B42C+;B42D+;B42F+;B43K+;B43L+;B43M+;B44B+;B44C+;B44D+;B44F+;B68B+;B68C+;B68F+;B68G+;D04D+;D06F+;D06N+;D07B+;F25D+;G10B+;G10C+;G10D+;G10F+;G10G+;G10H+;G10K+。

基于领域内的专利申请量进行排序,62所国内外高校在其他生活消费品领域的专利技术创新力参数,如表10-2所示。

表10-2 62所国内外高校在其他生活消费品领域的专利技术创新力参数

序号	高校名称	申请量/件	授权量/件	拥有量/件	授权率/%	授权专利维持率/%
1	浙江大学	359	281	75	78.27	26.69
2	四川大学	309	185	62	59.87	33.51
3	华南理工大学	225	147	87	65.33	59.18
4	吉林大学	177	136	71	76.84	52.21
5	武汉大学	172	165	51	95.93	30.91
6	郑州大学	157	136	57	86.62	41.91
7	西安交通大学	155	97	51	62.58	52.58
8	天津大学	142	80	47	56.34	58.75
9	清华大学	113	70	62	61.95	88.57
10	重庆大学	112	82	23	73.21	28.05
11	东南大学	111	59	36	53.15	61.02
12	西北工业大学	92	55	34	59.78	61.82
13	东北大学	88	62	29	70.45	46.77
14	南京大学	75	32	28	42.67	87.50
15	山东大学	75	59	30	78.67	50.85
16	上海交通大学	71	40	27	56.34	67.50
17	同济大学	70	32	23	45.71	71.88
18	大连理工大学	69	35	27	50.72	77.14
19	哈尔滨工业大学	67	37	29	55.22	78.38
20	华中科技大学	63	48	30	76.19	62.50
21	西北农林科技大学	56	34	17	60.71	50.00
22	中国科学技术大学	54	38	25	70.37	65.79
23	中南大学	53	29	13	54.72	44.83
24	麻省理工学院	50	21	20	42.00	95.24
25	厦门大学	49	38	14	77.55	36.84

续表

序号	高校名称	申请量/件	授权量/件	拥有量/件	授权率/%	授权专利维持率/%
26	北京航空航天大学	41	19	11	46.34	57.89
27	北京理工大学	39	23	18	58.97	78.26
28	哈佛大学	35	13	13	37.14	100.00
29	复旦大学	31	18	10	58.06	55.56
30	电子科技大学	29	17	12	58.62	70.59
31	湖南大学	29	15	6	51.72	40.00
32	中山大学	27	19	11	70.37	57.89
33	华盛顿大学	26	7	5	26.92	71.43
34	斯坦福大学	26	1	1	3.85	100.00
35	北京大学	25	15	13	60.00	86.67
36	兰州大学	23	20	15	86.96	75.00
37	加州理工学院	23	13	10	56.52	76.92
38	密歇根大学	20	9	8	45.00	88.89
39	华东师范大学	18	9	5	50.00	55.56
40	新疆大学	16	16	8	100.00	50.00
41	康奈尔大学	16	3	3	18.75	100.00
42	约翰斯·霍普金斯大学	16	9	9	56.25	100.00
43	云南大学	15	10	5	66.67	50.00
44	国防科技大学	14	5	5	35.71	100.00
45	牛津大学	14	4	4	28.57	100.00
46	中国农业大学	13	12	7	92.31	58.33
47	东京大学	12	4	4	33.33	100.00
48	纽约大学	11	5	5	45.45	100.00
49	中国海洋大学	10	7	2	70.00	28.57
50	北京师范大学	10	7	4	70.00	57.14
51	哥伦比亚大学	10	2	2	20.00	100.00
52	南开大学	8	1	0	12.50	0.00

续 表

序号	高校名称	申请量/件	授权量/件	拥有量/件	授权率/%	授权专利维持率/%
53	新加坡国立大学	7	1	0	14.29	0.00
54	宾夕法尼亚大学	4	4	4	100.00	100.00
55	不列颠哥伦比亚大学	3	0	0	0.00	0.00
56	普林斯顿大学	3	1	1	33.33	100.00
57	中央民族大学	2	0	0	0.00	0.00
58	昆士兰大学	2	0	0	0.00	0.00
59	杜克大学	1	0	0	0.00	0.00
60	中国人民大学	0	0	0	0.00	0.00
61	芝加哥大学	0	0	0	0.00	0.00
62	耶鲁大学	0	0	0	0.00	0.00

一、专利的申请、授权与维持分析

图 10-6 从专利申请量、授权量和授权率三个角度综合比较国内外 62 所高校在其他生活消费品领域的情况。在专利申请量方面，国内高校的平均申请量为 78 件，国外高校的平均申请量为 14 件，国内高校整体实力相比国外高校优势明显，其中浙江大学的专利申请量位居榜首，为 359 件，是国外排名首位高校（麻省理工学院）的 7.2 倍，且国内 42 所"双一流"建设高校中，23 所高校在该领域的申请量高于麻省理工学院。C9 高校的平均申请量为 106 件，除浙江大学、西安交通大学和清华大学外，其余六所高校的专利申请量均低于国内均值。

在专利授权量方面，由于国内高校申请基数较大，且国内高校在该领域的授权率普遍较国外高校更高，因此优势更加明显。浙江大学的授权量为 281 件，是麻省理工学院（21 件）的 13 倍以上，国内 42 所"双一流"建设高校中有 25 所高校在该领域的授权量高于麻省理工学院。

在专利授权率方面，C9 高校在该领域的平均授权率为 60.6%，国内 42 所"双一流"建设高校的平均授权率为 62.4%，国外 20 所高校的平均授权率为 31.2%，其中国内高校新疆大学和国外高校宾夕法尼亚大学授权率居首位，均达到 100%。

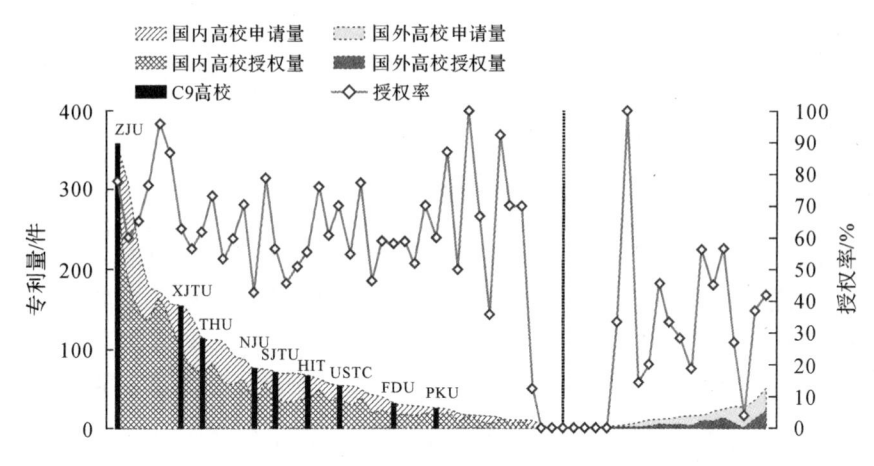

图 10-6 其他生活消费品领域专利申请量、授权量和授权率

如图 10-7 所示,在其他生活消费品领域的专利拥有量方面,华南理工大学跃居首位,拥有量为 87 件,是国外排名首位高校麻省理工学院的 4.4 倍。国内 42 所"双一流"建设高校中有 21 所高校在该领域的拥有量高于麻省理工学院。除华南理工大学外,专利拥有量超过 50 件的高校还有七所,其中还有三所 C9 高校,分别为浙江大学、清华大学和西安交通大学。

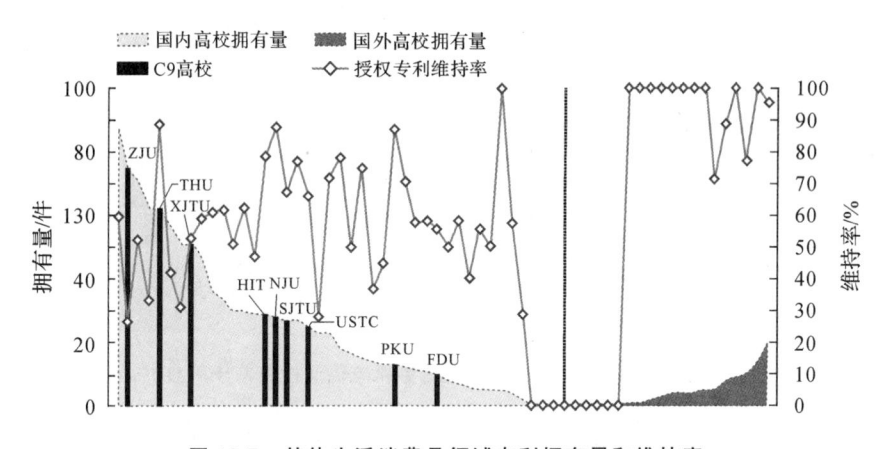

图 10-7 其他生活消费品领域专利拥有量和维持率

在专利维持方面,国外高校授权专利维持率普遍高于国内高校,20 所国外高校中,有一半的高校维持率达到了 100%,包括哈佛大学、斯坦福大学和康奈尔大学等十所高校,平均授权专利维持率为 88.8%。国内 42 所"双一流"建设高校中授权专利维持率在 80% 及以上的只有四所高校,分别为国防科技大学、清华大学、南京大学和北京大学。42 所高校的平均授权专利维持

率为 56.4%,远低于 20 所国外高校的平均授权专利维持率。除去授权量为零的高校,国内 42 所"双一流"建设高校在该领域有 11 所高校的授权专利维持率低于 50%。

二、专利申请量排名前十高校分析

其他生活消费品领域专利申请量排名前十的高校如图 10-8 所示。领域内排名前十的高校全部来自国内,其中 C9 高校占据了三个席位,分别为浙江大学、西安交通大学和清华大学。排名前三的为浙江大学、四川大学和华南理工大学。在专利申请量上,十所高校专利申请量之和为 62 所高校专利申请总量的 54.2%,可见该领域研究技术集中度较高,且国内高校技术优势明显。在专利授权率上,武汉大学的授权率最高,达到 95.9%,天津大学的专利授权率最低,为 56.3%,十所高校中有五所高校的授权率在 70% 以上。

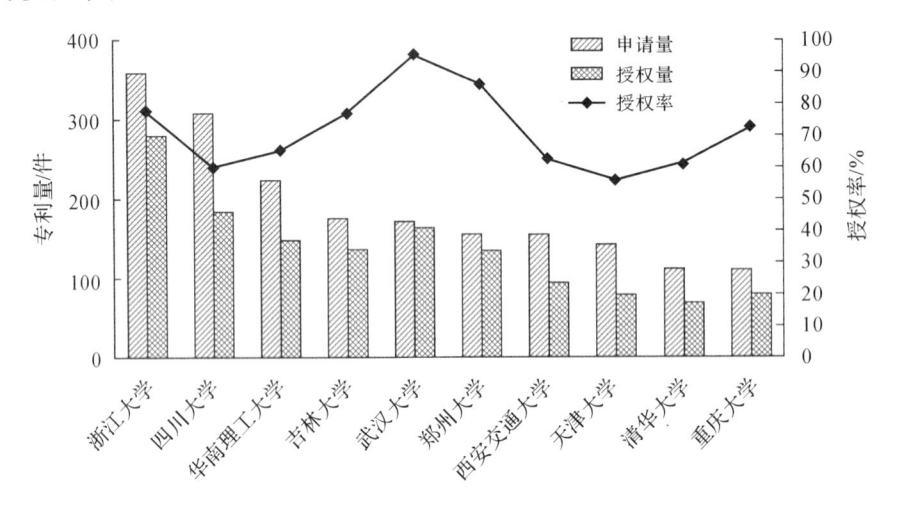

图 10-8 其他生活消费品领域专利申请量排名前十高校

图 10-9 所示是其他生活消费品领域专利申请量排名前十高校的专利拥有量与专利维持情况。十所高校的平均专利拥有量为 59 件,大体形成三个梯队:华南理工大学以 87 件专利领先其他高校,是排名第二位的浙江大学的 1.2 倍,是排名第十位的重庆大学的 3.8 倍,处于第一梯队;浙江大学、吉林大学等专利拥有量在 50—80 件的高校处于第二梯队;天津大学和重庆大学等低于 50 件的高校处于第三梯队。在授权专利维持率上,排名前三位的

高校分别为清华大学、华南理工大学、天津大学,十所高校的授权专利维持率均值为47.2%,其中只有清华大学的授权专利维持率超过80%,其余高校均在60%以下。

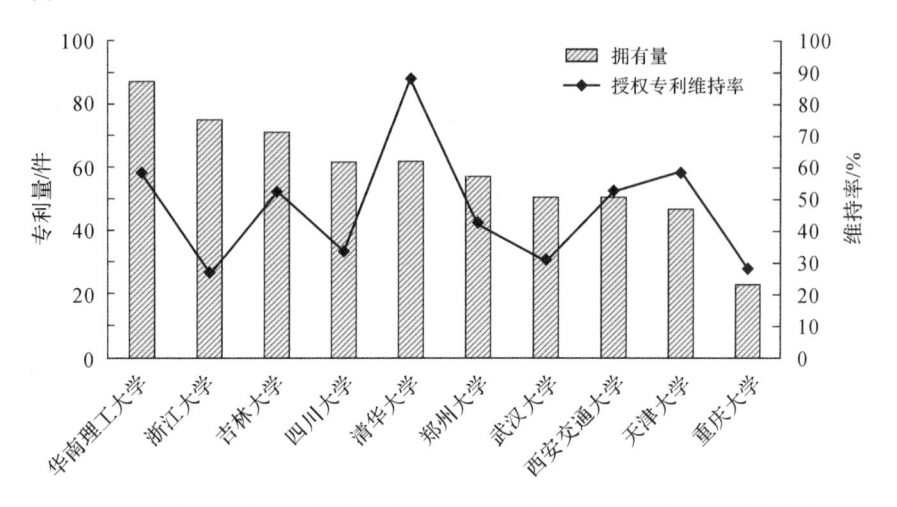

图 10-9 其他生活消费品领域专利申请量排名前十高校的专利拥有量和维持率

第三节 土木工程领域

土木工程领域包括道路和建筑的建造,以及建筑的要素,如锁、管道装置或贵重物品保管室,还包括了采矿。该领域对应的IPC分类号范围为:E01B+;E01C+;E01D+;E01F1+;E01F3+;E01F5+;E01F7+;E01F9+;E01F11+;E01F13+;E01F15+;E01H+;E02B+;E02C+;E02D+;E02F+;E03B+;E03C+;E03D+;E03F+;E04B+;E04C+;E04D+;E04F+;E04G+;E04H+;E05B+;E05C+;E05D+;E05F+;E05G+;E06B+;E06C+;E21B+;E21C+;E21D+;E21F+;E99Z+。

基于领域内的专利申请量进行排序,62所国内外高校在土木工程领域的专利技术创新力参数,如表10-3所示。

表 10-3　62 所国内外高校在土木工程领域的专利技术创新力参数

序号	高校名称	申请量/件	授权量/件	拥有量/件	授权率/%	授权专利维持率/%
1	东南大学	2126	1361	927	64.02	68.11
2	同济大学	1974	1307	900	66.21	68.86
3	天津大学	1545	872	643	56.44	73.74
4	山东大学	1419	1014	673	71.46	66.37
5	重庆大学	1147	785	522	68.44	66.50
6	浙江大学	1114	793	518	71.18	65.32
7	中南大学	1067	734	499	68.79	67.98
8	吉林大学	1065	748	363	70.23	48.53
9	大连理工大学	855	479	348	56.02	72.65
10	清华大学	829	540	417	65.14	77.22
11	郑州大学	823	639	325	77.64	50.86
12	华南理工大学	817	540	387	66.10	71.67
13	哈尔滨工业大学	732	472	379	64.48	80.30
14	四川大学	727	468	299	64.37	63.89
15	武汉大学	528	400	234	75.76	58.50
16	湖南大学	493	334	205	67.75	61.38
17	上海交通大学	449	312	249	69.49	79.81
18	东北大学	393	236	184	60.05	77.97
19	华中科技大学	337	239	174	70.92	72.80
20	中国海洋大学	205	125	81	60.98	64.80
21	西安交通大学	183	118	91	64.48	77.12
22	西北农林科技大学	162	87	40	53.70	45.98
23	北京航空航天大学	126	91	50	72.22	54.95
24	兰州大学	121	90	43	74.38	47.78
25	西北工业大学	98	72	41	73.47	56.94
26	中山大学	92	50	42	54.35	84.00
27	新疆大学	87	53	29	60.92	54.72

续表

序号	高校名称	申请量/件	授权量/件	拥有量/件	授权率/%	授权专利维持率/%
28	厦门大学	85	60	31	70.59	51.67
29	中国农业大学	85	65	40	76.47	61.54
30	电子科技大学	75	48	30	64.00	62.50
31	东京大学	64	24	24	37.50	100.00
32	北京大学	63	48	37	76.19	77.08
33	中国科学技术大学	61	41	30	67.21	73.17
34	南京大学	57	35	24	61.40	68.57
35	北京师范大学	52	33	21	63.46	63.64
36	北京理工大学	52	32	26	61.54	81.25
37	麻省理工学院	49	22	22	44.90	100.00
38	加州理工学院	36	13	11	36.11	84.62
39	国防科技大学	33	25	24	75.76	96.00
40	华东师范大学	30	15	8	50.00	53.33
41	哈佛大学	26	3	3	11.54	100.00
42	云南大学	24	11	7	45.83	63.64
43	密歇根大学	23	11	11	47.83	100.00
44	复旦大学	21	12	7	57.14	58.33
45	南开大学	21	11	7	52.38	63.64
46	华盛顿大学	19	16	16	84.21	100.00
47	不列颠哥伦比亚大学	19	7	7	36.84	100.00
48	新加坡国立大学	15	3	1	20.00	33.33
49	牛津大学	13	3	3	23.08	100.00
50	约翰斯·霍普金斯大学	10	2	2	20.00	100.00
51	昆士兰大学	9	2	2	22.22	100.00
52	中央民族大学	7	3	3	42.86	100.00
53	哥伦比亚大学	7	4	2	57.14	50.00
54	斯坦福大学	5	2	2	40.00	100.00

续 表

序号	高校名称	申请量/件	授权量/件	拥有量/件	授权率/%	授权专利维持率/%
55	芝加哥大学	4	1	1	25.00	100.00
56	纽约大学	3	0	0	0.00	0.00
57	宾夕法尼亚大学	2	0	0	0.00	0.00
58	杜克大学	1	0	0	0.00	0.00
59	普林斯顿大学	1	0	0	0.00	0.00
60	耶鲁大学	1	0	0	0.00	0.00
61	中国人民大学	0	0	0	0.00	0.00
62	康奈尔大学	0	0	0	0.00	0.00

一、专利的申请、授权与维持分析

图 10-10 从专利申请量、授权量和授权率三个角度综合比较国内外 62 所高校在土木工程领域的情况。在专利申请量方面，国内高校的平均申请量为 480 件，国外高校的平均申请量为 15 件，国内高校的整体实力相比国外高校优势明显，其中东南大学专利申请量位居榜首，为 2126 件，是国外排名首位高校东京大学的 33 倍之多，且国内 42 所"双一流"建设高校中有 30 所高校在该领域的申请量高于东京大学。C9 高校中，浙江大学在该领域的申请量也超过 1000 件，清华大学和哈尔滨工业大学的专利申请量在 800 件左右。C9 高校的平均申请量为 390 件，除浙江大学、清华大学和哈尔滨工业大学外，其余六所高校的专利申请量均低于国内均值。

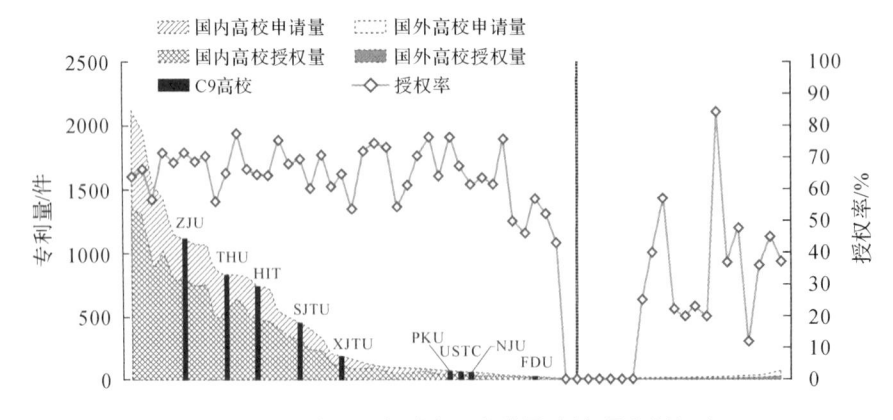

图 10-10 土木工程领域专利申请量、授权量和授权率

在专利授权量方面,由于国内高校申请基数较大,且国内高校在该领域的授权率普遍较国外高校更高,因此优势更加明显。东南大学的授权量为1361件,约是东京大学(24件)的57倍,且国内42所"双一流"建设高校中的36所高校在该领域的申请量高于东京大学。

在专利授权率方面,C9高校在该领域的平均授权率为66.3%,国内42所"双一流"建设高校的平均授权率为64.7%,国外20所高校的平均授权率为36.2%,其中华盛顿大学的授权率居首位,达到84.2%,是国内授权率最高的高校郑州大学(77.6%)的1.1倍。

如图10-11所示,在土木工程领域的专利拥有量方面,东南大学的拥有量位居榜首,为927件,约是国外排名首位高校东京大学(24件)的39倍。国内42所"双一流"建设高校中有35所高校在该领域的拥有量高于东京大学,除东南大学外,专利拥有量在900件及以上的高校还有同济大学。

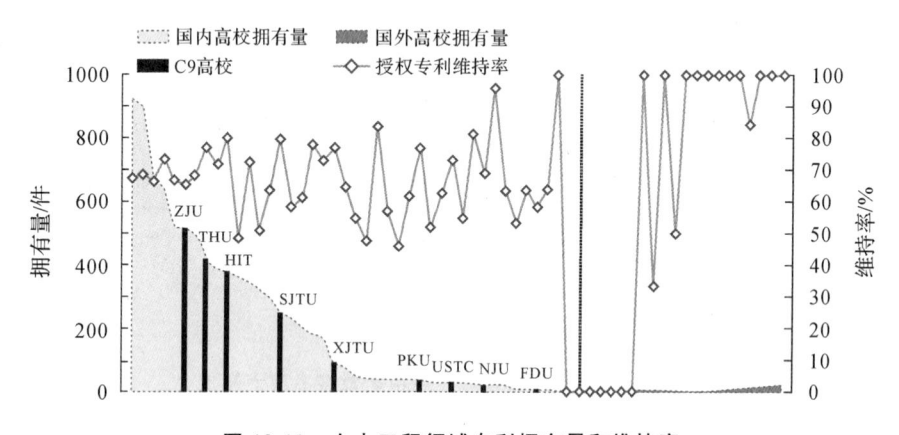

图 10-11　土木工程领域专利拥有量和维持率

在专利维持方面,国外高校授权专利维持率普遍高于国内高校,20所国外高校中,哈佛大学、斯坦福大学和麻省理工学院等11所高校的维持率达到了100%,平均授权专利维持率为90.6%。国内42所"双一流"建设高校的授权专利维持率在80%及以上的只有五所高校,分别为中央民族大学、国防科技大学、中山大学、北京理工大学和哈尔滨工业大学。42所"双一流"建设高校的平均授权专利维持率为67.1%。除去授权量为零的高校,国内42所"双一流"建设高校在该领域有三所高校的授权专利维持率低于50%,最低的为西北农林科技大学,维持率为46.0%。

二、专利申请量排名前十高校分析

土木工程领域专利申请量排名前十的高校如图 10-12 所示。领域内排名前十的高校全部来自国内,其中 C9 高校占据两个席位,分别为浙江大学和清华大学。在专利申请量上,十所高校专利申请量之和为 62 所高校专利申请总量的 64.1%,可见该领域研究技术集中度较高,且国内高校技术优势明显。在专利授权率上,最高的为山东大学,达到 71.5%,排名前十高校中有八所高校授权率在 60% 以上。在授权专利维持率上,清华大学的维持率最高,为 77.2%,十所高校的平均维持率仅为 67.5%。

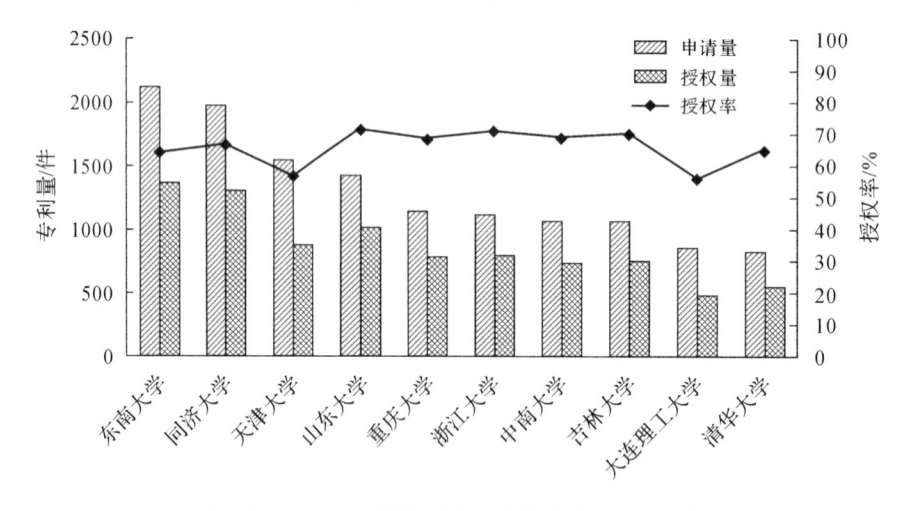

图 10-12 土木工程领域专利申请量排名前十高校

图 10-13 所示是土木工程领域专利申请量排名前十高校的专利拥有量与专利维持情况。十所高校的平均专利拥有量为 581 件,大体形成三个梯队:东南大学和同济大学的专利拥有量在 900 件及其以上,处于第一梯队;山东大学、天津大学等专利拥有量超过 400 件的高校处于第二梯队;吉林大学、大连理工大学两所高校的专利拥有量在 400 件以下,处于第三梯队。在授权专利维持率上,排名前三位的高校分别为清华大学、天津大学和大连理工大学,授权专利维持率均在 70% 以上,十所高校的授权专利维持率均值为 67.5%,除了吉林大学的授权率为 48.5% 外,其余高校均在 60% 以上。

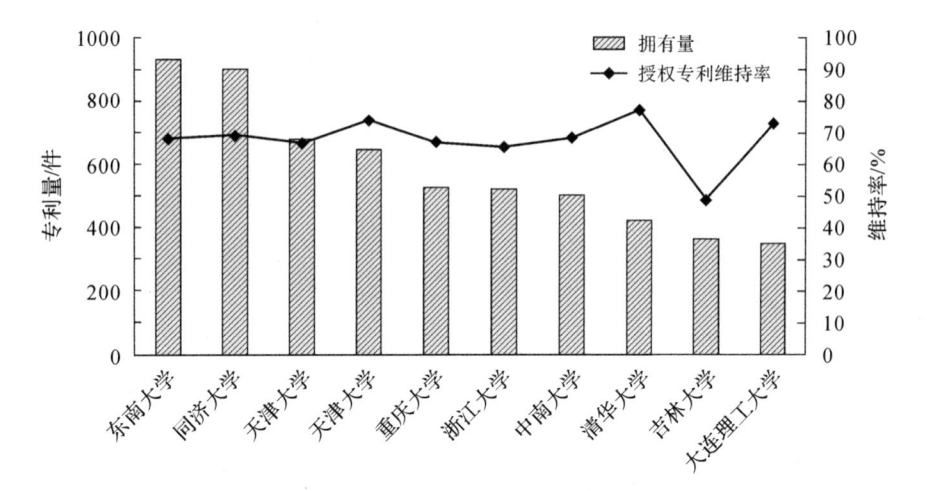

图 10-13 土木工程领域专利申请量排名前十高校的专利拥有量和维持率

第四部分

总结与讨论

第十一章 专利技术总体创新力分析总结

第一节 专利技术创造力分析总结

在专利产出量方面,近十年国内高校的专利申请量和授权量相比国外高校优势明显,42所国内"双一流"建设高校的平均申请量和平均授权量远高于20所国外高校。专利申请量上,浙江大学和清华大学排名前两位,均在三万件以上;华南理工大学、东南大学、天津大学的专利申请量和授权量也分别在两万件和一万件以上。国外高校中,申请量和授权量最高的是麻省理工学院,但申请量和授权量均不足一万件,分别仅为浙江大学的23.7%和12.7%;斯坦福大学和哈佛大学的申请量均为6000余件,位列国外高校的第二和第三位。

在专利质量方面,国内高校的专利授权率普遍高于国外高校,但平均权利要求数和平均被引次数与国外高校差距很大:(1)在授权率上,国内最高的是郑州大学,其次是山东大学、武汉大学;国外最高的是芝加哥大学,麻省理工学院次之;国内42所"双一流"建设高校中有36所高校的授权率均高于芝加哥大学。(2)在平均权利要求数上,国外最高的是哈佛大学,其次是不列颠哥伦比亚大学、昆士兰大学,国外高校基本分布在25—30项;国内最高的是北京大学,清华大学次之,国内高校均在10项以下。20所国外高校的权利要求数均超过北京大学。(3)在平均被引次数上,国外最高的是哥伦比亚大学,其次是加州理工学院、麻省理工学院;国内最高的西北工业大学,其次是华南理工大学、复旦大学。国外20所高校中有12所高校平均被引次数超过西北工业大学,且国内42所"双一流"建设高校中有28所高校的平均被引次数低于一次,而国外仅昆士兰大学低于一次。

在技术全球化布局方面,国内高校的平均简单同族数和PCT申请数普遍低于国外高校,且差距明显:(1)在平均简单同族数上,国外最高的是普林斯顿大学,其次是麻省理工学院、不列颠哥伦比亚大学;国内最高的是清华大学,数量与普林斯顿大学相当,其次是北京大学、厦门大学。20所国外高校中有18所高校的平均简单同族数在1.70个以上,42所国内"双一流"建设高校中在1.70个以上的仅有五所。(2)在PCT申请数量上,国内最高的仍然是清华大学,遥遥领先国内其他高校,其次是华南理工大学、北京大学;国外最高的是麻省理工学院,申请量是国内排名第一的清华大学的1.5倍,其次是哈佛大学、约翰斯·霍普金斯大学。国外高校的平均PCT申请量约是国内高校的四倍,国内42所"双一流"建设高校中有23所的PCT申请量在100件以下,国外仅纽约大学低于100件。

第二节 专利技术运用能力分析总结

在专利有效性方面,国内高校的专利拥有量普遍高于国外高校,但国内高校的授权专利维持率普遍低于国外高校:(1)在专利拥有量上,国内高校中在一万件以上的有清华大学、浙江大学、华南理工大学和哈尔滨工业大学,而国外高校中专利拥有量最多的麻省理工学院仅为2000余件。这跟国内高校专利申请量较高有较大关系。(2)在授权专利维持率方面,国外高校全部达到80%,而国内仅有23.8%的高校授权专利维持率达到80%。究其原因,国内高校的专利有很大一部分不会流通到市场进入转化和推广应用到实际生产中,这部分专利因此不会被长期维持,只能在完成原始使命后被放弃。

在专利转移转化方面,清华大学的专利转让量有3000余件,排名第一,远高于排名第二的上海交通大学,其余高校的转让量均低于千件。浙江大学的许可量有200余件,排名第一,约是排名第二的东南大学的两倍。

在综合运用价值方面,清华大学的ETSI标准专利和获中国专利奖的专利数量均排名第一,表现突出。清华大学和哈佛大学均拥有13件ETSI标准专利,其次是东南大学(三件),另外,哈尔滨工业大学、中国农业大学、西北工业大学三所国内高校和密歇根大学、华盛顿大学两所国外高校各拥有一件。清华大学有 21 件专利获得中国专利奖，排名首位，其次是华南理工大学、浙江大学。

专利技术的运用能力是一流大学建设的重要组成部分，研判国外一流大学的发展形势以及国内相关政策导向，可以通过多方面协同机制进一步提升专利技术运用能力：一是改进相应的科研考核指标，适当加大授权专利维持率的考核比重，逐渐改变并杜绝"为了申请而申请""重数量，轻质量"的现象；二是主动对接高校专利技术与企业需求，建立企业与高校科研人员之间的长效沟通机制，将具有实用潜力的实验室成果转化成为企业可用的、具有实用价值的技术方案；三是将知识产权管理体现在项目的选题策划、立项、实施、结题、成果转移转化等各个环节，加强专利运用实施，促进成果转移转化。

第三节　技术合作分析总结

在技术合作方面，国内高校与国外高校的平均申请人数量无明显差距，国内高校的平均发明人数普遍高于国外高校：(1)平均申请人数量方面，国内高校中的清华大学和北京大学以及国外高校中的东京大学的平均申请人数在 1.4 个以上，其余高校都在 1.0—1.3 个。(2)平均发明人数方面，国内高校中，平均发明人数最多的是国防科技大学，吉林大学紧随其后，均在 6 人以上；国外高校中，平均发明人数量最多的是东京大学，国内高校中仅有 4 所低于其数量。国内专利通常是多个发明人共同完成一项发明创造，国外专利则比较多的是个人或几人完成一项发明创造。

第十二章 专利技术的领域创新力分析总结

在35个技术方向中,国内42所"双一流"高校总申请量排前三的为测量、计算机技术和电机、设备、能源技术三个技术方向,其中测量和计算机技术的申请量占比达到10%以上,分别为17.6%和13.8%,远高于国内高校35个技术方向的平均申请量占比(3.7%)。申请量最少的为其他领域的家具、游戏和其他生活消费品,申请量占比仅为0.7%。与国内高校不同,国外20所一流高校总申请量排前三的为制药、生物技术和医疗技术,其中制药和生物技术两个领域在国外高校总申请量的占比达到30%,是医疗技术领域占比的两倍之多,远高于国外高校35个技术方向的平均占比(4.8%)。

在专利申请量上,国内高校相比国外高校优势明显。国内高校中,浙江大学在除了机械工具领域外的34个技术领域均进入排名前十位;清华大学在除了有机精细化学技术、制药、食品化学、其他专用机器和家具、游戏这五个子领域外的30个技术领域均进入排名前十位;在35个技术领域进入排名前十位数量排第三的为华南理工大学,仅次于清华大学,在除了测量、生物材料分析、生物技术、制药、机械工具和土木工程这六个子领域外的29个技术领域进入排名前十位;在20个以上子领域进入排名前十位的还有天津大学、哈尔滨工业大学和上海交通大学。国外高校中进入子领域排名前十位最多的为麻省理工学院,在八个子领域进入了排名前十位,分别为基本通信处理技术、半导体、光学器件、生物材料分析、医疗技术、生物技术、制药、微观结构和纳米技术;斯坦福大学、哈佛大学、密歇根大学和约翰斯·霍普金斯大学都在四个子领域进入排名前十位,主要集中在生物材料分析、生物技术和制药领域。可见,国内外高校在不同的技术领域创新实力的强弱有较大的差别。

在专利维持率上,国内外高校在35个技术领域差异显著。国内高校中,授权专利维持率在80%以上的只有信息技术管理方法,计算机技术,高分子化学、聚合物技术这三个子领域,各技术领域平均维持率只有72.5%。然而,国外高校除了基础材料化学,半导体和家具、游戏这三个子领域的维持率在89%左右,其他32个子领域的维持率均在90%以上,35个技术领域平均维持率为93.2%,是国内各技术领域平均维持率的1.3倍。在各高校35个技术领域的平均维持率上,国内高校中除了西北农林科技大学外,其余高校的均值均在50%以上,最高的为国防科技大学(94.5%),其次是清华大学(88.0%);国外高校在35个技术领域的平均维持率均在80%以上,最高的为纽约大学(98.4%),最低的为哥伦比亚大学(81.5%)。国外高校平均维持率的均值为92.6%,是国内高校平均维持率均值的1.3倍。

第一节　电气工程技术部

电气工程技术部包含电机、设备、能源技术,视听技术,电信技术,数字通信技术,基本通信处理技术,计算机技术,信息技术管理方法,以及半导体八个子领域,62所高校在计算机技术领域的专利申请量最大,基本通信处理技术领域的申请量最小。

在专利申请量上,国内高校相比国外高校优势明显。在领域排名前十位的高校中,国外高校中仅密歇根大学与麻省理工学院在半导体与基本通信处理技术领域崭露头角,其余均为国内高校。清华大学、浙江大学与华南理工大学在八个子领域中均进入排名前十位;东南大学除视听技术外,在其余领域均进入排名前十位;电子科技大学、华中科技大学、天津大学三所高校在六个子领域位列前十位;北京航空航天大学、哈尔滨工业大学与上海交通大学在五个子领域位列前十位,上述高校在电气工程技术部均表现出较强的技术创新实力。

在专利维持方面,国内高校普遍不及国外高校。国外20所高校授权专利维持率均值,除数字通信技术(89.3%)与半导体(88.5%)两个领域外,在其余领域均高于90%,八个子领域的授权专利维持率均值达到了92.6%;而国内42所高校授权专利维持率均值除在信息技术管理方法领域(87.8%)外,其余均低于80%,八个子领域的授权专利维持率均值仅为73.4%,与国外高校差距明显。

国内高校中表现最为抢眼的是清华大学,在电机、设备、能源技术,视听技术,计算机技术,半导体四个领域中排名首位,在其余四个领域也均进入排名前十位,且清华大学在保证专利量的基础上,八个子领域的授权专利维持率均值达到了 90.9%,相比国内"双一流"建设高校,优势明显。可见,清华大学在电气工程技术部的实力强劲,且非常重视电气工程技术部的知识产权保护。

国外高校中表现最为抢眼的是麻省理工学院,虽然相比国内高校在专利申请量上有一定差距,但与国外其他 19 所高校相比实力突出,八个子领域中,除在半导体领域的申请量不及密歇根大学,在其余领域均位居国外高校首位,且在基本通信处理技术与半导体两个领域的专利申请量进入排名前十位。同时,麻省理工学院在八个子领域的授权专利维持率均值达到了 94.2%。

第二节 仪器工程技术部

仪器工程技术部包含光学器件、测量、生物材料分析、控制,以及医疗技术五个子领域。

在专利申请量上,除生物材料分析领域外,国内高校相比国外高校优势明显。清华大学和浙江大学在五个子领域中均进入排名前十位。另外,美国的麻省理工学院和国内的吉林大学、东南大学、哈尔滨工业大学、上海交通大学、华南理工大学在五个子领域中有三个领域进入排名前十位。上述高校在仪器工程技术部均表现出较强的技术创新实力。

在专利维持方面,国内高校普遍不及国外高校。国外 20 所高校在这五个子领域的授权专利维持率均值均高于 90%,而国内 42 所"双一流"建设高校在这五个子领域的授权专利维持率均值均低于 75%。在仪器工程技术上,国内高校和国外高校在专利维持方面差距甚大。

国内高校中表现最为抢眼的是浙江大学和清华大学。浙江大学在测量和控制领域中专利申请量排名首位,清华大学在光学器件领域中专利申请量排名首位,且清华大学在五个子领域的授权专利维持率均高于 86.9%,相比国内"双一流"建设高校,优势明显。可见,清华大学在仪器工程技术部的实力强劲,且非常重视仪器工程技术的知识产权保护。

国外高校中表现突出的有麻省理工学院、约翰斯·霍普金斯大学和斯坦福大学,虽然相比国内高校在专利申请量上有一定差距,但与国外其他高校相比实力突出。麻省理工学院在光学器件、生物材料分析和医疗技术这三个领域中进入排名前十位,且授权专利维持率均在95%以上。约翰斯·霍普金斯大学和斯坦福大学在生物材料分析和医疗技术领域表现不俗。在生物材料分析领域,斯坦福大学的专利申请量在62所高校中排名第一,约翰斯·霍普金斯大学排名第三。在医疗技术领域,约翰斯·霍普金斯大学的专利申请量位居国外高校第一,在62所高校中排名第四;斯坦福大学位居国外高校第二,在62所高校中排名第五。约翰斯·霍普金斯大学和斯坦福大学在生物材料分析和医疗技术领域的授权专利维持率均高于90%。

第三节　化学技术部

化学技术部包含有机精细化学技术,生物技术,制药,高分子化学、聚合物,食品化学,基础材料化学,材料、冶金,表面技术、涂层,微观结构和纳米技术,化学工程,以及环境技术11个子领域,62所高校在化学技术部的专利申请量有26万余件。

在专利申请量上,国内高校相比国外高校优势明显。在生物技术领域和制药领域排名前十位的高校中,国外高校分别占六所和八所,说明这两个领域中国外高校的技术实力较强,国内高校中的清华大学、中国农业大学、浙江大学、上海交通大学四所高校跻身生物技术领域排名前十位,浙江大学、复旦大学跻身制药领域排名前十位。其余九个领域中,除哈佛大学和密歇根大学跻身有机精细化学技术领域排名前十位,麻省理工学院跻身微观结构和纳米技术领域排名前十位外,高分子化学、聚合物,食品化学,基础材料化学,材料、冶金,表面技术、涂层,化学工程,环境技术七个领域的排名前十位全是国内高校。浙江大学在11个子领域中均进入排名前十位;华南理工大学、天津大学在九个子领域进入排名前十位;清华大学在八个子领域进入排名前十位;哈尔滨工业大学在七个子领域进入排名前十位;大连理工大学在六个子领域进入排名前十位;东南大学在五个子领域进入排名前十位。上述高校在化学技术部均表现出较强的技术创新实力。

在专利维持方面,国内高校普遍不及国外高校。国外20所高校授权专利维持率均值,除有机精细化学技术(88.4%)、食品化学(86.2%)、基础材料(88.9%)外,在其余领域均高于90%,其中微观结构和纳米技术领域最高,为94.1%;而国内42所"双一流"建设高校授权专利维持率均值中,食品化学领域最低,为66.8%,其余领域在70.5%—74.5%,与国外高校差距明显。

国内高校中,专利申请量上表现突出的是浙江大学,在11个子领域均进入排名前十位,且在三个子领域(有机精细化学技术、食品化学、工程技术)排名首位,另外,清华大学在两个子领域(微观结构和纳米技术、环境技术)排名首位,华南理工大学在两个子领域(高分子化学、聚合物,基础材料)排名首位。授权专利维持率上表现比较突出的是清华大学,除了食品化学(71.4%)、基础材料化学(82.7%)、化学工程技术(88.1%)、环境技术(89.3%)领域外,在其余七个领域的授权专利维持率都在90%以上。结合专利申请量和授权专利维持率,清华大学在化学技术部的实力强劲,且非常重视化学技术部的知识产权保护。

国外高校中表现最为抢眼的是麻省理工学院,虽然相比国内高校在专利申请量上有一定差距,但与国外其他19所高校相比实力突出,11个子领域中,除有机精细化学技术、生物技术、制药、食品化学外,在其余七个子领域均位居国外高校首位,且在生物技术、制药、微观结构和纳米技术领域的专利申请量进入排名前十位。麻省理工学院在11个子领域的授权专利维持率均值达到了94.7%。

第四节 机械工程技术部

机械工程技术部中包含八个子领域,分别是:处理技术,机械工具,发动机、水泵、涡轮机,纺织和造纸机械,其他专用机器,热处理和设备技术,机械元件技术,运输系统技术。

在专利申请量上,国内高校相比国外高校优势明显,进入各个子领域申请量排名前十位的高校全部为国内高校。哈尔滨工业大学表现突出,在八个子领域中均进入申请量排名前十位。有四所高校在七个子领域进入申请量排名前十位,其中清华大学在其他专用机器领域以外的七个子领域的申请量均进入了排名前十位,华南理工大学在发动机、水泵、涡轮机领域以外的七个子领域的申请量均进入了排名前十位,浙江大学在机械工具领域以外的七个子领域的申请量均进入了排名前十位,吉林大学在热处理和设备技术领域以外的七个子领域的申请量均进入了排名前十位。另外,上海交通大学在六个子领域位列排名前十位,西安交通大学在五个子领域位列排名前十位。上述高校在机械工程技术部均表现出较强的技术创新实力。

在专利维持方面,八个子领域中,纺织和造纸机械领域的授权专利维持率具有比较明显的优势,其余领域基本维持在相近的水平。国内外高校相比,国内高校普遍不及国外高校。国外20所高校在除运输系统技术领域以外领域的授权专利维持率均高于90％,而国内42所"双一流"建设高校只有在纺织和造纸机械、其他专用机器两个领域的授权专利维持率均值超过了70％。20所国外高校授权专利维持率均值(93.3％)远高于国内42所"双一流"建设高校授权专利维持率均值(67.5％),国内外高校差异显著。

国内高校总体表现比较均衡,相比较之下,哈尔滨工业大学和清华大学的表现较为突出,这两所高校在申请量具有优势的前提下,在八个子领域的授权专利维持率都超过了80％,两所高校的授权专利维持率均值都达到了86.2％,优势明显。可见,哈尔滨工业大学和清华大学在机械工程技术部的实力强劲,且非常重视机械工程技术部的知识产权保护。值得一提的是,中国科学技术大学虽然在申请量上不高,但授权专利维持率均值也达到了85.0％,表现优异。

国外高校中表现最为抢眼的是麻省理工学院,虽然相比国内高校在专利申请量上有一定差距,但与国外其他19所高校相比实力突出,八个子领域中有四个领域均位居国外高校申请量首位。同时,在八个子领域中,除了发动机、水泵、涡轮机领域(87.5％),麻省理工学院在其余领域的授权专利维持率均超过了95％,表现十分突出。

第五节 其他领域

其他领域中包含家具、游戏,其他生活消费品,以及土木工程三个子领域,62所高校在土木工程领域的申请量最大,家具、游戏和其他生活消费品领域的专利申请量接近。在专利申请量上,国内高校相比国外高校优势明显,各领域中排名前十位均为国内高校。浙江大学、吉林大学和重庆大学在三个子领域中均进入排名前十位;四川大学、华南理工大学、武汉大学和郑州大学均在家具、游戏和其他生活消费品两个领域进入了排名前十位;东南大学在家具、游戏和土木工程领域进入了排名前十位,并且在土木工程领域排名首位;天津大学和清华大学在其他生活消费品和土木工程领域进入了排名前十位。上述高校在其他领域表现出较强的技术创新实力。

在专利维持方面,国外高校普遍优于国内高校。国外20所高校授权专利维持率均值均在80%以上,其中土木工程领域平均授权专利维持率最高,达到了90.6%,三个子领域的平均授权专利维持率为87.9%。而国内42所"双一流"建设高校的授权专利维持率均值在50%—70%,维持率均值最高的为土木工程领域(67.2%),三个子领域的平均授权专利维持率为61.6%,与国外高校差距明显。

国内高校中专利申请量表现最为突出的是浙江大学,在家具、游戏和其他生活消费品两个领域中专利申请量排名首位,在土木工程领域中申请量排名第六。授权专利维持率上表现比较突出的是清华大学,除了在土木工程领域的专利维持率为77.8%,其他两个子领域的维持率均在80%以上,在家具、游戏领域的维持率为86%,其他生活消费品领域的维持率为88.6%。由此可见,国内42所"双一流"建设高校中,浙江大学在申请量上有较大的优势,而清华大学除了在申请量上较其他高校突出外,在专利运营和维护上的优势也较明显。

国外高校中表现最为抢眼的是麻省理工学院,虽然相比国内高校在专利申请量上有一定差距,但与国外其他19所高校相比实力突出,在三个子领域中,麻省理工学院均进入了前三,在其他生活消费品领域排名第一。在授权专利维持率上,除了在其他生活消费品领域的维持率为95.2%,在另两个领域的维持率均达到了100%。

参考文献

白林林，祝忠明. 合作专利分类体系（CPC）与国际专利分类体系（IPC）的映射分析[J]. 知识管理论坛，2017，2(5)：398-405.

鲍志彦. 高校技术创新能力评价实证研究——基于专利信息的测度分析[J]. 农业图书情报学刊，2016，28(8)：5-10.

毕云婷. 企业技术创新能力的内部支撑系统研究——以格力电器股份有限公司为例[J]. 北方经贸，2017(6)：115-117.

陈军，张韵君. 基于专利数据分析的广东高校科技创新能力研究[J]. 五邑大学学报（社会科学版），2016，18(1)：58-63，94-95.

陈振英，陈国钢，殷之明. 专利视角下高校科技创新水平比较——"十一五"期间我国C9大学的发明专利计量分析[J]. 情报杂志，2013，32(7)：143-147，96.

丁海德，綦晓卿，周晓梅. 青岛高校科技创新能力分析——基于专利信息视角[J]. 科技管理研究，2012，32(21)：103-107.

范丹. 中关村科技园区企业创新力分析——基于国内外专利分析的视角[J]. 中国发明与专利，2018，15(7)：29-33.

傅家骥. 技术创新学[M]. 北京：清华大学出版社，1998：1-19.

高涛，范一鹏，何为，等. 从专利授权分析高校创新能力——以芜湖市为例[J]. 中小企业管理与科技（下旬刊），2018(3)：112-115.

顾萍，夏旭. 医学信息获取与管理[M]. 广州：华南理工大学出版社. 2012.

顾志恒，何先美. 中国高校国际专利申请现状分析及其对策[J]. 科技管理研究，2013，33(7)：71-76.

国家知识产权局专利管理司，中国技术交易所. 专利价值分析指标体系操作手册[M]. 北京：知识产权出版社，2012.

胡成，李明星，朱晓钰，等. 专利视域下高校技术创新能力社会网络分析比较研究[J]. 软科学, 2018, 32(5): 28-32.

胡恩华. 企业技术创新能力指标体系的构建及综合评价[J]. 科研管理, 2001(4): 79-84.

胡元佳, 卞鹰, 王一涛. Lanjouw-Schankerman 专利价值评估模型在制药企业品种选择中的应用[J]. 中国医药工业杂志, 2007, 38(2): A20-A22.

黄宝印, 林梦泉, 任超, 等. 努力构建中国特色国际影响的学科评估体系[J]. 中国高等教育, 2018(1): 13-18.

黄非, 许敏. ECLA"六位一体"的分类制度浅析[J]. 中国发明与专利, 2011(9): 66-68.

黄庆, 曹津燕, 瞿卫军, 等. 专利评价指标体系(一)——专利评价指标体系的设计和构建[J]. 知识产权, 2004(5): 25-28.

康桂英, 明道福, 吴晓兵. 大数据时代信息资源检索与分析[M]. 北京: 北京理工大学出版社, 2019.

李昶璇, 吴广印. 基于文献的中美科技型上市公司创新力对比研究[J]. 数字图书馆论坛, 2022(3): 66-72.

李红, 朱玉奴, 缪家鼎. 基于专利情报分析和对比的高校技术创新评价研究——以浙江大学为例[J]. 情报理论与实践, 2015, 38(5): 100-104.

李建婷, 刘明丽, 胡娟. 基于 Innography 的高校专利成果分析及科技创新能力研究——以北京工业大学为例[J]. 现代情报, 2014, 34(7): 104-110.

李玲娟, 许洪彬. 美、日、韩知识产权战略的调整与走向[J]. 湖南大学学报(社会科学版), 2020, 34(1): 142-147.

李铁范, 陶耘. 基于专利信息视角的高校科技创新能力分析——以安徽省为例[J]. 安徽行政学院学报, 2014, 5(1): 99-105.

李文辉, 王婷, 黄艳, 等. 基于专利计量的广东高水平大学技术创新能力评价研究[J]. 科技与经济, 2017, 30(4): 31-35.

李胤, 冯刚, 裘少平. 浅谈 F-term 分类系统及其在日本专利检索中的应用[J]. 科技情报开发与经济, 2013, 23(19): 130-132.

廖佳佳, 高菲, 吕良. 联合专利分类体系研究[J]. 现代情报, 2014, 34(1): 64-68.

刘江海, 王玉容, 方浩, 等. 创新与专利[M]. 武汉: 华中科技大学出版社, 2020.

刘思嘉, 赵金楼. 高技术产业专利开发及其经济增值的关系分析[J]. 情报杂志, 2010, 29(1): 27-31.

刘艳廷, 柴丽丽, 刘会景, 等. 现行专利分类系统概述及其应用场景[J]. 中国基础科学, 2019, 21(5): 58-62.

陆薇薇. 创业板公司的技术创新力评价研究[D]. 南京:南京大学, 2019.

马毓昭. 从系统思维角度分析我国科创企业高价值专利培育及运营[J]. 中国发明与专利, 2022, 19(7): 23-28.

孟钰莹. 基于粗糙集和云模型的专利价值综合评价[D]. 北京:首都经济贸易大学, 2018.

缪小明, 张倩, 汤松. 混合动力汽车领域企业竞争力研究——基于专利分析视角[J]. 软科学, 2014(11): 1-5.

欧阳昭连, 池慧, 杨国忠. 医疗器械产业创新力专利因素分析[J]. 中国医疗器械信息, 2010, 16(2): 49-53.

裴志穗. 韩国世界一流大学建设项目(WCU)评价指标体系研究[D]. 长春:吉林大学, 2018.

秦霞. 华南理工大学技术竞争力评价——基于专利数据[J]. 农业图书情报学刊, 2013, 25(1): 68-72.

邱均平, 王菲菲, 楼雯, 等. 世界一流大学与科研机构竞争力评价(上)[J]. 中国高校科技, 2012(7): 76-78.

饶凯, 孟宪飞, 陈绮, 等. 中欧大学专利技术转移比较研究[J]. 软科学, 2011, 25(10): 22-26.

沈莹. 我国高校专利水平评价指标体系研究[D]. 杭州:杭州电子科技大学, 2008.

谭龙, 刘云, 侯媛媛. 我国高校专利实施许可的实证分析及启示[J]. 研究与发展管理, 2013, 25(3): 117-123.

田稷, 何晓薇, 余敏杰, 等. C9联盟与世界一流大学联盟信息计量学特征研究[J]. 情报学报, 2018, 37(1): 31-42.

田稷, 马景娣. 世界一流研究型大学联盟综合竞争力分析[M]. 杭州:浙江大学出版社, 2015.

王露, 黄铭. 高校专利申请与科技创新能力的关联性分析[J]. 科技风, 2018(6): 201-202.

王斯朕. FT分类号在图像领域专利检索中的应用[J]. 山东工业技术,

2017，246(16)：287.

魏来，高霏霏. 专利发明人与申请人之间的合作关系研究[J]. 情报学报，2016，35(5)：463-471.

吴昊，李国良. 中美一流大学专利活动质量比较及对策研究[J]. 科技进步与对策，2015，32(19)：111-118.

夏凯丽，向征. 中国综合类高校专利绩效现状与对策分析[J]. 江苏科技信息，2013(1)：1-3，11.

邢战雷，马广奇，刘国俊，等. 专利分析视角下的高校科研创新能力：评价与提升[J]. 科技管理研究，2019，39(16)：120-128.

许庆瑞. 研究、发展与技术创新管理[M]. 北京：高等教育出版社，2000：41-68.

衣春波，赵文华，邓璐芗，等. 基于专利信息的技术创新策源评价指标体系构建与应用[J]. 情报杂志，2021，40(2)：55-62.

应璇，孙济庆. 基于专利数据分析的高校技术创新能力研究[J]. 现代情报，2011，31(9)：165-168.

俞文华. 发明专利、比较优势、授权差距——基于中国国内外发明专利授权量比较分析[J]. 中国软科学，2009(6)：19-32.

张黎黎，顾晓禹. 基于专利分析的吉林省高校科技创新能力分析——以2006年—2016年专利数量排名前十的高校为例[J]. 吉林广播电视大学学报，2017(10)：29-31.

张雯，肖西祥，林卓玲. 专利视角下我国高校技术创新能力分析——以医药生物领域为例[J]. 中国新药杂志，2014，23(11)：1230-1236.

赵俊芳，李国良. 中日大学专利活动及其影响因素比较研究[J]. 高等工程教育研究，2017(6)：129-134.

中华人民共和国教育部. 教育部 财政部 国家发展改革委关于公布世界一流大学和一流学科建设高校及建设学科名单的通知[EB/OL]. (2017-09-21)[2021-04-25]. http://www.moe.gov.cn/srcsite/A22/moe_843/201709/t20170921_314942.html.

中华人民共和国教育部. 教育部 国家知识产权局 科技部关于提升高等学校专利质量促进转化运用的若干意见[EB/OL]. (2020-02-19)[2021-04-25]. http://www.moe.gov.cn/srcsite/A16/s7062/202002/t20200221_422861.html.

中华人民共和国教育部. 教育部 国家知识产权局关于进一步加强高等学校知识产权工作的若干意见[EB/OL]. （2004-11-08）[2021-04-25]. http://www.moe.gov.cn/jyb_xxgk/gk_gbgg/moe_0/moe_495/moe_496/tnull_5986.html.

中华人民共和国教育部. 教育部办公厅关于进一步推动高校落实科技成果转化政策相关事项的通知[EB/OL]. （2017-12-27）[2021-04-25]. http://www.moe.gov.cn/srcsite/A16/moe_784/201801/t20180123_325328.html.

中华人民共和国中央人民政府. 国务院关于印发国家知识产权战略纲要的通知[EB/OL]. （2008-06-11）[2021-04-25]. http://www.gov.cn/zhengce/content/2008-06/11/content_5559.htm.

中华人民共和国中央人民政府. 国务院关于印发统筹推进世界一流大学和一流学科建设总体方案的通知[EB/OL]. （2015-11-05）[2021-04-25]. http://www.gov.cn/zhengce/content/2015-11/05/content_10269.htm.

中华人民共和国中央人民政府. 全面加强知识产权保护工作 激发创新活力 推动构建新发展格局[EB/OL]. （2021-01-31）[2021-04-25]. http://www.gov.cn/xinwen/2021-01/31/content_5583920.htm.

周寄中, 蔡文东, 黄宁燕. 提升企业技术竞争力的四项指标[J]. 科技管理研究, 2005(10): 30-34.

周振林. 技术创新理论的发展[J]. 创新, 2007(3): 121-123.

朱新超, 霍翠婷, 刘会景. 合作专利分类系统（CPC）与传统专利分类系统的比较分析[J]. 数字图书馆论坛, 2013(9): 38-44.

朱雅琛, 黄非. CPC分类体系: 开创专利分类体系新纪元[J]. 中国发明与专利, 2013(2): 39-43.

Bakker J, Verhoeven D, Zhang L, et al. Patent citation indicators: one size fits all? [J]. Scientometrics, 2016, 106(1): 187-211.

Bessen J, Maskin E. Sequential innovation, patents, and imitation[J]. Rand Journal of Economics, 2009, 40(4): 611-635.

Burns T E, Stalker G M. The management of innovation[M]. London: Tavistock Public, 1961: 12-14.

Chae S, Gim J. A study on trend analysis of applicants based on patent classification systems[J]. Information, 2019, 10(12): 364.

Dechezlepretre A, Meniere Y, Mohnen M. International patent families: from application strategies to statistical indicators[J]. Scientometrics, 2017, 111(2): 793-828.

Denicolo V, Halmenschlager C. Optimal patentability requirements with complementary innovations[J]. European Economic Review, 2012, 56(2): 190-204.

Fritsch M, Zoellner M. The fluidity of inventor networks[J]. Journal of Technology Transfer, 2020, 45(4): 1063-1087.

Gong H, Peng S. Effects of patent policy on innovation outputs and commercialization: evidence from universities in China [J]. Scientometrics, 2018, 117(2): 687-703.

Harhoff D, Reitzig M. Determinants of opposition against EPO patent grants—the case of biotechnology and pharmaceuticals[J]. International Journal of Industrial Organization, 2004, 22(4): 443-480.

Harhoff D, Scherer F M, Vopel K. Citations, family size, opposition and the value of patent rights[J]. Research Policy, 2003, 32(8): 1343-1363.

He J, Yamanaka T, Kano S. Mapping university receptor patents based on claim-embodiment quantitative analysis: a study of 31 cases from the University of Tokyo [J]. World Patent Information, 2016, 46: 49-55.

Lanjouw J O, Schankeman M. Patent quality and research productivity: measuring innovation with multiple indicators[J]. Economic Journal, 2004, 114(495): 441-465.

Law S H, Sarmidi T, Goh L T. Impact of innovation on economic growth: evidence from Malaysia[J]. Malaysian Journal of Economic Studies, 2020, 57(1): 113-132.

Nair S S, Mathew M. The dynamics between forward citations and price of singleton patents[J]. International Journal of Innovation and Technology Management, 2015, 12(3): 1540003.

QS World University Rankings [EB/OL]. (2020-06-10) [2020-10-10]. http://www.topuniversities.com.

Schettino F, Sterlacchini A, Venturini F. Inventive productivity and patent quality: evidence from Italian inventors[J]. Journal of Policy Modeling,

2013, 35(6):1043-1056.

Tong X, Frame J D. Measuring national technological performance with patent claims data[J]. Research Policy, 1994(2): 133-141.

Van der Wouden F, Rigby D L. Co-inventor networks and knowledge production in specialized and diversified cities[J]. Papers In Regional Science, 2019, 98(4): 1833.